DIE
ABDERHALDENSCHE REAKTION

EIN BEITRAG ZUR KENNTNIS VON SUBSTRATEN MIT ZELLSPEZI-
FISCHEM BAU UND DER AUF DIESE EINGESTELLTEN FERMENTE
UND ZUR
METHODIK DES NACHWEISES VON AUF PROTEINE UND IHRE
ABKÖMMLINGE ZUSAMMENGESETZTER NATUR
EINGESTELLTEN FERMENTEN

VON

EMIL ABDERHALDEN

PROFESSOR DR. MED. ET PHIL. H. C., DIREKTOR DES
PHYSIOLOGISCHEN INSTITUTS DER UNIVERSITÄT
HALLE A. S.

FÜNFTE AUFLAGE DER „ABWEHRFERMENTE"

MIT 80 TEXTABBILDUNGEN UND 1 TAFEL

VERLAG VON JULIUS SPRINGER · BERLIN 1922

ALLE RECHTE VORBEHALTEN.

FÜR DIE ENGLISCHE, RUSSISCHE, SPANISCHE SPRACHE
IST DAS ÜBERSETZUNGSRECHT VERGEBEN.

ISBN-13: 978-3-642-93736-1   e-ISBN-13: 978-3-642-94136-8
DOI: 10.1007/978-3-642-94136-8
Softcover reprint of the hardcover 5th edition 1922

Vorwort.

Seit längerer Zeit ist die vierte Auflage der „Abwehrfermente" vergriffen. Ich zögerte mit der Neubearbeitung, weil eine große Reihe neuer Untersuchungen im Flusse waren und noch sind, die alle zum Ziel haben, das Wesen und die Bedeutung der unter dem Namen Abwehrfermentwirkungen zusammengefaßten Beobachtungen zu ergründen. Sie selbst haben ein ganz eigenartiges Schicksal gehabt. Auf der einen Seite sind sie von zahlreichen Forschern, ich nenne nur Amann, Baumann, Binswanger, Bundschuh, Georg Cohn, Ewald, de Farla, Fauser, Fiessinger, Fodor, Frank, Gumpertz, Heimann, Henkel, von Hippel, Huessy, Hutyra, Jaffé, Jessen, Jost, Kafka, Katz, Lampé, Léri, Lichtenstein, Mahnert, Manninger, Michael, Mießner, Nitescu, Oeri, Papazolu, Parhon, Pribram, Römer, Rosenthal, Robin, Rübsamen, Schiff, Henry Schwarz, Wegener Weinberg, G. Wohl, Zimmermann u. a. ohne Einschränkung bestätigt worden. Auf der anderen Seite haben Autoren wie Leoner-Michaelis, Oppler, Pfeiler, Stephan u. A. die von mir und vielen anderen Forschern erhobenen Befunde vollständig abgelehnt. Dazwischen stehen zahlreiche Forscher, die eine vermittelnde Stellung einnehmen. Sie bestätigen die erhobenen Befunde, schränken jedoch die Spezifität der Reaktion mehr oder weniger stark ein. Mit ihr steht und fällt die praktische Bedeutung der ganzen Befunde.

Die oben erwähnten Autoren, welche die von mir erhobenen Befunde vollinhaltlich bestätigen konnten, arbeiteten mit den von mir angegebenen Methoden: **Dialysierverfahren** und **Polarisation**. Pregl modifizierte das Dialysierverfahren. Er erhielt mit Mitarbeitern Ergebnisse, die in jeder Beziehung mit den von mir gemachten Beobachtungen übereinstimmen. Pregl führte als neue Methode die **Refraktometrie** ein. Auch mit ihr konnte Pregl mit Mitarbeitern, vor allem mit de Crinis, die Spezifität der Reaktion bestätigen. Eine außerordentlich wertvolle Bereicherung erhielt die ganze Methodik durch die Einführung des **Loeweschen Interferometers** durch Paul Hirsch. Auch mit diesem Instrumente konnte Hirsch mit Mitarbeitern bestätigen, daß die von mir erhobenen Befunde zu Recht bestehen.

Es dürfte auf dem Gebiete der wissenschaftlichen Forschung noch kaum je der Fall dagewesen sein, daß an und für sich einfache Beobachtungen mit einer Reihe verschiedener Methoden von verschiedenen Forschern gleichsinnig erhoben und doch auf Grund von Arbeiten, die fast durchweg die unbedingt notwendige Einarbeitung in die einzelnen Methoden vermissen lassen, in weiten Kreisen abgelehnt werden.

Man muß drei Fragestellungen ganz voneinander trennen. Einmal das Problem, ob nach parenteraler Zufuhr von körper- bzw. blutfremden Stoffen und ferner ohne diese experimentellen Eingriffe unter bestimmten Umständen Erscheinungen beim Zusammenbringen von Blutplasma bzw. -serum mit bestimmten Substraten auftreten, die mit den erwähnten Methoden und durch weitere Verfahren, die in der letzten Zeit zur Anwendung gekommen sind, feststellbar sind. Es kann nicht der mindeste Zweifel mehr darüber bestehen, daß einzelne Sera mit bestimmten Organsubstraten eine leicht feststellbare Reaktion ergeben und andere unter genau den gleichen Bedingungen nicht. Es läßt sich ferner zeigen, daß, mit wenig Ausnahmen, das Dialysierverfahren, die Polarisation, die Refraktometrie, die Interferometrie und weitere, in neuerer Zeit ausgearbeitete Verfahren übereinstimmende Resultate ergeben.

Eine Frage für sich ist die nach dem Wesen der beobachteten Erscheinungen. Die Annahme einer Fermentwirkung ist zum Teil bestritten worden. Zum Teil ist angenommen worden, daß zwar eine Fermentwirkung vorliege, daß jedoch nicht das dem Serum zugesetzte Substrat zum Abbau komme, sondern es sollen Eiweißkörper des Serums fermentativ zerlegt werden. Wir werden auf die vorhandenen Theorien über das Wesen der erwähnten Erscheinungen zurückkommen und gleichzeitig erörtern, woher die in Frage kommenden Fermente stammen.

Eine dritte Fragestellung, die wohl am meisten dazu beigetragen hat, den gemachten Beobachtungen allgemeines Interesse zu werben, ist die nach der Spezifität der festgestellten Fermentwirkungen. Wird eine streng spezifische Wirkung bejaht, dann ergeben sich weite Ausblicke für die Möglichkeit des Nachweises von mancherlei Störungen von Organfunktionen und ferner von Infektionskrankheiten der verschiedensten Art. Diese Ausblicke waren es, die auf der einen Seite kühnste Hoffnungen erweckten und auf der anderen Seite als Gegenwirkung einen Skeptizismus auslösten, der zur schroffen Ablehnung jeglicher Forschung auf dem in Frage stehenden Gebiete führte. Mein Wunsch war gewesen, es möchte auf Kliniken mit ihrem reichen Krankenmaterial mit größter Gewissenhaftigkeit geprüft werden, ob die mit verschiedenen Methoden erhobenen Befunde an Organismen, denen körper- bzw. blutfremde Proteine parenteral zugeführt worden waren, sich praktisch verwerten lassen. Den Mut zu dieser Bitte einer klinischen Prüfung gaben mir meine Beobachtungen am Serum von Schwangeren gegenüber Plazentagewebe. Ferner lagen schon eine ganze Reihe eigener Feststellungen über das Verhalten von Serum von Tumorträgern gegenüber von Karzinom, Sarkom usw. vor. Es waren ferner manche wichtige Feststellungen bei Kranken gemacht worden, bei denen

— VII —

bestimmte Organe, wie Schilddrüse, Thymus, Hoden, Ovarien, Gehirn usw., Störungen aufwiesen. Alle diese Befunde eröffneten die Möglichkeit der Verwendung der von mir beobachteten Reaktion als diagnostisches Hilfsmittel. Würde es sich bestätigen, daß die von mir beschriebene Reaktion mit ihren theoretischen Grundlagen sich als wertvoll für die Praxis erweisen würde, dann läge ein großer Glücksfall vor. Leider bin ich ganz außerstande, die praktische Brauchbarkeit der Reaktion festzustellen. Wohl sind in meinem Institut seit nunmehr zehn Jahren ununterbrochen Untersuchungen von Serum vorgenommen worden, die von den verschiedensten Seiten eingesandt worden sind, wohl hat sich ergeben, daß die erhaltenen Ergebnisse wertvoll waren, es reichen jedoch die gemachten Beobachtungen nicht aus, um ein abschließendes Urteil fällen zu können. Ich kann wohl die Reaktion feststellen, nicht aber den in Frage kommenden „Fall" selbst prüfen. Nur der Kliniker hat im allgemeinen die Möglichkeit, den Ausfall der Reaktion direkt mit der klinischen Diagnose zu vergleichen. Besonders wertvoll sind Fälle, bei denen auf Grund der Autopsie die klinische Diagnose mit dem Ausfall der Reaktion verglichen werden kann.

Ich hoffe, daß die neuen Verfahren gemeinsam mit den „alten" bewährten Methoden zunächst dazu führen werden, daß das Vorhandensein einer besonderen Reaktion allgemein anerkannt werden wird. Es wird dann eine neue Grundlage zu unvoreingenommener

— VIII —

Prüfung über alle die Reaktion betreffenden Fragestellungen geschaffen sein. Der Skeptizismus wird berechtigter Kritik weichen. Ebenso gefährlich, wie eine Ablehnung von Forschungsergebnissen ohne jede Nachprüfung oder sehr unvollkommenen Nachuntersuchungen ist, sind kritiklose Schnellarbeiten, in denen an Hand weniger Fälle mit einem in der Wissenschaft ganz unangebrachten Enthusiasmus voreilige, meist sehr weittragende Schlüsse gezogen werden.

Außerordentliche Schwierigkeiten bereitete es, der festgestellten Reaktion einen Namen zu geben. Die gegebene Bezeichnung scheint auf den ersten Blick „Plasma- oder Serumfermente" zu sein. Da jedoch im Blutplasma Esterasen und vielleicht noch andere Fermente stets vorhanden sind, müßte noch die Bezeichnung „proteolytische" Plasma- oder Serumfermente hinzukommen. Nun ist nicht ausgeschlossen, daß unter bestimmten Bedingungen jedes Plasma die Wirkung von Proteasen zeigen kann. In unserem Falle handelt es sich darum, daß unter den von uns gewählten Bedingungen nur dann Fermentwirkungen auf Eiweiß und Eiweißabkömmlinge feststellbar sind, wenn besondere Verhältnisse vorliegen. Dazu kommt, daß ebensogut, wie in bestimmten Fällen Fermentwirkungen auf Proteine und Peptone vorhanden sind, unter bestimmten Verhältnissen auch auf Fette, Phosphatide, Sterinester, Polysaccharide, Nukleoproteide usw. eingestellte Fermente im Blutplasma auftreten können. Der seiner Zeit gewählte Name „Abwehrferment" sollte zum Ausdruck bringen, daß etwas Besonderes vorliegt. Er ist nicht glücklich gewählt, weil er mehr aussagt, als wir wissen, ja es ist vielleicht diese Bezeichnung in keinem Falle zutreffend, denn es besteht jetzt wohl kein Zweifel mehr, daß die in manchen Fällen im Blutplasma auftretenden, auf zelleigene Substrate eingestellten Fermente bestimmten Zellarten entstammen, die entweder zerfallen sind, oder deren Stoffwechsel so gestört ist, daß zelleigene Fermente, ohne ihre Wirksamkeit eingebüßt zu haben, in die Blutbahn gelangen. In allen diesen Fällen liegt keine Abwehr vor.

Um jeder Festlegung durch einen bestimmten Begriff vorzubeugen, habe ich mich, wenn auch sehr ungern, entschlossen, den Namen ,,Abderhaldensche Reaktion", der in der Literatur bereits vielfach zur Verwendung gekommen ist, für die von mir erhobenen Befunde zu verwenden. Es wird vielleicht später möglich sein, die erwähnte Bezeichnung durch eine solche abzulösen, die dem Wesen der ganzen Vorgänge Rechnung trägt.

In der vierten Auflage ist dem rein technischen Teil der zum Nachweis der Abderhaldenschen Reaktion (Abwehrfermente) ausgearbeiteten Methoden und insbesondere der Ausführung des Dialysierverfahrens ein sehr großer Raum gewidmet worden. Der Versuch, durch eine sehr eingehende Schilderung aller technischen Einzelheiten und aller in Frage kommenden Fehlerquellen die Ausführung der Methode zu erleichtern, hat nicht den erwarteten Erfolg gehabt. Auf der einen Seite hat die eingehende Darstellung manche von der Durchführung von Versuchen abgeschreckt, indem der Eindruck entstand, als wäre insbesondere das Dialysierverfahren mit fast unüberwindbaren Schwierigkeiten verknüpft, während es in Wirklichkeit eine Methode darstellt, die bei gewissenhaftem Arbeiten ohne besondere Schwierigkeiten stets zum Ziele führt. Die Fehlerquellen lassen sich sehr leicht vermeiden. Auf der anderen Seite haben manche Autoren die gegebenen Vorschriften, weil sie ihnen zu kompliziert erschienen, zum Teil außer acht gelassen und Verfahren angewendet, die von der Originalvorschrift abweichen und mannigfaltige Fehlerquellen in sich schließen. Diese Beobachtungen haben die Meinung derer bestätigt, die der Ansicht sind, daß **Methoden an Ort und Stelle praktisch erlernt werden müssen.** Methodische Vorschriften haben nur für diejenigen wirklichen Wert, die bereits methodisch gut geschult sind. Für diese genügen die wichtigsten Anhaltspunkte, während ein zu weit gehendes Eingehen auf Einzelheiten die Verwendung einer Methode nur erschwert. Aus diesen Gründen habe ich mich entschlossen, in der neuen Auflage den methodischen Teil umzuarbeiten, und nur die allernotwendigsten Punkte anzugeben. Es sind ferner alle „neuen" Methoden berücksichtigt.

Es sind nun über zehn Jahre vergangen, seitdem die ersten Mitteilungen über die Möglichkeit, die Schwangerschaft serologisch

festzustellen, der Öffentlichkeit übergeben worden sind. Ein Blick in die vorhandene, kaum noch übersehbare Literatur zeigt, daß die jahrelange Vorarbeit, die zur Anstellung der entscheidenden Versuche geführt haben, vielfach übersehen worden ist. Ebenso sind die Vorstellungen, die sich an die Feststellung der von mir gefundenen Reaktion anknüpfen, nur wenig berücksichtigt worden. Merkwürdigerweise ist vielfach die Einführung des Dialysierverfahrens als das Wesentliche angesehen worden, während doch seine Anwendung nur einen methodischen Behelf darstellt, um das Wesen der ganzen Reaktion aufzuklären. Das Dialysierverfahren hätte ohne das von Ruhemann dargestellte Triketohydrindenhydrat (Ninhydrin der Höchster Farbwerke) nicht die Bedeutung erlangen können, die es jetzt in der ganzen Forschung hat. Ruhemann beobachtete, daß α-Aminosäuren mit dem erwähnten Reagenz beim intensiven Kochen in wässeriger Lösung eine Blaufärbung geben. Dieselbe Reaktion tritt mit Eiweißstoffen, Peptonen und Polypeptiden auf. Alle diese Produkte ergeben in stark verdünnter Lösung Blaufärbung. Die Verwendbarkeit des Ruhemannschen Reagenzes wurde durch die Beobachtung, daß auch andere Produkte mit Ninhydrin unter Auftreten von Blaufärbung reagieren, nicht eingeschränkt. Entweder handelt es sich um Substanzen, die bei der Prüfung auf meine Reaktion nicht in Frage kommen, oder es sind Konzentrationen von solchen Substanzen notwendig, wie sie im praktischen Falle niemals vorliegen.

Es unterliegt keinem Zweifel, daß zurzeit die Erforschung des Wesens der ganzen Reaktion und der Herkunft der Produkte, die sie bedingen, die wichtigste Aufgabe darstellt. Daß Fermentvorgänge vorliegen, darf als einwandfrei erwiesen angesehen werden. Die Herkunft der Fermente dürfte nach allen vorliegenden Erfahrungen nicht einheitlicher Natur sein. Es besteht kein Zweifel, daß parenterale Einverleibung von blutfremden Eiweißstoffen Fermente in der Blutbahn zur Wirkung kommen läßt, deren Vorhandensein ohne diese Zufuhr mit den angewandten Methoden nicht feststellbar ist. Da streng spezifische Wirkungen erzielt worden sind, unterliegt es wohl keinem Zweifel, daß diese Fermente in der Blutbahn nicht vorgebildet sind. Sie können Verdauungsdrüsen oder Leukozyten entstammen. Anders liegen die Verhältnisse, wenn auf bestimmte Organsubstrate und insbesondere auf Organeiweißstoffe eingestellte Fermente in der Blutbahn nachweisbar sind, ohne daß die betreffenden Substrate von außen zugeführt worden sind. In diesen Fällen liegt es nahe, daran zu denken, daß infolge von Störungen im Zellstoffwechsel und vielleicht durch direktes Zerfallen von Zellen zelleigene Produkte zusammengesetzter Natur und mit ihnen zugleich die entsprechenden Zellfermente ins Blut übergehen. Dieser auch von anderen Forschern, Martin Jacoby, Guggenheimer gegebenen Erklärung des Auftretens von auf bestimmte Organsubstrate eingestellten Blutfermenten widerspricht besonders stark der Ausdruck „Abwehrferment", denn es handelt sich in den vorliegenden Fällen offenbar zunächst nur um ein Hineingelangen von mehr oder weniger unveränderten Zellinhaltsstoffen. Ob den ins Blut gelangenden Zellfermenten bei der Beseitigung von blutfremden, weil zelleigenen Stoffen, eine besondere Bedeutung zukommt, muß einstweilen dahingestellt bleiben. Eine Frage für sich stellt das Problem dar, ob beim Eindringen von Lebewesen, insbesondere von Mikroorganismen, in dem Organismus Fermente auftreten, die imstande sind, die Zellinhaltsstoffe zusammengesetzter Natur der betreffenden Lebewesen zum Abbau zu bringen. Auch hier liegt die Möglichkeit vor, daß einerseits Zellfermente beim Träger der ihm fremdartigen Lebewesen im Blut auftreten, die aus zerstörten eigenen Zellen und ferner aus abgestorbenen Zellen des Infektionserregers herstammen. Es braucht also auch hier nicht unbedingt mit der Möglichkeit gerechnet werden, daß der Organismus Fermente neu bildet, die auf ganz bestimmte Substrate eingestellt sind, so daß es auch hier fraglich ist, ob der Ausdruck „Abwehrferment" nicht viel zu viel, bzw. etwas aussagt. was gar nicht der Wirklichkeit entspricht.

Ich möchte in der neuen Auflage zunächst im Zusammenhang die ganze Entwicklung des Forschungsgebietes wiedergeben. Ich hoffe, daß man es mir nicht unrichtig auslegen wird, wenn ich meine eigenen Forschungen der ganzen Darlegung zugrunde lege und darlege, wie sie in logischer Verfolgung einer ganzen Reihe von einzelnen Beobachtungen zu jenen Vorstellungen geführt haben, von denen aus jene Versuche unternommen worden sind, die die Feststellung einer besonderen Reaktion zur Folge hatten. Wenn schließlich auch mehr und mehr erkannt wird, daß die Gedankengänge, die zur Auffindung der Reaktion geführt haben, im Wesen der ganzen Reaktion nicht ihren Abschluß finden, so haben sie doch den heuristischen Wert, zur Auffindung der ganzen Reaktion geführt zu haben. Nichts wäre törichter, als an Vorstellungen festzuhalten, die durch Tatsachen überholt sind.

Es ist ganz selbstverständlich, daß jeder Forscher auf den Schultern anderer weiterarbeitet. Wenn ich bei der Darstellung der Forschung, die zur Auffindung der Reaktion geführt hat, hauptsächlich von meinen Arbeiten spreche, so liegt es mir fern, das Verdienst anderer Forscher nach irgendeiner Richtung zu schmälern. Nichts wäre törichter, als die großen Verdienste anderer Autoren auf dem ganzen Forschungsgebiete nicht genügend würdigen zu wollen. Ich werde, soweit der Raum es zuläßt, die wichtigsten Arbeiten von Autoren anführen, die in direkter Beziehung zu dem hier dargestellten Forschungsgebiet stehen.

Es sei schließlich noch hervorgehoben, daß der Nachweis von Proteinen mit zell- und damit funktionsspezifischem Charakter mittels Feststellung von streng spezifischen Fermentwirkungen ganz neue Ausblicke auf zahlreiche Probleme des Zellstoffwechsels eröffnet hat. Über die von Hamburger geschaffenen, auf Grund der Ergebnisse serologischer Forschungen erschlossenen Vorstellungen von körperfremden und körpereigenen Stoffen sind die Begriffe zelleigen und zellfremd, bluteigen und blutfremd geschaffen und durch direkte Versuche begründet worden. Es liegt hier noch ein weites Gebiet der Forschung vor. Es gilt, der Frage nachzugehen, ob Zellen, die die gleiche Aufgabe erfüllen, in der ganzen Tierreihe entsprechende Zellinhaltsstoffe besitzen. Gibt es in den Zellen Bausteine, die einen allgemeinen Funktionscharakter besitzen?, Worauf beruht dann der arteigene Charakter der Zellen einer bestimmten Art? Kommt dieser vielleicht durch ein verschiedenes Mengenverhältnis zustande, in dem an und für sich gleichartige Zellinhaltsstoffe gemischt sind? Oder prägt ein ganz bestimmter Zustand derselben der Zelle einen besonderen Stempel auf? Es seien diese Probleme hier vor allem deshalb kurz berührt, weil merkwürdigerweise meine ganzen Forschungen auf dem Gebiete der spezifischen Zellfermente und spezifisch gebauter Zellinhaltsstoffe fast nur vom Gesichtspunkte der Verwertbarkeit der gefundenen Ergebnisse auf dem Gebiete der Pathologie beurteilt worden sind, während man die Grundideen der Erforschung der Wechselbeziehungen zwischen spezifisch gebauten Zellinhaltsstoffen und insbesondere von Zellproteinen und den auf sie eingestellten Fermenten unbeachtet gelassen hat.

Endlich sei noch hervorgehoben, daß die ganze Methodik, die geschaffen worden ist, um spezifischen Wirkungen von Proteasen nachzuspüren, selbstverständlich ganz allgemein Verwertung finden kann. Es ist gewiß nicht unbescheiden, wenn hervorgehoben wird, daß die Arbeiten zur Aufklärung der Abderhaldenschen Reaktion (A.-R.) eine wertvolle Bereicherung der ganzen Fermentmethodik gebracht haben.

Ich bin fest davon überzeugt, daß man in späteren Zeiten über den Nachweis von Fermentwirkungen im Blutplasma bezw.¦-serum hinaus diejenigen der Zellen selbst auch in pathologischen Fällen prüfen wird. Je mehr die reine Morphologie durch Methoden ergänzt werden kann, die Einblicke in die Funktionen und Leistungen der Zellen ermöglichen, um so wertvoller werden die Untersuchungen an Zellarten werden, die nach irgendeiner Richtung hin Veränderungen zeigen.

Besondere Schwierigkeiten bereitete die Fortführung der in den ersten vier Auflagen angeführten Bibliographie über Arbeiten auf dem Gebiete der ,,Abwehrfermente". Einmal hat die Kriegszeit und in fast ebenso großem Maße die Nachkriegszeit das lückenlose Verfolgen der Literatur zur Unmöglichkeit gemacht. Ferner sind so außerordentlich viele Arbeiten erschienen, daß ein möglichst lückenloses Literaturverzeichnis den größten Teil des kleinen Werkes ausmachen würde! Eine Auswahl unter den erschienenen Arbeiten zu treffen, ist unmöglich. Aus begreiflichen Gründen will ich kein Werturteil über die zugunsten oder zuungunsten des Bestehens einer besonderen Reaktion erschienenen Arbeiten abgeben. Glücklicherweise sind zusammenfassende Arbeiten erschienen, in denen die wesentlichste Literatur aufgeführt ist. Ich werde die mir bekannt gewordene Literatur im Zusammenhang mit den entsprechenden Problemen anführen. Besonders hingewiesen sei auf die im Verlag S. Hirzel, Leipzig, erscheinende Zeitschrift „Fermentforschung", in der fortlaufend neue Ergebnisse methodischer und anderer Art zur Mitteilung gelangen.

So möge denn die neue Auflage hinausgehen und dazu anregen, in sachlicher und möglichst kritischer Weise auf dem erschlossenen Forschungsgebiet vorwärts zu arbeiten.

Halle, im März 1922.

Emil Abderhalden.

Inhaltsverzeichnis.

	Seite
Theoretischer Teil.	1

Die Wechselbeziehungen zwischen den verschiedenen Vertretern der unbelebten und belebten Natur und zwischen der Organismenwelt 3
1. Die Beziehungen zwischen unbelebter und belebter Natur 3
2. Die Beziehungen zwischen Pflanzen- und Tierwelt . . . 10

Wechselbeziehung zwischen Nahrungsbestandteilen animalischer Herkunft und den Zellinhaltsstoffen des tierischen Organismus 48

In welcher Form werden die Mineralstoffe von der Darmwand aufgenommen? 49

Wie verhält sich der tierische Organismus bei parenteraler Zufuhr von ihres besonderen Charakters nicht beraubter organischen Verbindungen? 53

Prüfung der Frage, ob unter bestimmten Bedingungen im tierischen Organismus und in dem des Menschen im Blute blutfremde Verbindungen und insbesondere Proteine und ihre nächsten Abkömmlinge ohne parenterale Zufuhr von außen auftreten. 74

Beobachtungen über Verwendung von Zellinhaltsstoffen bestimmter Zellarten des Organismus zum Aufbau andersartiger Gewebszellen. 119

Anaphylaxieproblem 123

Die der sogenannten Abderhaldenschen Reaktion zugrunde liegenden Vorgänge 129

Die zum Nachweis der Abderhaldenschen Reaktion verwendeten Methoden. 144

— XIX —

	Seite
1. Das Dialysierverfahren	145
Einwände gegen das Dialysierverfahren	154
2. Optische Methoden	159
A. Polarimetrie	162
B. Refraktometrie	171
1. Interferometrie	171
2. Refraktometrie	177
3. Direkte Methoden	178
a) Nachweis der Proteolyse an Hand der Zunahme der nicht koagulablen, stickstoffhaltigen Verbindungen bzw. durch Feststellung der Vermehrung der Aminogruppen	178
b) Versuche, die angewandten Substrate in irgend einer Weise mit Substanzen zu verbinden, die beim Abbau frei werden und leicht erkennbar sind	181
c) Verfolgung der durch Sera an Organ- bzw. Eiweißsubstraten einsetzenden Veränderungen im mikroskopischen Bild	183
d) Die direkte Beobachtung des Einflusses von Serum auf Organsubstrate und Eiweißstoffe ohne Anwendung eines optischen Instrumentes	186
e) Beobachtungen über die Senkungsgeschwindigkeit der roten Blutkörperchen im Serum	191
Anhang: Feststellung des Leitvermögens, der Oberflächenspannung (Tropfenzahl, Steighöhe in Kapillaren)	193

Praktischer Teil.   195

1. Das Dialysierverfahren	197
Notwendige Gegenstände und Präparate	197
Die Dialysierhülsen	199
Prüfung der Hülsen auf Undurchlässigkeit für Eiweiß	200
Prüfung der Hülsen auf gleichmäßige Durchlässigkeit für Pepton	203
Wiederholung der Prüfung der Hülsen auf Undurchlässigkeit gegenüber Eiweiß und gleichmäßige Durchlässigkeit für Pepton	211
Hülsen aus anderem Material	211
Darstellung der Substrate (Organe)	214

Seite

a) Befreiung der Substrate von Blut, Lymphe, Bindegewebe, Gefäßen und Nerven 217
b) Koagulation der Eiweißkörper durch Kochen und Entfernung jeder Spur von Substanzen, die auskochbar sind und mit Ninhydrin eine Farbreaktion geben 220

Darstellung von Eiweißstoffen aus Organen 227
Prüfung der Substrate auf Bakteriengehalt 234
Gewinnung des Blutserums 235
Ausführung eines Dialysierversuches 238

a) Anwendung von Ninhydrin zum Nachweis des Auftretens von Eiweißabbaustufen im Dialysat 238
b) Feststellung der Menge der dialysierten stickstoffhaltigen Verbindungen mittels der Mikrostickstoffbestimmung im Dialysat 251
c) Feststellung der im Dialysat auftretenden, Aminogruppen enthaltenden Verbindungen 260

2. Anwendung der Ultrafiltration an Stelle der Dialyse zur Trennung der im kolloiden Zustand befindlichen Verbindungen von den nicht kolloiden Produkten 266
3. Versuch, die nicht koagulierbaren Verbindungen im Serum von den koagulierbaren durch Fällungs- bzw. Koagulationsmethoden zu trennen 268
4. Optische Methoden 272

A. Die Beobachtung des Verhaltens des Drehungsvermögens des Serum-Substratgemisches mittels des Polarisationsapparates 272

Darstellung von Peptonen zur Anwendung bei der optischen Methode 273
Eichung des Peptons 282
Apparative Einrichtung 283
Ausführung eines Versuches bei der Anwendung der Polarisationsmethode 293

B. Die Beobachtung der Änderung des Brechungsvermögens (der Konzentration) des Serum-Substratgemisches mittels des Interferometers 303

Ausführung eines Versuches 313
Darstellung der Organe 317

	Seite
C. Die Beobachtung der Änderung des Brechungsvermögens des Serum-Substratgemisches mittels des Refraktometers	325
Ausführung eines Versuches	332
Mikromethode	334
Direkte Methode	337
Bestimmung der Senkungsgeschwindigkeit der roten Blutkörperchen	340
Versuche über die kapillaren Eigenschaften des Serums	343
Leitfähigkeitsbestimmung	346
Stalagmometrie	346
Agglutinationserscheinungen	346
Verfolgung der Veränderung des Substrates unter der Einwirkung von Serum mittels eines gewöhnlichen oder eines Ultramikroskopes	347
Sachverzeichnis	351

Theoretischer Teil.

Die Wechselbeziehungen zwischen den verschiedenen Vertretern der unbelebten und belebten Natur und zwischen der Organismenwelt.

1. Die Beziehungen zwischen unbelebter und belebter Natur.

Zu den reizvollsten Problemen der Biologie gehört die Verfolgung der zahlreichen Wechselbeziehungen zwischen der gesamten Organismenwelt. In ewig sich wiederholendem Reigen sehen wir eine ganze Reihe von Stoffen bald als Bausteine von Pflanzenzellen wichtige Funktionen erfüllen, bald begegnen wir ihnen in Zellen tierischer Organismen, bald sind die gleichen Produkte Zellinhaltsstoffe der Kleinlebewelt, und schließlich entdecken wir sie wieder im Erdboden, im Wasser oder in der Luft! Es kann keine spannendere und abwechslungsreichere Lebensgeschichte geben als die jener Stoffe, die bald als Bestandteil lebender Zellen, bald in der unbelebten Natur ihre Rolle spielen.

Greifen wir den Kohlenstoff heraus! Wir finden ihn in Form von Kohlensäure in der Luft. So lange die Erde von einer Atmosphäre umhüllt ist, dürfte sie in ähnlichen Mengenverhältnissen wie heute Bestandteil der Luft gewesen sein. Die Blattfarbstoff besitzende Pflanze vermag bei Einwirkung von Sonnenlicht als Energievermittler Kohlensäure aufzunehmen. Sie bildet aus ihr und Wasser unter Abspaltung von Sauerstoff (Ingenhousz und Saussure) Kohlenwasserstoffverbindungen mannigfaltiger Art. Als erstes Kondensationsprodukt tritt wohl Formaldehyd (Baeyer, Willstätter) auf. Wir stehen an der Wiege einer kaum übersehbaren Fülle der mannigfaltigsten Stoffe. Die Pflanze bildet Zuckerarten, Fette und Öle aller Art, Eiweißstoffe in großer Mannigfaltigkeit, Kernstoffe, Alkohole, Aldehyde, Ketone, Phenole, Säuren, Farbstoffe, Riechstoffe, Alkaloide, Gerbstoffe usw. usw. In allen diesen Stoffen stoßen wir auf Kohlenstoff, der noch vor kurzem der Kohlensäure der Luft angehört hatte. Alle spielen sie in lebenden Zellen eine bedeutsame Rolle. Noch können wir das Wesen des Lebens nicht definieren. Wir wissen nur, daß zum Leben bestimmte Stoffe gehören. Ferner müssen diese alle in einem bestimmten physikalischen Zustande vorhanden und in mannigfacher Weise in feinster Weise auf einander abgestimmt sein. Wir können die Lebenserscheinungen zum großen Teil nur wahrnehmen und beschreiben. Ihr Wesen zu erfassen, ist uns noch verschlossen. In diesem Augenblick war Kohlenstoff Bestandteil der Kohlensäure der Luft, im nächsten gehört er einer Pflanzenzelle an. Schon nimmt er in Gestalt einer Kohlenstoffverbindung — einer organischen Substanz — teil an Lebensvorgängen! Vielleicht spielt der neue Träger des Kohlenstoffs bei der Bildung neuer Synthesen aus Kohlensäure und Wasser eine Rolle, vielleicht ist er in einem wundervollen Blütenfarbstoff enthalten, oder er schwingt sich in einem Duftstoff aus einer farbenprächtigen Blüte wieder in die Atmosphäre hinaus.

Die Pflanze liefert uns nicht nur organische Stoffe, die zum Aufbau unserer Zellen unentbehrlich sind, können doch unsere Gewebe aus Kohlensäure und Wasser keine organische Substanz bereiten, sondern durch sie erhalten wir auch Energie und zwar umgewandelte Sonnenenergie. Sie wird beim Abbau der organischen Verbindungen in unseren Zellen frei und steht dann ihnen zu ihren energetischen Leistungen zur Verfügung. Es ist umgewandelte Sonnenenergie, mit Hilfe derer wir unsere Körpertemperatur aufrecht erhalten, und mittels derer wir Arbeit leisten!

Die Pflanze bedarf zu ihren so mannigfaltigen Leistungen nicht nur des Kohlenstoffs in Form von Kohlensäure und des Wasserstoffs in Form von Wasser — Sauerstoff steht ihr in beiden Verbindungen zur Verfügung —, sondern noch zahlreicher anderer Elemente, wie Stickstoff, Schwefel, Phosphor und eine ganze Reihe von Mineralstoffen. Die höheren Pflanzen übernehmen den Stickstoff mittels ihrer Wurzeln aus dem Erdboden und zwar in Form von Ammoniak oder Salpeter. Nur einigen niederen Pflanzenarten und vor allem bestimmten Bakterien ist es vorbehalten, den freien Stickstoff der Luft zur Synthese stickstoffhaltiger organischer Substanz verwenden zu können.

Seit Jahrtausenden vollzieht sich ununterbrochen ein Kreislauf einer Reihe von Stoffen zwischen der belebten und unbelebten Natur. Wir sehen Organismen entstehen und vergehen. Wo eben der Tod seine Ernte hielt, blüht neues Leben auf. Wir sehen vor unseren Augen, wie Stoffe von einer Organismenart zu einer anderen wandern. Es ist begreiflich, daß die Fragestellung, in welcher Form der einzelne Organismus die ihm mit der Nahrung zugeführten Verbindungen in seinen Zellhaushalt übernimmt, immer im Vordergrund des Interesses stand. Sie konnte in dem Ausmaße immer eindeutiger beantwortet werden, in dem die Erforschung der Zusammensetzung der in Frage kommenden Verbindungen, die Aufklärung ihrer Struktur und hrer Konfiguration fortschritt.

Blicken wir uns einmal etwas in der Natur um! Wir stehen vor einer Pflanze und bewundern ihre Leistungen. Mit einfachen Hilfsmitteln können wir erkennen, daß sie am Tage Kohlensäure verbraucht und Sauerstoff ausatmet. Mit Leichtigkeit können wir ein schon sehr kompliziert gebautes Produkt ihrer Assimilationstätigkeit feststellen, nämlich das Stärkekorn. Wir sehen die Pflanze sich entwickeln. Sie wächst. Sie treibt Knospen. Wir sehen die Blüten sich entfalten und bemerken, wie wundervolle Farbstoffe entstehen! Ferner erkennen wir in der Bildung von Duftstoffen, daß neue Synthesen eingesetzt haben. Wir sehen die Blütenblätter verwelken und fallen. Wir verfolgen die Bildung der Frucht und erkennen auch hier umfassende chemische

Prozesse. Die Umwandlung der unreifen in die reife Frucht offenbart uns besonders eindringlich die einsetzenden chemischen Vorgänge. Eine saure Frucht wird süß!

Wir sehen eine solche Pflanze mit all ihren wunderbaren Einrichtungen, mit ihren den verschiedensten Zwecken dienenden Zellarten zugrunde gehen. Es setzen umfassende Zersetzungsvorgänge ein. Ungezählte Lebewesen aller Art benützen ihre Zellbestandteile zu ihren Zwecken. Die Verfolgung dieser Umwandlungsprozesse ist von allergrößtem Interesse. Wir wohnen Vorgängen bei, die uns tiefe Einblicke in die Wechselbeziehungen zwischen den verschiedenartigsten Lebewesen eröffnen und Fragestellungen aufrollen, die für die Auffassung der Zellvorgänge in unserem Organismus und ganz allgemein aller Organismen von grundlegender Bedeutung sind.

Kann irgend ein Lebewesen, das an der Zerlegung der absterbenden oder schon abgestorbenen Pflanze beteiligt ist, deren Zellbestandteile direkt verwenden? Mit dieser Frage treffen wir auf ein Problem, das sich uns immer und immer wieder entgegenstellt, sobald wir Zellbestandteile von einem Organismus auf einen anderen übergehen sehen! Haben wir das Zelleben der Pflanze während ihres Lebens belauscht, und haben wir alle ihre Funktionen verfolgt, dann drängt sich uns unwillkürlich die Vorstellung auf, daß unmöglich all die mit verschiedenen Aufgaben betrauten Zellarten einen gleichen Bau und gleiche Zellinhaltsstoffe haben können. Wir können uns nicht denken, daß Zellen der Blütenblätter in ihrer ganzen chemischen und physikalischen Struktur mit Zellen identisch sind, die z. B. der Assimilation von Kohlensäure dienen, oder die in Wurzeln an der Aufnahme von in Wasser gelösten Stoffen beteiligt sind. **Wer ist der Baumeister der einzelnen Zellen? Mit welchen Werkzeugen werden die einzelnen Bausteine zurechtgezimmert?** Wir wissen, daß jede Zelle von bereits vorhandenen Zellen abstammt. Es ist uns ferner bekannt, daß beim Aufbau zusammengesetzter Verbindungen aus einfachen Bausteinen Stoffe beteiligt sind, die Fermente genannt worden sind. Sie sind die Werkzeuge der Zelle, mittels derer sie auf- und auch abbaut. Weder können wir uns vorstellen, daß gleiche Zellinhaltsstoffe im gleichen physikalischen Zustand verschiedene Funktionen entfalten können, noch können wir uns denken, daß Zellen mit gleichen Werkzeugen, eben den gleichen Fermenten, die verschiedenartigsten Zellinhaltsstoffe zusammengesetzter Natur hervorbringen, namentlich seitdem wir wissen, daß alle Zellen der gesamten Organismenwelt im großen und ganzen mit den gleichen Grundstoffen, den gleichen Bausteinen, arbeiten. Ob wir einen aus Bakterien gewonnenen Eiweißstoff oder einen solchen einer Pflanze oder eines Tieres zerlegen, immer erhalten wir als Bausteine Aminosäuren gleicher Art. Ob wir ferner Fette der verschiedensten Organismen- und Zellarten zerlegen oder zusammengesetzte Kohlehydrate oder Kernstoffe, wir stoßen immer wieder auf ganz identische oder doch ähnliche Bausteine. Mit einer erstaunlich geringen Anzahl von verschiedenen Bausteinen erzeugt die Natur in den verschiedenartigsten Zellen eine unübersehbare Fülle der mannigfaltigsten Zellinhaltsstoffe. Wie das möglich ist, werden wir später noch sehen.

Kehren wir zu unserer in Verwesung begriffenen Pflanze zurück. Sie stellte in ihrem lebenden Zustand ein Kunstwerk ersten Ranges dar. Ungezählte Zellen reihten sich in Wurzel, Stengel, Blatt, Kelch, Blüte usw. aneinander und bildeten Gewebe mit bestimmten Aufgaben. Jede Zelle hatte einen ihren Funktionen entsprechenden Bau. Wir können uns nicht denken, daß die Inhaltsstoffe einer Zelle, die z. B. bisher bei der Kohlensäureassimilation tätig war, in einem Mikroorganismus, der vollständig andere Funktionen zu erfüllen hat, direkt Verwendung finden können. Die direkte Beobachtung ergibt auch, daß ein weitgehender Abbau sämtlicher Zellinhaltsstoffe organischer und organisch-anorganischer Natur vor sich geht. Wir können leicht verfolgen, wie Baustein von Baustein gelöst und auch diese zum Teil in weitgehender Weise zertrümmert werden. Der kunstvolle Bau der Pflanze wird vollkommen niedergelegt. Jeder am Zerstörungswerk beteiligte Organismus bearbeitet die Trümmer so weit, bis sie eine Form angenommen haben, in der sie für ihn verwertbar sind. Dabei entstehen viele Abfallstoffe. Schließlich bilden sich im Erdboden aus der zugrunde gegangenen

Pflanze Produkte aus, die einem anderen Pflanzenorganismus wieder als Nahrung dienen können. Beim Zersetzungsvorgang ist übrigens auch Kohlensäure entstanden, die erneut als Quelle von Kohlenstoff von Pflanzen aufgenommen werden kann. Bis die Produkte aus der abgestorbenen Pflanze wieder Bestandteil eines neuen Pflanzenorganismus sind, haben ungezählte kleinste Lebewesen diese bearbeitet und zum Teil für sich verwendet. Manche dieser Zellen sind auch wieder zugrunde gegangen und ihre Inhaltsstoffe haben den gleichen Abbau durchgemacht.

2. **Die Beziehungen zwischen Pflanzen- und Tierwelt.**

Es kann eine Pflanze aber auch ein anderes Schicksal haben! Sie ist mitten in ihren lebhaftesten Vegetationsvorgängen und bereitet sich zu ihren höchsten Leistungen, zur Entfaltung der Blüte und damit zur Erhaltung der Art vor, da naht sich ein Tier und frißt sie! Nun ist das wundervolle Kunstwerk mechanisch durch die Zähne oder den Schnabel des Räubers zerfetzt in den Magen und von da in den Darm eines ganz neuen Organismus gelangt! Wieder erhebt sich die Frage, **vermag dieser die mit den Pflanzenzellen aufgenommenen Verbindungen direkt zu verwenden, oder muß ein Abbau einsetzen und, wenn ja, wie weitgehend ist dieser?**

Auf diesem außerordentlich wichtigen Forschungsgebiet ist von den verschiedensten Seiten her gearbeitet worden. Wir wissen, daß die mit der Nahrung aufgenommenen Substanzen im ganzen Verdauungskanal einer ganzen Reihe von Verdauungssäften ausgesetzt sind. Sämtliche dieser Säfte enthalten Stoffe, Fermente genannt, die imstande sind, eine große Zahl aus mehreren Bausteinen zusammengesetzter Verbindungen unter Wasseraufnahme zum Abbau zu bringen. Die Erfahrung hat gezeigt, daß für die einzelnen Substrate besondere Fermente vorhanden sind, d. h. mit anderen Worten, die Fermente besitzen eine spezifische Einstellung auf bestimmte Verbindungen. Man hat diesem Umstande in neuerer Zeit dadurch Rechnung getragen, daß man die Fermente mit Namen belegt hat, die in direktem Zusammenhange mit dem Namen des Substrates stehen, auf die das betreffende Ferment einwirkt[1]). So heißt das Rohrzucker = Saccharose spaltende Ferment Saccharase, Milchzucker = Laktose wird von Laktase zerlegt, Maltose von Maltase usw. Je weiter die Forschung auf dem Gebiete der Fermente fortschreitet, um so mehr erkennt man, daß ihre spezifische Einstellung noch viel feiner ist, als man bisher im allgemeinen angenommen hat[2]). Leider kennen wir die Fermente als solche noch nicht im reinen Zustand. Wir erkennen ihre Anwesenheit an ihrer Wir-

---

[1]) Vgl. hierzu Carl Oppenheimer, Die Fermente und ihre Wirkungen. F. C. W. Vogel. Leipzig 1913.

[2]) Vgl. hierzu die neuesten Arbeiten von Richard Willstätter und Werner Steibelt, Zeitschr. f. physiol. Chemie. **115**, 199. 211 (1921). — Vgl. auch die grundlegende Arbeit von Emil Fischer, ebenda. **26**. 60 (1898).

kung. Hätten wir z. B. eine Flüssigkeit auf den Gehalt an Laktase zu prüfen, so bliebe uns nur ein Weg zur Lösung dieser Aufgabe übrig, nämlich wir müßten zu der Flüssigkeit Laktose hinzufügen und nach einiger Zeit prüfen, ob die Bausteine des Milchzuckers, nämlich Galaktose und Glukose, entstanden sind. Es spricht alles dafür, daß die Fermentteilchen im kolloiden Zustande wirksam sind. Offenbar ist ein ganz besonderer Zustand mit den ihm eigenen Eigenschaften notwendig. Dieser besondere Zustand ist von den vorhandenen Bedingungen abhängig. Wir wissen, daß die Fermente nur bei einer ganz bestimmten, ziemlich eng begrenzten Reaktion und Temperatur wirksam sind. Geringfügige Einflüsse schädigen ihre Wirkung oder heben sie ganz auf. Dem ganz bestimmten Zustande entspricht eine bestimmte Teilchengröße, eine bestimmte elektrische Ladung, ein bestimmter Grad der Hydratation usw. Es unterliegt wohl keinem Zweifel, daß sich die Fermentvorgänge an der Oberfläche der Fermentteilchen abspielen. In neuerer Zeit hat besonders Fodor[1]) in dieser Richtung wertvolle Vorstellungen entwickelt.

Daß im Darmkanal, angefangen von der Mundhöhle, umfassende Einwirkungen auf die aufgenommene Nahrung einsetzen, ist schon seit langer Zeit bekannt. Man bemerkte auch bald, daß die Verdauungssäfte: Speichel, Magen-, Darm- und Pankreassaft, imstande

---

[1]) Vgl. Andor Fodor, Das Fermentproblem. Steinkopff. Leipzig 1922.

sind, Nahrungsstoffe bestimmter Art zu zerlegen. Bestimmte Vorstellungen über die Bedeutung der Verdauung knüpften sich vor allen Dingen an die Beobachtung von Graham[1]). Dieser Forscher stieß bei Untersuchungen über Diffusionsvorgänge auf die wichtige Beobachtung, daß es Stoffe gibt, die durch tierische Membrane leicht hindurch diffundieren, während andere nur sehr langsam oder überhaupt nicht durch solche hindurchtreten. Bringt man z. B. in eine Schweinsblase eine wässrige Lösung von Traubenzucker, und versenkt man die dicht abgeschlossene Blase in Wasser, so bemerkt man bald, daß in diesem Traubenzucker auftritt. Vergleicht man den Gehalt der in der Blase abgeschlossenen Flüssigkeitsmenge an Zucker mit seiner Konzentration in der Außenflüssigkeit, dann erkennt man, daß ein Gleichgewicht eingetreten ist, d. h. in gleichen Teilen der Innen- und Außenflüssigkeit treffen wir auf die gleiche Konzentration an Zucker. Man nennt den ganzen Vorgang Dialyse. Füllt man anstelle der Traubenzuckerlösung Flüssigkeit in die Blase, die Eiweiß enthält, dann bemerkt man, daß dieses nicht durch die Blase in die Außenflüssigkeit tritt. Durch diesen einfachen Versuch trennte Graham zwei wichtige Grenzfälle von Zustandsformen, die, wie wir jetzt wissen, in enger Beziehung zueinander stehen und durch mannigfache Übergänge untereinander verknüpft sind. Graham nannte jenen Zustand, in dem

---

[1]) Th. Graham, Philosophical Transactions. 151. Part. 1. 183 (1861); Liebigs Annalen. 121. 68 (1861).

keine Diffusion durch tierische Membranen stattfindet, den kolloiden. Am besten nennt man den entgegengesetzten Zustand den nichtkolloiden. Stoffe die sich in letzterem Zustande befinden, durchdringen tierische Membranen.

Diese wichtige Feststellung gab der Erklärung der Bedeutung der Verdauung eine bestimmte Richtung. Man sagte sich, daß die im kolloiden Zustande sich befindenden Substanzen die Darmwand nicht zu durchdringen vermögen. Nun enthält unsere Nahrung eine große Reihe von Nahrungsstoffen im kolloiden Zustande. Es gehören dahin Glykogen, Stärke, Fette, Phosphatide, Eiweißstoffe, Kernstoffe und andere mehr. Man kann nun leicht im Reagenzglasversuch zeigen, daß die Verdauungssäfte aus den erwähnten Produkten Verbindungen hervorgehen lassen, die unter den im Darmkanal vorkommenden Bedingungen im nichtkolloiden Zustande zugegen sind.

Halten wir uns an den oben erwähnten Versuch mit der Schweinsblase, und geben wir in diese wieder eine eiweißhaltige Flüssigkeit. Wir stellen fest, daß die Eiweißteilchen in der Blase, deren Wand man als Dialysiermembran bezeichnet, gefangen sind. Gibt man jedoch etwas Magensaft oder aber etwas Pankreas- oder Darmsaft zu der Eiweißlösung hinzu, dann bemerkt man bald, daß in der Außenflüssigkeit Eiweißabkömmlinge, Peptone genannt, auftreten, während in der Innenflüssigkeit die Zahl der Eiweißteilchen abnimmt. Auch in der Innenflüssigkeit können wir Peptone feststellen. Wir bemerken vor unseren Augen, wie kolloide Teilchen durch Abbau unter Wasseraufnahme in zahlreiche kleinere Teilchen zerfallen. Diese besitzen die Eigenschaft, durch die Dialysiermembran hindurchzugehen. Man sagte sich nun, daß offenbar die **Verdauung die Bedeutung hat, diejenigen Nahrungsstoffe, die im kolloiden Zustand in den Darmkanal gelangen, soweit abzubauen, bis der nichtkolloide Zustand erreicht und damit die Möglichkeit ihrer Aufnahme durch die Darmwand gegeben ist.** Schon im Jahre 1869 hat der Physiologe Ludimar Hermann[1]) zum Ausdruck gebracht, daß die Bedeutung der Verdauung mit der Umwandlung von im kolloiden Zustande befindlichen Nahrungsstoffen in den nichtkolloiden nicht erschöpft sein dürfte. Derselben Meinung war auch Huppert[2]). Ohne bestimmte Beweise in Händen zu haben, ahnten diese beiden Forscher, daß der Abbau der zusammengesetzten Nahrungsstoffe im Darmkanal ein sehr weitgehender sein müsse, damit die Körperzellen zu Stoffen gelangen, die ihnen vertraut sind und keinen fremdartigen Bau mehr besitzen.

In diesem Zusammenhange sei hervorgehoben, daß Franz Hamburger[3]) von ganz anderen Gesichtspunk-

---

[1]) Ludimar Hermann, Ein Beitrag zum Verständnis der Verdauung und Ernährung. Antrittsvorlesung. 25. November 1868. Meyer und Zeller. Zürich 1869.

[2]) Huppert, Über die Erhaltung der Arteigenschaften. J. G. Calvesche k. k. Hof- und Univ.-Buchhandlung. Josef Koch. Prag 1896.

[3]) Franz Hamburger, Arteigenheit und Assimilation. Franz Deuticke. Leipzig und Wien 1903.

ten ausgehend — er benützte die zahlreichen Erfahrungen auf dem Gebiete der biologischen Eiweißdifferenzierung — in weitausschauender Weise zu der Vorstellung gelangte, daß der Assimilation von Nahrungsstoffen zusammengesetzter Natur eine weitgehende Umwandlung vorausgehen müsse. Er prägte die charakteristischen Bezeichnungen „arteigen und artfremd, körpereigen und körperfremd". Er wies darauf hin, daß die Verdauung bei der Erhaltung der Art von grundlegender Bedeutung sei.

Für die erwähnten Anschauungen über die Bedeutung der Verdauung mußten durch eindeutige Versuche die Fundamente geschaffen werden. Im wesentlichen lassen sich zwei Forschungsrichtungen auseinander halten. Man kann sie in gewissem Sinne als biologisch-physikalische und biologisch-chemische Richtung bezeichnen. Hamburger stützte sich bei seinem außerordentlich wertvollen Gedankengange auf die erstere Richtung. Es war geglückt, zu zeigen, daß, wenn man zum Beispiel einem Tiere A Blutserum eines Tieres B in die Blutbahn spritzt, — direkt oder indirekt, indem man im letzteren Falle eine subkutane, intramuskuläre oder intraperitoneale Zufuhr wählt, — das Blutserum von Tier A gegenüber demjenigen von Tier B nach einiger Zeit neue Eigenschaften zeigt. Bei dem Zusammenbringen der Sera beider Tiere kommt es zu einer Ausflockung (Präzipitinbildung). Benützt man zwei Tiere A und B, die nicht vorbehandelt sind, dann bleibt beim Zusammenbringen ihrer Sera das Gemisch klar. Es sind dies nicht die einzigen Beobachtungen, die zeigen, daß jede Tierart eigenartig aufgebaute und in einem eigenartigen Zustand befindliche Stoffe besitzt. Es sind vielmehr noch eine ganze Reihe sehr wichtiger Feststellungen, die in der gleichen Richtung liegen, gemacht worden. So konnte zum Beispiel gezeigt werden, daß das Serum von einem mit einer anderen Serumart vorbehandelten Tiere, Blutkörperchen dieser Tierart auflösen kann, eine Eigenschaft, die vor der Zufuhr des fremden Serums nicht vorhanden war. Besonders großes Aufsehen erregten jene Versuche, die zur Entdeckung des anaphylaktischen Schokes führten (Richet). Wird zum Beispiel einem Meerschweinchen Serum vom Rind mit Umgehung des Darmkanals zugeführt — man nennt eine solche Zufuhr parenterale (Oppenheimer[1])—, so bemerkt man eine tiefgehende Veränderung im Organismus des vorbehandelten Tieres, wenn man die Einspritzung des gleichen Serums nach einiger Zeit (etwa 3 Wochen) wiederholt. Das Tier zeigt heftige Krämpfe, einen starken Temperatursturz usw. Es tritt zumeist der Tod ein. Bei der Sektion findet man eine starke Blähung der Lungen. Wählt man zur Wiedereinspritzung Serum von einer anderen Tierart, z. B. im angenommenen Fall vom Pferd, dann bleibt jede Erscheinung aus.

Die biologisch-chemische Richtung zur Verfolgung der Bedeutung der Verdauung hat in vielen Etap-

---

[1] Carl Oppenheimer, Hofmeisters Beiträge. 4. 267 (1903).

pen gearbeitet. Ihre Entwicklung ist auf das engste mit den Fortschritten der chemischen Erforschung der Zusammensetzung der einzelnen Nahrungsstoffe verknüpft. Jede neue Erkenntnis auf diesem Gebiet regte zu immer exakteren Versuchen über Verdauungsvorgänge an. Insbesondere haben die großen Fortschritte in der Auffassung des Baues und der Zusammensetzung des Eiweißmoleküls durch Emil Fischer der Erforschung der Verdauungsvorgänge neue große Impulse gegeben.

So einfach die Fragestellung nach dem Umfang des Abbaus der zusammengesetzten Nahrungsstoffe im Darmkanal auch ist, so schwierig, ja unmöglich ist ihre direkte, eindeutige Beantwortung. Mag man nun die Verdauung zusammengesetzter Kohlehydrate oder diejenige von Fetten oder Eiweißstoffen verfolgen, immer stößt man auf die gleiche große Schwierigkeit. Wir können die Verdauung nach erfolgter Nahrungsaufnahme zum Zwecke der Untersuchung des Standes der Umwandlung der aufgenommenen Nahrungsstoffe unterbrechen, wann wir wollen, immer stoßen wir auf im Gange befindliche Vorgänge. Wir treffen auf tiefste Abbaustufen, nämlich die Bausteine der zusammengesetzten Nahrungsstoffe und gleichzeitig auf ungezählte Zwischenstufen, die von den hochmolekularen Nahrungsstoffen bis zu ihren Bausteinen herabführen. Die Deutung eines solchen Befundes ist zunächst keine gegebene. Man kann der Ansicht Ausdruck geben, daß die Verdauung die zusammengesetzten Nahrungsstoffe bis zu ihren Bausteinen zerlegt. Das Vorhandensein von nicht vollständig abgebauten Bestandteilen des Darminhaltes kann man so deuten, daß eben die Verdauung unterbrochen worden ist. Der Abbau wäre noch weiter fortgeschritten, wenn man nicht künstlich eingegriffen und die Fortsetzung der Verdauung unmöglich gemacht hätte. Die relativ geringe Menge von einfachen Bausteinen der zusammengesetzten Nahrungsstoffe im Darminhalt kann man im Sinne einer fortwährenden Resorption gebildeter einfachster Abbaustufen deuten. Streng beweisen läßt sich die erwähnte Annahme auf Grund der Untersuchung des Darminhaltes nicht. Man kann auf ihr fußend ebenso gut behaupten, daß auch Produkte, die aus mehr als einem Baustein bestehen, zur Aufnahme durch die Darmwand kommen.

Studiert man die Verdauungsvorgänge außerhalb des Verdauungskanals, indem man die in Frage kommenden zusammengesetzten Nahrungsstoffe im Reagenzglas nach einander mit Speichel, Magen-, Pankreas- und Darmsaft unter möglichst geeigneten Bedingungen zusammenbringt und nach einiger Zeit prüft, was aus den einzelnen Substraten geworden ist, so stößt man auf neue Schwierigkeiten. Zunächst können wir im Reagenzglas den Bedingungen, wie sie an Ort und Stelle bei der Verdauung im Darmkanal vorhanden sind, nicht in allen Einzelheiten nachkommen. Im Organismus selbst stoßen fortgesetzt neue Verdauungssäfte zum Speisebrei. Der Organismus kann auch die Reaktion des Verdauungsgemisches ständig innerhalb bestimmter

Grenzen konstant erhalten[1]). Vor allen Dingen kann er die entstehenden Abbaustufen bestimmter Art fortaufend entfernen. Der direkte Versuch hat gezeigt, daß die Abbaustufen auf die Hydrolyse durch Fermente hemmend wirken. Wir können somit aus dem Reagenzglasversuch keine bestimmten Schlüsse auf den Umfang des Abbaus der einzelnen zusammengesetzten Nahrungsstoffe im Darmkanal ziehen. Schon der Umstand, daß in unserem Darmkanal die Verdauung in wenigen Stunden abläuft, während wir im Reagenzglasversuch außerordentlich viel längere Zeit brauchen, um den Abbau der zusammengesetzten Nahrungsstoffe im wesentlichen bis zu ihren Bausteinen durchzuführen, macht einen Vergleich künstlicher und natürlicher Verdauung zu einem zweifelhaften.

Schon eine ganze Reihe von Forschern, ich nenne nur Kühne, Kutscher, Seemann, Friedrich Müller, O. Cohnheim und Andere[2]), hatten im Darminhalt mehrere Bausteine der Eiweißkörper, genannt Aminosäuren, aufgefunden. Ein Beweis für die Annahme, daß die Eiweißstoffe im Darmkanal einem sehr weitgehenden Abbau unterliegen, konnte aus diesem Befunde nicht eindeutig abgeleitet werden. **Nur der Nachweis sämtlicher im Eiweißmolekül vorhandenen Aminosäuren im Darminhalt und vor allen Dingen derjenigen Eiweißbausteine, die erst**

---

[1]) Durch Anwendung von sog. Puffern bzw. Regulatoren können wir diese Bedingung auch im Reagenzglasversuch erfüllen.

[2]) Vgl. die Literatur hierzu: Emil Abderhalden, Lehrbuch der physiologischen Chemie. 4. Auflage. Urban und Schwarzenberg, Berlin—Wien. S. 516ff. 1920.

unter der Wirkung des von O. Cohnheim entdeckten Erepsins des Darmsaftes in Freiheit gesetzt werden, durfte als Beweis dafür angesehen werden, daß ein vollständiger Abbau von Proteinen im Darmkanal möglich ist[1]). Streng bewiesen war das Vorhandensein eines restlosen Abbaus aller zusammengesetzter Eiweißabkömmlinge jedoch auch diesem Befund nach nicht. Es mußte ein neuer Weg eingeschlagen werden. Es galt den Versuch zu machen, Eiweißstoffe, zusammengesetzte Kohlehydrate, Fette, Nukleoproteide außerhalb des Körpers vollständig in ihre Bausteine zu zerlegen und mittels der erhaltenen Bausteine ein Tier möglichst lange nicht nur am Leben, sondern auch bei Wohlbefinden zu erhalten. Auch für dieses Problem lagen schon Vorläufer vor. Es war versucht worden, Eiweißstoffe durch die nächsten Abbaustufen — Peptone — zu ersetzen[2]). Noch weiter ging O. Loewi[3]), der durch Autolyse erhaltene abiurete Eiweißabkömmlinge verfütterte. Er hat aber weder den Beweis erbracht, wie weit die von ihm verwandten Produkte abgebaut waren, noch kann man die von ihm

[1]) Vgl. hierzu: Emil Abderhalden, Zeitschr. f. physiol. Chemie. **78.** 382 (1912); **114.** 290 (1921).

[2]) Vgl. Leon Blum, Zeitschr. f. physiol. Chemie. **30.** 15 (1900). — A. Ellinger, Zeitschr. f. Biol. **15.** 201 (1896). — Maly, Pflügers Archiv. **9.** 585 (1874). — Plosz und Gyergyai, ebenda. **10.** 536 (1875).

[3]) O. Loewi, Arch. f. exp. Pathol. u. Pharmakol. **48.** 303 (1902). — Vgl. auch V. Henriques und Hansen, Zeitschr. f. physiol. Chemie. **43.** 417 (1905); **48.** 383 (1906); **49.** 113 (1906).

mitgeteilten Versuche als einwandfrei dafür ansehen, daß das verabreichte Produkt imstande war, das Eiweiß der Nahrung zu ersetzen. Dazu waren die Versuche viel zu kurzfristig und im Verlauf zu unregelmäßig. Niemand würde heutzutage den betreffenden Versuchen irgendwelche Beweiskraft zuerkennen.

Der Weg für die Prüfung der eben erwähnten Fragestellung war ein gegebener. Eine eindeutige Entscheidung war möglich, nachdem die Eiweißchemie so weit vorgeschritten war, daß man in der Hauptsache die Bausteine der in Frage kommenden Nahrungseiweißstoffe kannte. Ferner waren Methoden ersonnen worden, um den Grad des Abbaus von Eiweißabkömmlingen einwandfrei festzustellen. In erster Linie ist die Methode der Formoltitration nach Sörensen zu nennen.

Fütterungsversuche mit einem Gemisch von Aminosäuren, das durch fermentativen Abbau von Eiweiß erhalten worden war, ergaben, daß das gesamte Nahrungseiweiß sich durch dieses ersetzen läßt[1]). Exakte Stoffwechsel-

---

[1]) Vgl. hierzu die zahlreichen Versuche von Emil Abderhalden und Mitarbeitern in der Zeitschr. f. physiol. Chemie. Sie sind aufgeführt im Lehrbuch der physiologischen Chemie l. c. Bd. I. S. 535 ff. — Vgl. terner die Übersichten: Emil Abderhalden, Die Bedeutung der Verdauung für den Zellstoffwechsel im Lichte neuerer Forschungen auf dem Gebiete der physiologischen Chemie. Zeitschr. d. Österr. Ingenieur- u. Architektenvereins. 11, Nr. 11 u. 12 und im Verlag Urban und Schwarzenberg. Berlin-Wien 1911. — Emil Abderhalden, Neuere Anschauungen über den Bau und den Stoffwechsel der Zelle. Julius Springer. Berlin 1911. — Emil Abderhalden, Les conceptions nouvelles sur la structure et le métabolisme

versuche schließen jeden Zweifel in dieser Richtung aus. Durch immer mehr verbesserte Methoden gelang es schließlich, Hunde monatelang sogar unter Zunahme von Körpergewicht ausschließlich mit den Bausteinen sämtlicher bekannter, zusammengesetzter Nahrungsstoffe zu ernähren. Erfolgreich waren namentlich Versuche mit vollständig bis zu den Bausteinen zerlegtem Fleisch, während bei Verwendung von isolierten Eiweißstoffen die Versuchstiere nach mehr oder weniger langer Zeit abmagerten und auch sonst allerhand Erscheinungen zeigten, die darauf hinwiesen, daß die verabreichte Nahrung nicht genügte. Über diese Versuche ist seinerzeit nur zum Teil berichtet worden, weil eine Erklärung der ganzen Erscheinungen nicht gefunden wurde. Heute wissen wir, daß ohne Zweifel das Fehlen der zur Zeit im Vordergrund des Interesses stehenden Nahrungsstoffe, die den Namen **Ergänzungsstoffe, akzessorische Nahrungsstoffe, Vitamine, Nutramine** usw. erhalten haben, die Ursache der beobachteten Erscheinungen war[1]). Diese Stoffe waren ohne unser Zutun im abgebauten Fleisch vorhanden, während sie in abgebautem, gereinigtem Kaseïn, Edestin usw. offenbar fehlten oder an Menge zu gering waren.

Es ist, seit der Erkenntnis, daß es außer den uns

---

de la cellule. Revue générale des sciences pures et appliquées. 23. Jahrg., Nr. 3, S. 95. Febr. 1912. — Emil Abderhalden, Synthese der Zellbausteine in Pflanze und Tier. Julius Springer, Berlin. 1912.

[1]) Vgl. hierzu die Literatur bei Emil Abderhalden, Lehrbuch der physiologischen Chemie l. c., Bd. II. Vorlesung XXIII.

bekannten Nahrungsstoffen auch noch solche unbekannter Natur gibt, deren Fehlen schwere Folgeerscheinungen hat, nunmehr verständlich, weshalb von mir mit unendlicher Mühe an Ratten und Mäusen durchgeführte Versuche, diese soweit als möglich mit synthetisch zubereiteten Bausteinen zu ernähren, zu keinem vollen Erfolge geführt haben. Es wurden sämtliche Aminosäuren (mit Ausnahme der Glutaminsäure) synthetisch dargestellt. Ferner wurden Glukose als Vertreter der Kohlehydrate, Fettsäuren und Glyzerin an Stelle von Fett verabreicht. Dazu kamen dann noch Mineralstoffe und Wasser.

Der Versuch, Tiere mit durch Synthese gewonnenen Nahrungsstoffen zu ernähren, sollte den praktischen Beweis dafür liefern, daß **das Problem der künstlichen Darstellung der Nahrungsstoffe gelöst ist. Die Inangriffnahme dieses wichtigen Versuchs war nur dadurch möglich geworden, daß der Beweis erbracht worden war, daß die Bausteine der zusammengesetzten Nahrungsstoffe zur Ernährung genügen**, vorausgesetzt, daß die oben erwähnten, noch unbekannten Nahrungsstoffe der Nahrung hinzugefügt werden. Man glaubte bis vor kurzem, daß die Lösung des Problems der künstlichen Darstellung der Nahrungsstoffe noch in weitester Ferne liege, weil man der Ansicht war, daß Eiweißstoffe, Stärke usw. gewonnen werden müßten. Nachdem wir wissen, daß diese zusammengesetzten Produkte in unserem Darmkanal in weitgehender Weise abgebaut werden, bevor sie als Nahrungsstoffe für unsere Körperzellen in Betracht kommen, hat es keinen Sinn mehr, die Synthese zusammengesetzter Nahrungsstoffe in Angriff zu nehmen. Ratten und Mäuse, die das Gemisch künstlich dargestellter Bausteine zusammengesetzter Nahrungsstoffe erhielten, blieben bis zu 14 Tagen im Stickstoffgleichgewicht. Über diese Zeit hinaus konnten die Versuche nicht ohne Störungen ausgedehnt werden, weil die Versuchstiere erkrankten. Zunächst verweigerten sie die Nahrungsaufnahme und bereiteten dadurch Schwierigkeiten, dann zeigte sich ein immer stärker werdender Verlust des Körpergewichtes. Neue Versuche in der gleichen Richtung unter Zusatz von geringen Mengen von Hefeextrakt, gewonnen durch Ausziehen von Trockenhefe mit Alkohol, bzw. unter Zusatz von ganz geringen Mengen von Rüböl, Kleie oder Kohl ergaben bessere Resultate. Sie wurden noch besser, als Hefe als solche im getrockneten Zustand verabreicht wurde. Es konnten dann sogar Zunahmen an Körpergewicht erzielt werden, und zwar in einzelnen Versuchen in ganz erheblichem Maße. Ferner wurde festgestellt, daß wachsende Tiere, die bei Verabreichung der reinen Bausteine der zusammengesetzten Nahrungsstoffe nach kurzer Zeit im Wachstum stillstehen, wieder wachsen, wenn der erwähnten Nahrung etwas Hefe zugefügt wird.

Durch unsere Versuche, durch die einwandfrei bewiesen wurde, daß die zusammengesetzten Nahrungsstoffe der Nahrung durch ihre Bausteine vollständig vertretbar sind, gewinnt die Ansicht, wonach im Darmkanal unter der Wirkung der Verdauungssäfte die zusammengesetzten Nahrungsstoffe, soweit sie durch Verdauungsfermente angreifbar sind, einen tiefgehenden Abbau, und zwar in der Hauptsache bis zu den Bausteinen erleiden, eine sehr starke Stütze.

Viel zu wenig beachtet wurde, daß durch die erwähnten Versuche, die auf breitester Basis von mir und meinen Mitarbeitern in jahrelanger, mühevoller Arbeit durchgeführt worden sind, ein Fundament für eine ganze Reihe wichtiger Fragestellungen errichtet worden ist. Um das ganze wichtige Problem in Angriff nehmen zu können, mußte zunächst festgestellt werden, ob die verschiedenartigsten Eiweißstoffe die gleichen Bausteine, d. h. die gleichen Aminosäuren, besitzen. Zahlreiche Eiweißstoffe verschiedener Herkunft wurden in ihre Bausteine aufgespalten und der Beweis geführt, daß mit wenig Ausnahmen immer wieder dieselben Aminosäuren aufzufinden sind, nur treten sie je nach der Eigenart des Proteins in sehr verschiedenen Mengeverhältnissen auf[1]). Hätte es sich herausgestellt, daß die verschiedenen Zell-

---

[1]) Vgl. die Literatur bei Emil Abderhalden, Neuere Ergebnisse auf dem Gebiete der speziellen Eiweißchemie. Gustav Fischer. Jena 1909. — Ferner Lehrbuch der physiologischen Chemie l. c., Bd. I. Vorlesung XIX.

eiweißstoffe durch für sie charakteristische Bausteine gekennzeichnet sind, dann wäre selbstverständlich die Entscheidung der Fragestellung, ob ein Gemisch sämtlicher bekannter Aminosäuren Eiweiß ersetzen kann, viel schwieriger gewesen.

Nachdem festgestellt war, daß ein Gemisch von Aminosäuren zur Ernährung an Stelle von Eiweiß genügt, konnte man nunmehr den Wert und die Bedeutung jeder einzelnen Aminosäure genau prüfen. Der Weg war vorgezeichnet. Es konnte ein Baustein nach dem anderen aus dem Aminosäurengemisch entfernt werden. So konnte beispielsweise der Befund von Hopkins und Willkock[1]), wonach der Baustein Tryptophan unentbehrlich ist, dadurch erhärtet werden, daß die genannte Aminosäure aus einem als vollwertig erkannten Aminosäuregemisch entfernt wurde[2]). Es ergab sich, daß nunmehr das Aminosäuregemisch außerstande war, vor Stickstoffverlust zu schützen. Ja, es traten sehr bald schwere Erscheinungen auf, die zeigten, daß der Mangel an Tryptophan den gesamten Stoffwechsel in Unordnung bringt. Daß in der Tat das Fehlen des Tryptophans diese Wirkung hatte, konnte dadurch scharf bewiesen werden, daß die entfernte Aminosäure, der Nahrung wieder zugesetzt, in kurzer Zeit Besserung im Befinden der Tiere herbeiführte.

---

[1]) Willkock und F. G. Hopkins, Journ. of physiol. 35. 88 (1907).
[2]) Emil Abderhalden, Zeitschr. f. physiol. Chemie. 57. 348 (1908); 77. 22 (1912); 83. 444 (1913).

Von der gleichen Grundlage ausgehend, konnte die Entbehrlichkeit von Glykokoll bewiesen werden. Es konnte ferner gezeigt werden, daß von den beiden homozyklischen Aminosäuren Phenylalanin und Tyrosin nur die eine von beiden unbedingt anwesend sein muß[1]). Es haben vor allen Dingen amerikanische Forscher, wie Lafayette Mendel, Osborne usw., die durch die vorliegenden Arbeiten erschlossenen Fragestellungen weiter fortgeführt, ohne freilich die Grundlagen, von denen sie ausgegangen sind, genügend zu würdigen, obwohl ihre ganze Forschung ohne die vorausgegangenen, oben mitgeteilten Beobachtungen unmöglich gewesen wäre. Hierher gehören auch jene Forschungen, die zum Ziel hatten, Eiweißstoffe, wie z. B. Gelatine, denen bestimmte, unentbehrliche Aminosäuren fehlen, durch Zusatz dieser Bausteine vollwertig zu machen[2]).

Die biologisch-physikalische und die biologisch-chemische Richtung begegnen sich in wichtigen Fragestellungen und Ergebnissen. Wir sehen, daß bei der Aufnahme von Blutserum per os sich keine besonderen Erscheinungen nachweisen lassen. Führt man einem Tier A Serum von einem Tier B in den Magen ein, und ent-

---

[1]) Vgl. hierzu Emil Abderhalden, Zeitschr. f. physiol. Chemie. **96.** 1. (1915).

[2]) Vgl. hierzu M. Kauffmann, Pflügers Archiv. **109.** 1 (1905). — P. Rona und W. Müller, Zeitschr. f. physiol. Chemie. **50.** 263 (1907). — Emil Abderhalden und Dimitrie Manoliu, Ebenda. **65.** 336 (1910). — Emil Abderhalden, Ebenda. **77.** 22 (1912).

zieht man dann nach einiger Zeit beiden Tieren Blut und bringt beider Serum zusammen, dann bleibt das Gemisch klar. Es gelingt auch nicht bei einmaliger Einspritzung des gleichen Serums, das per os gegeben worden ist, Anaphylaxie hervorzurufen, es sei denn, daß ganz besondere, normalerweise nicht vorkommende Bedingungen gewählt sind. Es geht aus diesen Beobachtungen klar hervor, daß durch die Verdauung der besondere Charakter der spezifisch gebauten Bestandteile der Nahrung zusammengesetzter Natur völlig zerstört wird.

Man muß bei der Betrachtung der Wechselbeziehungen zwischen den Inhaltsstoffen der Nahrung und denjenigen der Zellen des Organismus, der diese Stoffe übernehmen soll, sich immer vor Augen halten, daß die Nahrung der Tiere in der Hauptsache aus Zellen besteht. Gleichgültig, ob wir Pflanzen- oder Tiernahrung aufnehmen, wir führen in unseren Darmkanal in jedem Falle Zellen ein, die noch vor kurzem besondere Funktionen erfüllt haben. Es wäre schwer verständlich, wenn die verschiedenartigsten Zellen mit den mannigfaltigsten Funktionen alle den gleichen chemischen und physikalischen Bau hätten. Schon das mikroskopische Bild zeigt uns große Verschiedenheiten zwischen den verschiedenen Zellarten. Sie werden noch mehr in die Augen springend, wenn Färbemethoden angewandt werden. Ohne Zweifel sind die Zellinhaltsstoffe vielfach in ihrem Bau verschieden. Es besteht aber auch durchaus die Möglichkeit, daß dadurch neue Eigenschaften zustande kommen, daß gleiche Komponenten in ganz verschiedenen Mengenverhältnissen gemischt im Zellinhalt vorkommen. Vor allen Dingen spielt ohne Zweifel der physikalische Zustand der Zellinhaltsstoffe mit allen seinen noch gar nicht übersehbaren Feinheiten eine große Rolle. Wir können nicht einen einzelnen Zellinhaltsstoff für sich betrachten und ihm allein eine besondere Wichtigkeit zuerkennen, vielmehr ist es die Gesamtheit aller Zellinhaltsstoffe, die in ihren mannigfaltigen Wechselbeziehungen gemeinsam für bestimmte Funktionen maßgebend ist.

In dem Augenblick, in dem das Leben in einer Zelle aufgehört hat, haben die Zellinhaltsstoffe für diese ihre Rolle ausgespielt. Es haben sich Zustandsänderungen irreversibler Art ausgebildet. Der Kampf ums Gleichgewicht hat aufgehört. Es ist ein Ausgleich erfolgt. Keine andere Zelle, mag sie sein, welcher Art sie will, kann die Inhaltsstoffe der abgestorbenen Zellen direkt übernehmen. Wo wir auch hinblicken, bemerken wir, daß Zellen jeder Art, mögen es Mikroorganismen oder Zellen höher organisierter Lebewesen sein, bei der Übernahme von Nahrungsstoffen, wie sie die Natur den Organismen darbietet, einen mehr oder weniger weitgehenden Abbau vollziehen. Manche Mikroorganismen begnügen sich nicht mit dem Abbau der zusammengesetzten Nahrungsstoffe bis zu ihren Bausteinen, vielmehr werden auch diese noch weiter zerlegt, bis Bruchstücke noch einfacherer Natur entstanden sind. Wir begegnen hier einer unendlichen Fülle der Mannigfaltigkeit. Wir erkennen, daß die verschiedenartigsten Mikroorganismen einander in die Hände arbeiten. Es gibt Lebewesen, die Eiweiß zerlegen können, während andere damit nichts anfangen können. Wieder andere vermögen nur Aminosäuren in noch einfachere Produkte umzuwandeln. Noch andere Lebewesen brauchen als Bau- und Betriebsmaterial noch einfachere Ausgangsprodukte. Wir treffen in der Natur wohl nur selten auf Reinkulkulturen. Überall, wo wir hinblicken, finden wir das Zusammenleben ganz verschiedener Lebewesen, die alle in irgendeiner Weise sich nützen und zugleich schaden.

Da, wo sich ein Zellstaat zusammengefunden hat und einen Organismus bildet, treffen wir auf Arbeitsteilung. **Unser Organismus braucht nicht mit allen seinen Zellen den Kampf mit der spezifischen Struktur der Inhaltsstoffe seiner Nahrung aufzunehmen.** Es vollzieht sich die Entkleidung des besonderen Art- und Funktionscharakters all der mannigfaltigen, zusammengesetzten Nahrungsstoffe der Nahrung im Darmkanal unter der Wirkung der Verdauungssäfte. **Zur Aufnahme gelangen immer nur Abbaustufen, die jeden besonderen Charakter verloren haben.** Es erhält so der Organismus jahraus jahrein stets gleichartige Nahrungsstoffe für seine Zellen. Wir finden im Blute nicht bald Rohrzucker, Milchzucker, Glykogen, Stärke usw., sondern in der Hauptsache nur ein bestimmtes Kohlehydrat, nämlich den Traubenzucker. Er ist Baustein der mannigfaltigsten

Kohlehydrate zusammengesetzter Natur der Nahrung. Wir treffen auch nicht bald diesen, bald jenen Eiweißkörper und alle möglichen Eiweißabkömmlinge im Blute an, sondern Eiweißstoffe ganz charakteristischer Art und daneben Aminosäuren. Die Zellen erhalten stets ein einheitliches Baumaterial. Sie können damit neue Zellbestandteile aufbauen und zwar nach ihren Plänen. Sie können aus den einzelnen Stoffen Sekret- und Inkretstoffe bereiten und endlich aus organischen Bestandteilen den Energieinhalt durch Abbau erschließen. Auf diese Weise ist dem Organismus die Einheitlichkeit seines Stoffwechsels gewährleistet. Seine Körperzellen brauchen nicht mit einer Unzahl von Fermenten ausgerüstet zu sein, die bald dieses, bald jenes Produkt zu zerlegen haben. Es ist vielmehr jede Zelle nur auf relativ wenige Produkte mit allen ihren Einrichtungen eingestellt.

Es gibt noch einen anderen Weg um die eben dargestellten Ideen zu prüfen. In unserer Nahrung spielt der Rohrzucker eine mehr oder weniger große Rolle. Führen wir ihn in nicht absichtlich großen Mengen per os zu, so gelingt es nicht, ihn jenseits des Darmkanales aufzufinden. Das gleiche gilt vom Milchzucker. Diese beiden Kohlehydrate diffundieren leicht durch tierische Membranen, und trotzdem werden sie vor der Resorption in ihre Bausteine zerlegt. Wenn wir Rohrzucker oder Milchzucker mit Umgehung des Darmkanales in die Blutbahn bringen, dann bemerken wir, daß die genannten Disaccharide im Harne erscheinen. Die Niere entnimmt sie der Blutbahn und scheidet sie aus. Die Körperzellen können mit diesen Kohlehydraten nichts anfangen. Sie sind nicht auf sie eingestellt und besitzen keine Fermente, um sie in ihre Bausteine zu zerlegen. So werden diese Kohlehydrate mit ihrem kostbaren Energieeinhalt und ihrem wertvollen stofflichen Material an ungezählten Zellen vorbeigeführt. Wollte man den Organismus durch parenterale Zufuhr dieser Kohlehydrate ernähren, dann würde er trotz reicher Gegenwart dieser Produkte in den Geweben verhungern müssen. Man sieht, daß der Ausdruck **Nahrungsstoff** nur einen bedingten Wert hat. Milchzucker und Rohrzucker sind wertvolle Nahrungsstoffe, wenn sie dem Darmkanal zugeführt werden. Sie sind wertlos, wenn sie der Umwandlung im Darmkanal entzogen und den Körperzellen direkt zur Verfügung gestellt werden.

Fassen wir die Ergebnisse dieses ganzen Forschungsgebietes zusammen, dann können wir zum Ausdruck bringen, **daß die Verdauung bewirkt, daß die den mannigfaltigsten Funktionen angepaßten Zellinhaltsstoffe der Nahrung ihres besonderen Charakters durch tiefgehenden Abbau entkleidet werden.** Die Aufgabe, die die Verdauung erfüllt, ist eine grundlegende. Sie ermöglicht jeder Zelle das Beibehalten ihres Artcharakters und darüber hinaus vielleicht noch der individuellen Eigentümlichkeit.

Von diesen Gesichtspunkten aus, das möchte ich noch kurz ausführen, gewinnt die Ernährung des Säuglings besonderes Interesse. Solange das werdend Weesen im mütterlichen Organismus sich entwickelt, erhält es durch die Plazenta Nahrungsstoffe, die im Darmkanal des mütterlichen Organismus wohl vorbereitet sind. Die im Blut kreisenden Bausteine der verschiedenartigsten Nahrungsstoffe stehen den Zellen des Foetus ebenso zur Verfügung wie den Zellen des mütterlichen Organismus. Die Mutter atmet für das werdende Wesen, liefert ihm Sauerstoff und entfernt Kohlensäure, die in den Geweben des Foetus entstanden ist. Auch andere Stoffwechselendprodukte werden fortgeführt. Im Augenblick der Geburt vollzieht sich ein gewaltiger Umschwung. Das neugeborene Wesen muß nun selbst atmen. Es beginnt ferner die Aufnahme von Nahrung durch den Magen- und Darmkanal. Es tritt in gewissem Sinne eine Übergangszeit ein. Der Säugling erhält zunächst eine einheitliche, in engen Grenzen sich stets gleichbleibende Nahrung, nämlich die Milch. Interessanterweise hat jede Säugetierart eine besonders zusammengesetzte Milch[1]). Es finden sich enge Beziehungen zwischen der Zusammensetzung der Milch und der Zusammensetzung des neugeborenen Wesens[1]). Diese einheitliche Nahrung erleichtert ohne Zweifel dem Lebewesen, das so vielen Gefahren zu trotzen hat, das Eingewöhnen in die neuen Verhältnisse. In der Milch finden sich Tag

---

[1]) Vgl. hierzu G. v. Bunge, Zeitschr. f. physiol. Chemie. **13.** 399 (1889). — Friedrich Pröscher, Ebenda. **24.** 285 (1897). — Emil Abderhalden, Ebenda. **26.** 487, 498 (1899); **27.** 356, 408, 594 (1899).

für Tag dieselben Nahrungsstoffe in demselben Mengenverhältnis. Allmählich kommt andersartige Nahrung hinzu, zunächst als Beinahrung. Mehr und mehr wird dann mit der Zeit die Milchnahrung zurückgedrängt, bis schließlich diese zur Nebennahrung wird und andere Nahrungsmittel die Hauptnahrung darstellen.

Es läßt sich an Hand der Art und der Zusammensetzung der Milchbestandteile in überzeugender Weise zeigen, daß auch sie alle, soweit sie zusammengesetzter Natur sind, vom Säugling nicht ohne tiefgehenden Abbau übernommen werden können. Man braucht nur z. B. den Gehalt der Milcheiweißstoffe an einzelnen Bausteinen mit dem Gehalt von Körpereiweißstoffen an solchen zu vergleichen[1]). Die Unterschiede sind so gewaltig, daß es ganz undenkbar ist, daß Eiweißstoffe der Milch direkt in die Blutbahn des Säuglings übergehen und zum Aufbau neuer Zellen Verwendung finden. Schon bei ihm setzt trotz der in gewissem Sinne arteigenen Nahrung ein weitgehender Abbau der Eiweißstoffe ein. Auch das typische Kohlehydrat der Milch, der Milchzucker, wird zerlegt, und auch die Fette werden gespalten. Schon rein äußerlich bemerken wir, daß tiefgehende Umwandlungen notwendig sind, um aus Nahrungseiweißstoffen Körpereiweißstoffe hervorgehen zu lassen. Man braucht nur das Wachsen der Nägel und der Haare — alles Eiweißstoffe — zu verfolgen und sich daran zu erinnern, daß sie aus Baumaterial entstehen, das mit der Milch dem Organismus zugeführt wird. Auch von

---

[1]) Vgl. hierzu Lehrbuch der physiologischen Chemie l. c. S. 533.

diesen Gesichtspunkten aus kommt man zu der Vorstellung, daß der Abbau der zusammengesetzten Nahrungsstoffe im Darmkanal ein sehr tiefgehender sein muß.

Im Anschluß an die Ergebnisse der erwähnten Forschungen habe ich mir die Frage vorgelegt, ob man nicht über die von Hamburger geschaffenen Begriffe — arteigen, artfremd, körpereigen, körperfremd — hinauszugehen hat. Es unterliegt keinem Zweifel, daß innerhalb eines bestimmten Organismus, in dem eine Arbeitsteilung stattgefunden hat und verschiedene Zellarten mit verschiedenen Funktionen vorhanden sind, zwar allen diesen Zellen ein gemeinsamer Artcharakter gemeinsam ist, darüber hinaus dürfte aber jede einzelne Zellart, ihrer Funktion entsprechend noch einen besonderen **zelleigenen** Charakter haben. Den bestimmten Funktionen entsprechen ohne Zweifel charakteristisch gebaute Zellinhaltsstoffe mit einem ganz spezifischen Zustand. Würde man beispielsweise bei einem bestimmten Organismus Zellinhaltsstoffe einer Gehirnzelle in eine Leberzelle desselben Organismus hineinverpflanzen, dann würden diese Stoffe, obwohl sie art- und körpereigen sind, doch auf diese Zellart fremdartig wirken. Die Zellfremdheit kann verschiedener Natur sein. Es kann sich um eine Struktur- und Konfigurationsfremdheit handeln oder um eine Zustandsfremdheit, hervorgerufen durch physikalisch-chemische Veränderungen. Häufig werden beide Arten sich bedingen. Von diesen Gesichtspunkten aus können wir auch von **bluteigenen** und **blutfremden** Stoffen sprechen. Es spricht alles dafür, daß die einzelnen Körperzellen unter normalen Verhältnissen ihre charakteristischen Bestandteile zusammengesetzter Natur nicht nach außen abgeben, bevor sie nicht durch tiefgehenden Abbau ihres spezifischen Baues und damit ihrer besonderen Eigenschaften entkleidet sind. **Jede Zelle arbeitet mit Fermenten.** Sie baut auch mit diesen auf und ab. Genau so, wie im Darmkanal die Fermente der Verdauungssäfte art- und zelleigene Produkte der Nahrung in Bruchstücke zerlegen, denen arteigene Eigenschaften fehlen, so nimmt die einzelne Körperzelle ihren zusammengesetzten Zellinhaltsstoffen ihren besonderen Charakter durch Abbau durch Fermente, bevor sie diese aus ihrem Verbande entläßt.

Gerät aus einer Zelle zelleigenes Material ins Blut hinein, dann wirkt dieses ohne Zweifel blutfremd. So kann es vorkommen, daß innerhalb eines Zellstaates sich Störungen ereignen, obwohl von außen nichts Fremdartiges in ihn hineingelangt ist. Man könnte sogar daran denken, daß durch derartige Ereignisse anaphylaxieartige Erscheinungen bedingt werden, wenn das Hineingeraten von körpereigenen, jedoch blutfremden Stoffen sich in bestimmten Zeiten wiederholt. Manche Störungen unbekannter Natur sind vielleicht durch solche Vorgänge bedingt.

Man ist leicht geneigt, zu bezweifeln, daß die Natur imstande sei, aus den an und für sich nicht sehr zahlreichen Bausteinen den in den einzelnen Zellarten vorkommenden Verbindungen zusammengesetzten Natur eine so unendlich große Mannigfaltigkeit des Baues zu verleihen, wie die eben geschilderten Anschauungen es erfordern. Einmal kommen die ungezählten Organismenarten in Betracht. Darüber hinaus müssen wir noch für jede Zellart in aus Zellen zusammengesetzten Organismen besonders gebaute Verbindungen annehmen. Man kann aber leicht an Beispielen zeigen, daß theoretisch unendlich viel mehr Möglichkeiten für Verbindungen der verschiedensten Art vorhanden sind, als in der Natur vorkommen dürften. Sehen wir zunächst einmal ganz davon ab, daß verschiedene Bindungsmöglichkeiten der Bausteine unter einander vorhanden sind, und ferner davon, daß gleichartige Verbindungen in verschiedenen Mengenverhältnissen gemischt vorkommen können, wodurch wieder besondere physikalische Eigenschaften bedingt werden, so ergibt allein die Möglichkeit der verschiedenen Reihenfolge verschiedener Bausteine eine auf den ersten Blick überraschend große Anzahl von Möglichkeiten. Es sei dies an einem Beispiel kurz erläutert. Wir wollen der Einfachheit halber die verschiedenen, im Eiweiß vorkommenden Aminosäuren mit den Buchstaben A, B, C usw. bezeichnen. Stellen wir uns vor, daß zum Beispiel die Bausteine A, B und C in verschiedener Reihenfolge aneinander gereiht sind. Wir erhalten bei ganz gleicher Bindungsart der einzelnen Bausteine untereinander sechs verschiedene Verbindungen: A-B-C, A-C-B, B-A-C, B-C-A, C-A-B, C-B-A.

Gehen wir von vier verschiedenen Bausteinen aus, dann gelangen wir schon zu 24 verschiedenen Verbindungen. Fünf verschiedenen Bausteinen entsprechen 120 isomere Verbindungen. Im Folgenden sei bei einigen weiteren Fällen die Zahl jener Verbindungen angegeben, die bei ganz gleicher Bindungsart einzig und allein durch die verschiedene Reihenfolge der einzelnen Bausteine bedingt ist:

Zahl der verschiedenen Bausteine	Zahl der aus diesen darstellbaren Verbindungen, wenn ausschließlich die Reihenfolge, in der sie zusammengefügt werden, wechselt
6	720
7	5040
8	40320
10	3628800
12	479001600
15	1307674368000
18	6402373705728000
20	2432902008176640000

Diese ungeheure Zahl von verschiedenen Verbindungen ergibt sich allein dadurch, daß die gleichen zwanzig Bausteine sich in verschiedener Reihenfolge folgen! Alle diese Verbindungen würden bei der Hydrolyse die gleichen Bausteine und auch in genau der gleichen Menge ergeben! Diese Überlegungen mögen für alle jene Forscher eine Warnung sein, die der Meinung sind, aus dem Befunde gleicher Bausteine auf die Identität bestimmter Verbindungen schließen zu dürfen!

Nun braucht nicht nur die Reihenfolge der einzelnen Bausteine eine verschiedene zu sein. Es kann auch die

Art der Verknüpfung der einzelnen Verbindungen unter sich eine verschiedenartige sein. Die Zahl der Möglichkeiten wächst ins Unermeßliche! Endlich treten die Bausteine nicht in gleicher Menge auf. Schließlich kommt noch ein sehr wichtiger Faktor hinzu. Keine Zelle enthält nur einen Eiweißkörper, ein Kohlehydrat und ein Fett. Immer finden sich Gemische. Damit hat die Zelle es in der Hand, aus ganz gleichartigen Verbindungen, z. B. aus mehreren Eiweißstoffen, Gemische aller Art zu bereiten, die ihr ein besonderes Gepräge geben. Es wachsen dadurch die Möglichkeiten der Erstellung spezifisch zusammengesetzter Zellarten ins Unermeßliche. Niemand ist imstande, jene Zahl zu berechnen, die all diesen Möglichkeiten Rechnung trägt!

Wir haben schon eingangs betont, daß bei der Annahme zelleigener zusammengesetzter Verbindungen die Forderung nach zelleigenen Fermenten auftritt. Es wäre schwer zu verstehen, wenn die verschiedenartigsten Zellen mit ihrem ganz verschiedenen Bau alle genau die gleichen Fermentwirkungen entfalten würden. Es hat vor allen Dingen Bayliss[1]) die Ansicht vertreten, daß ein und dasselbe Ferment, je nach den vorhandenen Bedingungen, auf- und abbauen kann. Nehmen wir an, daß eine Zellart im Körper die Zusammensetzung A-C-B-D enthält, während eine andere aus denselben Bausteinen die Verbindung A-B-A-D-A-C aufgebaut hat. Wie sollte

---
[1]) W. H. Bayliss, Journ. of physiol. **46**. 236 (1913).

nun ein und dasselbe Ferment diese beiden Verbindungen hervorbringen? Der Versuch mußte entscheiden, ob es zelleigene Fermente gibt. Es ergab sich, daß Preßsäfte aus bestimmten Organen wie Leber, Muskeln usw. ganz spezifische Wirkungen entfalten und nur Peptone zum Abbau bringen, die aus Eiweißstoffen der gleichen Organe dargestellt sind, aus denen die fermenthaltigen Preßsäfte herstammen[1]). Nur die Niere macht eine Ausnahme. Diese Versuche sind weiter fortgeführt worden. Anstelle der Verwendung ganzer Organe als Ausgangsmaterial zur Darstellung von Peptonen ist versucht worden, Eiweißstoffe aus den einzelnen Gewebsarten zu isolieren und diese direkt durch Preßsäfte aus den betreffenden Organen zum Abbau zu bringen. Selbstverständlich sind bei allen diesen Versuchen stets in großer Zahl Kontrollen ausgeführt worden, d. h. Leberpreßsaft wurde auf Muskel-, Schilddrüsen-, Gehirneiweißstoffe, bzw. auf die aus ihnen dargestellten Peptone einwirken gelassen. Sämtliche Versuche führten zu dem einheitlichen Ergebnis, daß den **zelleigenen, zusammengesetzten Verbindungen und zwar insbesondere den Eiweißstoffen zelleigene** Fermente entsprechen.

Es spricht manche Beobachtung dafür, daß jede Zelle in gewissem Sinne einen mehrfachen Cha-

---
[1]) Emil Abderhalden und Andor Fodor, Zeitschr. f. physiol. Chemie. **87.** 231 (1913). — Emil Abderhalden und Erwin Schiff, Ebenda. **87.** 231 (1913). — Emil Abderhalden, G. Ewald, Ishiguro und Watanabe, Ebenda. **91.** 96 (1914). — S. Tscherikowski, Zeitschr. f. physiol. Chemie. **111.** 76 (1920).

rakter hat, einmal einen arteigenen. Daneben finden sich vielleicht individuelle Eigentümlichkeiten. Manche Erfahrungen mit Transplantationen, sei es von Blut oder von Geweben, sprechen für die letztere Ansicht. Dazu kommt dann noch ein funktionseigener Charakter, der in gewissem Sinne die Gewebe gleicher Art in der ganzen Tierreihe verknüpft. Mit diesem Charakter steht der zelleigene im engsten Zusammenhange.

Ich will gleich hier hinzufügen, daß die entwickelten Vorstellungen uns das Wesen der Infektionskrankheiten in einem ganz besonderem Lichte erscheinen lassen. Es siedeln sich in unserem Körper Lebewesen an, die einen Stoffwechsel besitzen, der in vieler Beziehung ein vollständig anderer ist, als derjenige unserer eigenen Körperzellen. Diese Zellen leben auf Kosten unserer Gewebe und unserer eigenen Stoffe. Auch sie haben zelleigene Stoffe und zelleigene Fermente. Sie vollziehen sowohl mit ihren als auch mit unseren Stoffen einen Abbau, der in vieler Hinsicht fremdartig wirken muß. Es entstehen Zerfallsprodukte ganz eigener Art. Sie geraten in unser Blut hinein. Die mannigfaltigen Erscheinungen, die im Verlaufe von Infektionen auftreten, können uns von diesen Gesichtspunkten aus nicht überraschen. Es bilden sich neue Wechselbeziehungen heraus. Es ist ein neuer Zellstaat entstanden. Oft sind es auch mehrere Zellarten, und alle diese treten unseren eigenen Zellen, die in bezug auf den Gesamtstoffwechsel eine gemeinsame Grundlage besitzen, entgegen. Wir wissen, daß unsere eigenen Körperzellen in inniger Wechselbeziehung zueinander stehen. Die verschiedenen Zellarten arbeiten sich in die Hände. Sie liefern wichtige Inkretstoffe, die für die Funktion bestimmter Zellarten unentbehrlich sind. Ununterbrochen vollzieht sich ein Wechselspiel zwischen all den auf einander eingestellten Zellen. Die in den Organismus eingedrungenen fremdartigen Zellen geben gewiß auch Sekretstoffe ab, die für die Vorbereitung ihres Nährbodens — es sind dies unsere Gewebe und Zellen und auch die Lymph- und Blutflüssigkeit — von größter Bedeutung sind. Es kann leicht sein, daß das Hineinbringen all dieser fremdartigen Stoffe in unseren Organismus große Störungen nach sich zieht. Es werden sicherlich Wechselbeziehungen zwischen den verschiedenen Organen durchkreuzt, erschwert und zum Teil aufgehoben.

Von dem oben erwähnten Gesichtspunkt aus erscheint auch das Problem des Carcinoms und Sarkoms in einem besonderen Lichte. Man kann auch diese Zellarten als Fremdlinge betrachten, mögen sie nun entstanden sein, wie sie wollen, sie haben jedenfalls einen Stoffwechsel eigener Art und ebenfalls zelleigene Fermente[1]), die charakteristische Wirkungen entfalten.

---

[1]) Vgl. u. a. Emil Abderhalden, Neue Forschungsrichtungen auf dem Gebiete der Störungen des Zellstoffwechsels. Arch. f. wiss. und prakt. Tierheilk. 36. 1 (1910). — Emil Abderhalden, Zeitschr. f. Krebsforsch. 9. 2. H. (1910). — Emil Abderhalden und Peter Rona, Zeitschr. f. physiol. Chemie. 60. 411 (1909). — Emil Abderhalden, A. H. Koelker und Florentin Medigreceanu, II. Mitteilung. Ebenda. 62. 145 (1909); 66. 265 (1910). — Emil Abderhalden und Ludwig Pincussohn, Ebenda. 66. 277 (1910).

Wir haben diese wichtigen Gebiete hier nur gestreift, um zu zeigen, daß sich die von uns oben ausgeführten Vorstellungen, die sich zum Teil den Ideen Hamburgers anschließen, jedoch weit darüber hinausgehen, wie durch die ganzen Begriffe zelleigen, zellfremd, bluteigen, blutfremd, plasmaeigen, plasmafremd und durch den Begriff der Zustandseigenheit bzw. -fremdheit am besten dargetan wird, dazu verwenden lassen, um scheinbar ganz heterogene Gebiete, wie dasjenige der Infektionskrankheiten mit ihren Folgeerscheinungen, ferner das Gebiet der bösartigen Geschwülste, von einer gemeinsamen Grundlage aus zu betrachten. Es wird eine Zeit kommen, in der man die Infektionskrankheiten usw. restlos vom Standpunkt der allgemeinen Physiologie, und insbesondere vom Standpunkt des gesamten Zellstoffwechsels aus betrachten wird. Die Zeit dürfte nicht mehr allzu fern sein, in der die Zeichensprache der Immunitätsforscher mehr und mehr durch bekannte Ausdrücke des physiologischen Chemikers und vor allen Dingen des physikalischen Chemikers ersetzt sein wird. Es erregt die größte Bewunderung, mit welcher Genialität, ohne Vorhandensein klarer Grundlagen Reaktionen der mannigfaltigsten Art ausfindig gemacht worden sind, durch die biologischen Unterschiede der feinsten Art aufgedeckt werden konnten. Die Immunitätsforscher haben mit ihren Methoden eine Fülle von Problemen aufgeworfen, auf die der mit den physiologisch-chemischen und physikalischen Methoden arbeitende Forscher in absehbarer Zeit kaum gestoßen wäre, weil seine Methoden vielfach zu grob sind, um feinste Unterschiede, namentlich des Zustandes, ausfindig zu machen. Der Immunitätsforscher hat die Fackel der Wissenschaft mit genialem Schwunge weit vorausgetragen! Die Physiologen, Chemiker und Physikochemiker folgen ihrem Schein und suchen nun mit ihren Methoden und ihren Vorstellungen dem ganzen Gebiet der Immunophysik und der Immunochemie eine sichere Grundlage zu geben, die unbedingt notwendig ist, damit das große Forschungsgebiet an allen Stellen einen soliden und dauerhaften Unterbau erhält. Es besteht darüber kein Zweifel, daß in mancher Hinsicht Ideenkomplexe entwickelt worden sind, die sich nicht halten lassen. Vor allen Dingen ist in der letzten Zeit mit den Begriffen der physikalischen Chemie in phantasievoller Weise weit über unsere Kenntnisse hinaus gearbeitet worden. Es gilt auch hier, wie auf allen Gebieten der Wissenschaft der Grundsatz, daß im allgemeinen die Auffindung einer an und für sich winzigen Tatsache wertvoller ist, als ein ohne sachliche Grundlage errichtetes Phantasiegebäude, in dem alle Möglichkeiten, die etwa auftreten könnten, von vornherein erwähnt sind, um in jedem Augenblick einen Umbau vollziehen zu können.

Wir sind, ausgehend von der Frage nach den Wechselbeziehungen der einzelnen Organismen zu einander und nach denen zwischen belebter und unbelebter Natur, zu bestimmten Vorstellungen gelangt, die uns eine Erklärung dafür abgeben, wieso es kommt, daß jede Zellart trotz der mannigfaltigsten Formen, in der die zu ihrer Erhaltung und Vermehrung notwendigen Nahrungsstoffe direkt oder indirekt dargeboten werden, ihre Eigenart zäh fest hält. Sie bleibt ihr eigener Baumeister. Sie zimmert ihren Bau immer von den gleichen Grundstoffen aus. Diese sind bei den verschiedenen Organismenarten verschieden. In der Pflanzenwelt haben wir Kohlensäure, Wasser, Ammoniak bzw. Salpeter, Mineralstoffe als Baumaterial. Beim tierischen Organismus stoßen wir im wesentlichen auf einfache Kohlehydrate und insbesondere auf den Traubenzucker, auf Fettsäuren. Glyzerin, Aminosäuren, Purinbasen usw., d. h. auf jene Produkte, die bei der Hydrolyse zusammengesetzter Verbindungen der Nahrung entstehen als Ausgangsmaterial für alle die mannigfaltigen Funktionen der Gewebszellen. Von diesen Produkten aus erfolgt der Aufbau neuer Zellinhaltsstoffe. Sie sind das plastische Material zur Bildung von Sekret- und Inkretstoffen. Von ihnen aus erfolgt der weitere Abbau. Er führt zu zahlreichen Zwischenstufen, von denen jede eine große Bedeutung im Zellstoffwechsel hat. Jede Abbaustufe kann Ausgangspunkt neuer Synthesen werden. Von ihnen aus schlagen sich die Brücken zu neuartigen Verbindungen. Schließlich haben wir als Endprodukte des Zellstoffwechsels in der ganzen Tierreihe Kohlensäure und Wasser. Daneben liefern die Eiweißstoffe bzw. die Aminosäuren Harnstoff oder Harnsäure je nach der

Tierklasse. Auch die Pflanze bildet die erwähnten Stoffwechselendprodukte, wenigstens, soweit Kohlensäure und Wasser in Frage kommen. Den Stickstoff lagert sie zum größten Teil in anderer Form ab.

Bei diesem Abbau wird jene Energie frei, die von der Pflanze benötigt wurde, um aus Kohlensäure und Wasser organische Substanz zu erzeugen, sofern die Zerlegung in den Zellen restlos zu jenen Produkten führt, von denen die Pflanze bei ihren grundlegenden Synthesen ausgegangen ist, was bekanntlich bei den Aminosäuren nicht der Fall ist. Ihr Energievorrat kann von den Zellen des tierischen Organismus nicht ganz ausgenutzt werden. Wir blicken unmittelbar in den Kreislauf von Energie hinein, wenn wir den Reigen: Sonnenenergie — in organischer Substanz festgelegte Energie — Körperwärme, Arbeitsleistung betrachten.

Der tierische Organismus ist, wie wiederholt betont, in seinem ganzen Dasein von der Pflanzenwelt abhängig. Ohne diese ist tierisches Leben unmöglich. Beim Pflanzenfresser kommen die engen Beziehungen zur Pflanzenwelt unmittelbar zum Ausdruck. Aber auch der Fleischfresser ist von ihr abhängig, verzehrt er doch Tiere, die direkt oder indirekt ihre Nahrung aus dem Pflanzenreich bezogen haben. Der tierische Organismus gibt der Pflanze die von ihr übernommenen Stoffe wieder zurück. Die ausgeatmete Kohlensäure nebst dem abgegebenen Wasser stehen ihr sofort wieder zur Verfügung. Im Kot und im Harn kommen Substanzen zur Abscheidung, die zum Teil von der Pflanze nicht direkt verwendet werden können. Sie müssen von Mikroorganismen in die geeignete Form gebracht werden. Stirbt ein Tier, dann vollziehen sich die gleichen Vorgänge, wie sie für die Pflanze Seite 7 geschildert worden sind. Es setzt der Verwesungsprozeß ein, wobei die kunstvoll gebauten Zellmaterialien weitgehend zerstört werden.

Wechselbeziehung zwischen Nahrungsbestandteilen animalischer Herkunft und den Zellinhaltsstoffen des tierischen Organismus.

Einen Blick wollen wir noch auf die Beziehungen zwischen Tier und Tier werfen! Schon der Seite 34 erwähnte Umbau der zusammengesetzten Bestandteile der Milch, ehe diese im Organismus des Säuglings Verwendung finden können, zeigt, daß die Verhältnisse bei Aufnahme von Nahrung aus dem Tierreich ganz gleich liegen müssen, wie bei der Verwertung von Nahrungsstoffen zusammengesetzter Natur aus der Pflanzenwelt. Wir können nicht einfach die Inhaltsstoffe von Muskelzellen unverändert übernehmen. Unsere Körperzellen brauchen die Nahrungsstoffe zu mannigfaltigen Zwecken. Die Muskelzellinhaltsstoffe haben besondere Eigenschaften infolge ihres besonderen Baues und des dadurch bedingten Zustandes. Es passen diese Produkte nicht in ganz andersartige Körperzellen hinein, in denen sie neue Funktionen übernehmen sollen, sind sie doch selbst den Zellen mit Ausnahme der

Muskelzellen gleicher Art desjenigen Organismus zellfremd, dem das Fleisch — die Muskelsubstanz — entnommen worden ist. In der Tat findet im Magendarmkanal ein weitgehender Abbau statt. Es entstehen in der Hauptsache die Bausteine der zusammengesetzten Nahrungsstoffe.

Es ist von größtem Interesse, daß die Zellinhaltsstoffe bei Pflanze und Tier mit wenig Ausnahmen aus den gleichen Bausteinen aufgebaut sind. Daher kommt es, daß beim Abbau von Pflanzen- und Tiernahrung im Darmkanal im Wesentlichen die gleichen Bausteine entstehen. **Unsere Körperzellen erhalten mit dem Blute ein einheitliches Material zugeführt, ganz gleichgültig, ob wir animalische oder vegetabilische Kost aufnehmen.** Es sind nur die Mengenverhältnisse, in denen die einzelnen Bausteine und insbesondere die Aminosäuren auftreten, von Fall zu Fall verschieden. **Die Quantität der Bausteine wechselt, nicht aber die Qualität!**

In welcher Form werden die Mineralstoffe von der Darmwand aufgenommen?

In diesem Zusammenhange darf ich vielleicht kurz darauf hinweisen, welch große Bedeutung für meine eigenen Forschungen die folgende Beobachtung gehabt hat[1]). Bekanntlich hat mein verehrter Lehrer Bunge die

---

[1]) Emil Abderhalden, Zeitschr. f. Biol. **39**. 113, 193, 483 (1900).

Lehre aufgestellt, daß anorganische Stoffe vom Darmkanal nur in organischer Bindung aufgenommen werden könnten. Er bestritt u. a. die Resorption von anorganischem Eisen. Eine Fülle von Beobachtungen und Vorstellungen führten Bunge zu dieser Annahme. Ich erhielt von ihm die Anregung, das Problem der Eisenresorption und -assimilation auf breiter Grundage zur erforschen. Zu meiner großen Überraschung konnte ich in einwandfreier Weise nicht nur die Beobachtungen derjenigen Forscher bestätigen, die gefunden haben wollten, daß auch anorganisches Eisen zur Aufnahme von seiten der Darmwand gelange, sondern es wurde darüber hinaus der grundlegende Befund erhoben, daß bei Verabreichung von Produkten, wie z. B. Hämoglobin oder Eisenverbindungen der Pflanzenwelt, in denen das Eisen an organische Substanzen fest verkuppelt ist, dieses Element unter der Einwirkung von Verdauungssäften in Freiheit gesetzt wird und in Salz- bzw. Ionenform zur Resorption gelangt![1] Eingehende Untersuchungen führten zu der Vorstellung, daß im tierischen Organismus nur solche anorganischen Stoffe, wie Eisen, Kalzium, Magnesium usw. Verwendung finden können, die den Körperzellen in einer Form zugeführt werden, in der sie jeden besonderen Charakter

---

[1] Vgl. Emil Abderhalden u. R. Hanslian: Zeitschr. f. physiol. Chemie. **80**. 121 (1912).

eingebüßt haben. Auch diese Stoffe müssen als Bausteine zur Verfügung stehen. Eine anorganisch-organische Verbindung der Tier- und Pflanzenzelle hat einen besonderen Funktionscharakter. In dieser Form paßt sie nicht in Zellen ganz anderer Art mit ganz anderen Aufgaben. Das, was wir von den zusammengesetzten organischen Verbindungen ausgeführt haben, gilt erst recht für jene organischen Verbindungen, die Beziehungen irgendwelcher Art zu anorganischen Stoffen geknüpft haben. Übrigens werden die gebundenen anorganischen Stoffe zumeist bei der Zerlegung ihres organischen Grundstoffes von selbst frei.

Dieser wichtige Befund, der der erste exakte Beweis dafür war, daß anorganische Stoffe auch unter ganz normalen Verhältnissen zur Aufnahme von seiten der Darmwand kommen, und der den Ausgangspunkt für alle meine Forschungen über die Wechselbeziehungen zwischen den Bestandteilen der Nahrung und denjenigen der Körperzellen bildete, ist seiner Zeit viel zu wenig beachtet worden. Macht man Beobachtungen, die den herrschenden Ideen ganz entgegengesetzt sind, und kommt man vor allen Dingen zu Ergebnissen, die man selbst in keiner Weise erwartet hat, dann ist ein besonders intensiver Impuls zu neuen Forschungen gegeben.

Es sei noch kurz die Frage gestreift, ob auf Grund der hier erörterten Vorstellungen über das Wesen der Verdauung: Umwandlung der Nahrungsbestandteile in ein Gemisch von Bausteinen — bestimmte Gesichtspunkte über die zweckmäßigste Art der Ernährung des Menschen gewonnen werden können. Wir haben bereits betont, daß z. B aus den Eiweißstoffen der Pflanzenwelt die gleichen Aminosäuren wie aus denjenigen der Tierwelt entstehen, jedoch in einem zum Teil recht stark abweichenden Mengenverhältnis. Man könnte auf den Gedanken kommen, daß tierische Nahrung für uns die Bausteine in einem besseren Mengenverhältnis liefert als Pflanzennahrung. Es sind auch Versuche nach dieser Richtung ausgeführt worden[1]). Zu allgemeinen Schlüssen berechtigen die Ergebnisse noch nicht. Man darf nicht übersehen, daß die einzelnen Bausteine der verschiedenen Nahrungs- und Zellinhaltsstoffe durch mannigfache Beziehungen untereinander verknüpft sind. Durch weiteren Abbau der Bausteine der Nahrungsstoffe verlieren sich die Beziehungen zu der Ausgangssubstanz mehr und mehr. Der Bausteincharakter geht verloren. Wir stoßen auf Abbaustufen, die nicht mehr für einen bestimmten Typus von Bausteinen charakteristisch sind. Wir haben zur Zeit einen noch viel zu geringen Einblick in alle diese Wechselbeziehungen. Wir wissen auch noch nicht genau genug, was jede einzelne im Zell-

---

[1]) Vgl. Emil Abderhalden, Zentralbl. f. Stoffw. u. Verdauungskrankh. 5. 647 (1904). — C. Michaud, Zeitschr. f. physiol. Chemie. 59. 405 (1909). — Franz Frank und Alfred Schittenhelm, Ebenda. 73. 157 (1911). — Emil Abderhalden, Ebenda. 77. 27 (1912); 96. 1 (1915).

stoffwechsel sich bildende Verbindung für eine Aufgabe hat.

Es scheint die Möglichkeit gegeben, bei Verlust von Körpersubstanz, bei Hunger usw., diesen durch Verabreichung von animalischer Nahrung rascher zu ersetzen, weil das notwendige Baumaterial in geeigneterer Bausteinmischung zur Verfügung gestellt wird, als wenn wir Pflanzennahrung aufnehmen. Im übrigen lehrt aber die Erfahrung, daß es auch mit vegetabilischer Kost durchaus gelingt, unseren Organismus in jeder Beziehung gut zu ernähren. Es kommt nur darauf an, daß die Zubereitung und die Zusammensetzung der dem Pflanzenreich entnommenen Nahrung eine zweckmäßige ist.

Wie verhält sich der tierische Organismus bei parenteraler Zufuhr von ihres besonderen Charakters nicht beraubter organischer Verbindungen?

Wie Seite 16 mitgeteilt, steht fest, daß nach parenteraler Zufuhr von blutfremden Stoffen bestimmte biologische Reaktionen uns verraten, daß sie dem Organismus nicht gleichgültig sind. Uns interessierte die Frage, was aus Verbindungen zusammengesetzter Natur wird, wenn sie in blutfremder Form dem Blutplasma innerhalb des Organismus übergeben werden. Bleiben sie in der Blutbahn? Werden sie verwertet? Besteht die Möglichkeit eines Abbaus und einer Verwertung der entstehenden Abbaustufen durch die Zellen, nachdem solche entstanden sind, die keinen bestimmten Charakter mehr aufweisen?

Der erste in dieser Richtung ausgeführte Versuch ist im Jahre 1907 nach folgendem Versuchsplane unternommen worden. Einem Hunde wurde Blut entnommen und der spontanen Gerinnung überlassen. Das ausgepreßte Serum wurde zentrifugiert und dann mit dem Dipeptid Glycyl-l-tyrosin zusammengebracht. Das Gemisch wurde in ein Polarisationsrohr eingefüllt und sein Drehungsvermögen bestimmt. Das Rohr wurde bei 37 Grad aufbewahrt und immer wieder im Verlauf von 36 Stunden das Verhalten des Drehungsvermögens verfolgt Es war keine Änderung feststellbar. Nun wurde dem Hunde Eiereiweiß in Kochsalzlösung unter die Haut gespritzt. Am fünften Tage nach der Einspritzung wurde wieder Blut abgenommen und Serum gewonnen. Wieder wurde Serum mit Glycyl-l-tyrosin vermischt und das Drehungsvermögen des Gemisches bei 37 Grad verfolgt. Es zeigte sich eine Änderung der Drehung des Gemisches.

Gegen das gefundene Ergebnis ließen sich gewichtige Einwände erheben. Die Zahl der Beobachtungen war gering, stand doch nur ein Versuch zur Verfügung! Es war damals aus äußeren Gründen unmöglich, die Tierversuche auszudehnen. Dazu kam, daß ein Versuch am Meerschweinchen ergab, daß das Serum des unvorbehandelten Tieres Peptone abbaute! Nun war durch eine größe Reihe sorgfältiger Studien der Beweis geführt worden, daß aus verschiedenen Zellarten und Organen sich Auszüge und Preßsäfte gewinnen lassen, die Polypeptide, d. h. Verbindungen mit säureamidartig verknüpften Aminosäuren spalten können[1]). Es gelang vor allem der Nachweis, daß rote Blutkörperchen und Blutplättchen Fermente enthalten, die jene Verbindungen unter Wasseraufnahme zu zerlegen imstande sind[2]).

[1]) Emil Abderhalden und Peter Rona, Zeitschr. f. physiol. Chemie. 46. 176 (1905). — Emil Abderhalden und Yutaka Teruuchi, Ebenda. 47. 466 (1906). — Emil Abderhalden und Andrew Hunter, Ebenda. 48. 537 (1906). — Emil Abderhalden und Alfred Schittenhelm, Ebenda. 49. 26 (1906). — Emil Abderhalden und Peter Rona, Ebenda. 49. 31 (1906). — Emil Abderhalden und Yutaka Teruuchi, Ebenda. 49. 1 (1906). — Emil Abderhalden und Yutaka Teruuchi, Ebenda. 49. 21 (1906). — Emil Abderhalden und Fillipo Lussana, Ebenda. 55. 390 (1908). — Emil Abderhalden und Auguste Rilliet, Ebenda. 55. 395 (1908). — Emil Abderhalden und Dammhahn, Ebenda. 57. 332 (1908). — Emil Abderhalden und Hans Pringsheim, Ebenda. 59. 294 (1909). — Emil Abderhalden und Alfred Schittenhelm, Ebenda. 60. 421 (1909). — Emil Abderhalden und Robert Heise, Ebenda. 62. 136 (1909). — Emil Abderhalden und Hans Pringsheim, Ebenda. 65. 180 (1910). — Emil Abderhalden, Ebenda. 66. 137 (1910). — Emil Abderhalden und Eugen Steinbeck, Ebenda. 68. 312 (1910). — Emil Abderhalden, Ebenda. 74. 409 (1911). — Emil Abderhalden und Heinrich Geddert, Ebenda. 74. 394 (1911).

[2]) Emil Abderhalden und H. Deetjen, Zeitschr. f. physiol. Chemie. 51. 334 (1907). — Emil Abderhalden und Berthold Oppler, Ebenda. 53. 294 (1907). — Emil Abderhalden und H. Deetjen, Ebenda. 53. 240 (1907). — Emil Abderhalden und Peter Rona, Ebenda. 53. 308 (1907). — Emil Abderhalden und Wilfred Manwaring, Ebenda. 55. 371 (1908). — Emil Abderhalden und James Mc. Lester, Ebenda. 55. 376 (1908).

Es lag nahe, daran zu denken, daß die beobachtete Veränderung des dem Serum zugesetzten Dipeptides Glycyl-l-tyrosin auf Zellfermente zurückzuführen war, die beim Gerinnungsvorgang aus Blutplättchen, Leukozyten und eventuell auch aus roten Blutkörperchen frei geworden waren. Der Verdacht, daß derartige Momente eine Rolle spielen konnten, war so stark, daß nur die Tatsache, daß in sehr vielen Versuchen immer wieder der Befund erhoben wurde, daß Serum normaler Tiere Polypeptide und auch Peptone nicht abzubauen vermag, ihn besiegte. Eine Ausnahmestellung nimmt, wie schon erwähnt, bei allen diesen Untersuchungen das Meerschweinchen ein.

Der Stand der Forschung war im Jahre 1908 der folgende. Auf der einen Seite hatten mich eigene umfassende Untersuchungen zu der Überzeugung geführt, daß im Magendarmkanal und insbesondere im Dünndarm die organischen und organisch-anorganischen Nahrungsstoffe zusammengesetzter Natur einen weitgehenden Abbau erleiden. Die vergleichende Hydrolyse von Nahrungs- und Körpereiweißstoffen festigte diese Ansicht. Sie erhielt eine starke Stütze in den erfolgreichen Bemühungen, das Nahrungseiweiß restlos durch ein Gemisch der aus ihm darstellbaren Aminosäuren zu ersetzen. Im gleichen Sinne sprachen die Untersuchungen des Darminhaltes und endlich die Fahndung auf Peptone und dergl. im Blutplasma während der Verdauung von Eiweiß. Es stand für mich fest, daß im wesentlichen nur Bausteine der zusammengesetzten organischen Nahrungsstoffe im Blute kreisen und den Körperzellen zur Verfügung gestellt werden. Es war erwiesen, daß die Körperzellen über Fermente verfügen, mittels derer sie Polypeptide abbauen können, Endlich stand fest, daß das Serum normaler Tiere unter den gewählten Bedingungen keine Wirkungen erkennen läßt, die auf die Fähigkeit, Eiweiß und Eiweißabkömmlinge abzubauen, hindeuten.

Mit allen diesen Feststellungen war die Grundlage gegeben, um die Frage experimentell in Angriff zu nehmen, ob der Organismus parenteral zugeführte, zusammengesetzte organische Verbindungen abzubauen vermag[1]). Es wurde an den Seite 54 erwähnten Versuch angeknüpft und bei ganz gleicher Versuchsanordnung Hunden und Kaninchen vor und nach erfolgter Zufuhr von eiweiß- oder

---

[1]) Vgl. die erste Mitteilung über diese ganzen Probleme und Anschauungen: Die Anwendung der „optischen Methode" auf dem Gebiete der Immunitätsforschung. Med. Klinik, Nr. 41. (1909). — Vgl. auch den Vortrag in der Physiologischen Gesellschaft in Berlin am 29. Oktober 1909. Zentralbl. f. Physiol. **23**. Nr. 25. (1909). — Ferner: Vortrag vor der Deutschen Pharmazeut. Gesellschaft: Über neuere Ergebnisse und Ziele der Eiweißforschung. Ber. d. dtsch. pharmazeut. Ges., Berlin. Dezemberheft, S. 451 (1909).

peptonhaltigen Lösungen Blut entnommen. Entweder wurde dieses der Gerinnung überlassen und Serum gewonnen, oder aber es wurde diese durch Zusatz von Ammoniumoxalat verhindert und Plasma zu den Versuchen verwendet. Zugeführt wurden zunächst Eierweiß und Pferdeserum, später folgten Seidenpepton, Gliadin, Pepton aus Gelatine, aus Edestin und Kasein[1]).

Die Ergebnisse der einzelnen Versuche waren einheitlich: **vor der parenteralen Zufuhr der genannten Produkte kein Abbau von Peptonen, nach erfolgter Zufuhr Abbau, und zwar erkennbar an der fortlaufenden Drehungsänderung bei der Beobachtung des Gemisches Serum + Pepton im Polarisationsrohr bei Verwendung eines die Verfolgung von auch kleineren Drehungsänderungen ermöglichen-**

---

[1]) Emil Abderhalden und Ludwig Pincussohn, Zeitschr. f. physiol. Chemie. **61.** 200 (1909). — Emil Abderhalden und Wolfgang Weichardt, Ebenda. **62.** 120 (1909). — Emil Abderhalden und Ludwig Pincussohn, Ebenda. **62.** 233 (1909). — Emil Abderhalden und Ludwig Pincussohn, Ebenda. **64.** 100 (1910). — Emil Abderhalden und K. B. Immisch, Ebenda. **64.** 100 (1910). — Emil Abderhalden und A. Israel, Ebenda. **64.** 426 (1910). — Emil Abedrhalden und J. G. Sleeswyk, Ebenda. **64.** 427 (1910). — Emil Abderhalden und Ludwig Pincussohn, Ebenda. **64.** 433 (1910). — Emil Abderhalden und Ludwig Pincussohn, Ebenda. **66.** 88 (1910). — Emil Abderhalden und Ludwig Pincussohn, Ebenda. **71.** 110 (1911). — Emil Abderhalden und Benomai Schilling, Ebenda. **71.** 385 (1911). — Emil Abderhalden und Ernst Kämpf, Ebenda. **71.** 421 (1911).

den Polarisationsapparates. Eine streng spezifische Wirkung konnte bei diesen Versuchen nicht festgestellt werden! Serum von Tieren, die mit Seidenpepton gespritzt waren, baute auch Peptone aus anderen Eiweißarten als aus Seidenfibroin ab. Daß eine Fermentwirkung vorlag, wurde angenommen, weil aktiver Hefepreßsaft, der proteolytische Eigenschaften besaß, mit den entsprechenden Peptonen, die zu den Serumversuchen verwendet wurden, einen ganz ähnlich verlaufenden Abbau, erkennbar an der Drehungsänderung des Gemisches Pepton + Hefepreßsaft, zeigte, wie das Gemisch Pepton + Serum eines vorbehandelten Tieres. Ferner konnte durch Erwärmen eines wirksamen Serums auf 56—58 Grad während 60 Minuten diesem das Vermögen, mit Pepton zusammen eine Änderung der Anfangsdrehung des Serum-Peptongemisches hervorzurufen,' genommen werden.

Besonders eindeutig bewies der folgende Versuch, daß in der Tat Plasma vom vorbehandelten Tiere Proteine abbaut. Es wurde solches mit Gelatine, bzw. mit Eiereiweiß zusammengebracht und das Gemisch in einen Dialysierschlauch gefüllt. Nach kurzer Zeit konnten in der Außenflüssigkeit — gewählt wurde destilliertes Wasser — mit Hilfe der Biuretreaktion Peptone nachgewiesen werden. Wurde Plasma von normalen Tieren mit Eiweißkörpern in einen Dialysierschlauch gefüllt, dann waren selbst nach vielen Tagen in der Außenflüssigkeit keine die Biuretreaktion gebenden Körper feststellbar. Schließlich ist auch noch beobachtet worden, daß beim Zusammenbringen von Plasma bzw. Serum vorbehandelter Tiere mit Eiweiß der Stickstoffgehalt der Außenflüssigkeit in bedeutend höherem Maße ansteigt, als wenn Plasma von normalen Tieren zu Eiweiß gegeben wird. Im letzteren Falle ist die Zunahme des Stickstoffgehaltes der Außenflüssigkeit keine größere, als wenn die entsprechende Menge Plasma allein, d. h. ohne Zusatz von Eiweiß in den Dialysierschlauch hineingebracht wird. Selbstverständlich muß bei diesem Versuche das Eiweiß vorher durch Dialyse bzw. durch Auskochen von stickstoffhaltigen, diffundierbaren Beimengungen befreit werden.

Die erwähnten Befunde sind durch sehr viele Versuche immer und immer wieder bestätigt worden. In allen Fällen wurden selbstverständlich auch bei den Versuchen mit dem Plasma bzw. Serum vorbehandelter Tiere Kontrollversuche einerseits mit Peptonlösung allein, andererseits mit dem Plasma allein ausgeführt. Ferner wurde immer wieder durch Erwärmen auf 56—58° inaktiviert, um ja jeder Täuschung vorzubeugen. Die Dialysierversuche endlich zeigten, daß die mit Hilfe der sog. optischen Methode gemachten Beobachtungen vollständig richtig gedeutet worden waren. Erwähnt sei noch, daß auch jodierte Eiweißkörper parenteral zugeführt worden sind. Es ließ sich keine spaltende Wirkung des Blutplasmas hervorrufen. Aus anderen Untersuchungen wissen wir, daß jodierte Eiweißkörper schwer oder gar nicht abgebaut werden. Wahrscheinlich sind sie dem Körper so fremdartig, daß der Organismus mit Hilfe seiner Werkzeuge, seinen Fermenten, keinen Angriffspunkt findet, um den Abbau in die Wege zu leiten.

Einige Beispiele, die in Kurvenform die von Zeit zu Zeit beobachtete Zerlegung des Gemisches von Plasma bzw. Serum + Substrat (Eiweiß bzw. Pepton) wiedergeben, mögen das oben Erläuterte belegen;

1. Ein Hund, dessen Serum keine Peptone spaltete, erhielt am 25. und 29. November und am 4. Dezember 0,5 g Kasein subkutan. Das zu dem folgenden Versuche verwendete Blut war am 6. Dezember entnommen worden. Das Polarisationsrohr wurde mit einem Gemisch von 0,5 ccm Serum, 0,5 ccm Seidenpeptonlösung (10 prozentige) und 7 ccm physiologischer Kochsalzlösung gefüllt. Vergl. Abb. 1.

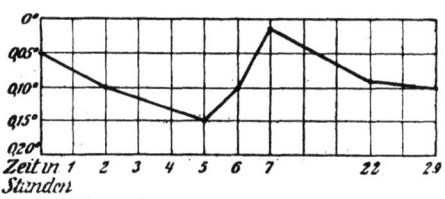

Abb. 1.

2. Ein Hund erhielt wiederholt subkutan kristallisiertes Eiweiß aus Kürbissamen. Die letzte Einspritzung fand am 8. Dezember statt. Es wurden im Ganzen 8 g des Eiweißes zugeführt. Das Serum wurde am folgenden Tage untersucht. Zur Beobachtung wurde 1,0 ccm

Serum mit 0,5 ccm einer 10 prozentigen Gelatinepeptonlösung und 2,5 ccm physiologischer Kochsalzlösung gemischt (vgl. Abb. 2).

3. Der Versuchshund erhielt am 18. Oktober 3 ccm einer 10 prozentigen Seidenpeptonlösung subkutan. Am 21. Oktober wurde Blut entnommen. Das Serum spaltete sowohl Seidenpeptonlösung (Kurve a in Abb. 3) als auch Gelatine (Kurve c in Fig. 3). Beim Erwärmen auf 60° wurde das Serum inaktiv (Kurve b in Abb. 3).

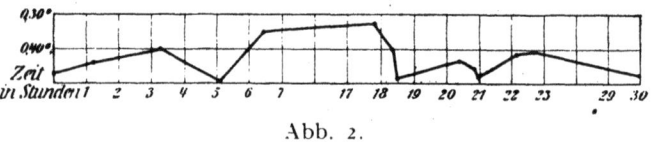

Abb. 2.

Von besonderem Interesse war es, zu prüfen, wie der Organismus reagiert, wenn ihm Blut der eigenen Art und solches von anderen Tierarten in die Blutbahn eingeführt wird. Im letzteren Fall traten im Plasma Fermente auf, die Eiweiß und Peptone spalteten. Wurde arteigenes Blut gewählt, dann blieb jede Reaktion aus, wenn das Blut von einem Tier der gleichen Rasse stammte und direkt d. h. ohne die Blutgefäße zu verlassen, zugeführt wurde. Wurde dagegen einem Hunde Blut zugeleitet, das einer ganz anderen Rasse zugehörte, dann ließ sich ein Abbau in der Blutbahn nachweisen.

Es sei bemerkt, daß die eindeutige Feststellung von proteo- und peptolytischen Fermenten im Blutplasma nach Zufuhr körperfremder Eiweißstoffe in die Blutbahn eine sichere Erklärung für das Verhalten von parenteral zugeführten Proteinen im Stoffwechsel ergab. Es unterliegt keinem Zweifel mehr, daß diese ausgenutzt, d. h. im Stoffwechsel der Körperzellen verwertet werden, sofern nach unseren Erfahrungen ein Abbau möglich ist. Verschiedene Forscher[1]), die sich mit Stoffwechselversuchen nach parenteraler Einführung von

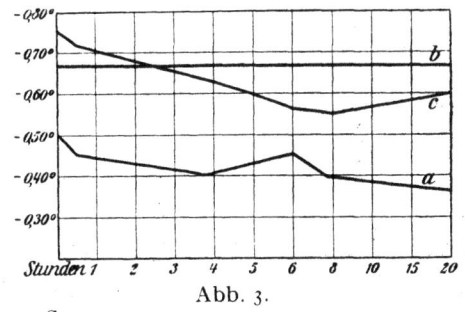

Abb. 3.

a. 1 ccm Serum.
   0,5 ccm einer 10 prozentigen Seidenpeptonlösung.
   5,0 ccm physiologische Kochsalzlösung.
b. 1 ccm auf 60° erwärmtes Serum.
   0,5 ccm einer 10 prozentigen Seidenpeptonlösung.
   5,0 ccm physiologische Kochsalzlösung.
   1 ccm Serum.
c. 1 ccm einer 1 prozentigen Gelatinelösung.
   4,5 ccm physiologische Kochsalzlösung.

---

[1]) Ernst Heilner, Zeitschr. f. Biol. **50.** 26 (1907); **61.** 75 (1911); Münch. med. Wochenschr., Nr. 49. (1908.) — W. Cramer, Journ. of physiol. **37.** 146 (1908). — Kornel von Körösy, Zeitschr. f. physiol. Chemie. **62.** 76 (1909); **69** 313 (1909). — L. Lommel, Arch. f. exp. Pathol. u. Pharmakol. **58.** 50 (1908). — L. Michaelis und P. Rona, Pflügers Arch., f. d. ges. Physiol. **71.** 163 (1908); **73.** 406 (1908); **74.** 578 (1908).

Proteïnen beschäftigt haben, äußerten die Vermutung, daß ein Abbau durch Fermente jenseits des Darmkanals erfolge. Am klarsten drückte sich Heilner aus. Bewiesen wurde dieser nur vermutete Abbau jedoch erst durch den direkten Nachweis der Fermente mittels der geschilderten Versuche und Methoden.

Wir wollen vorläufig alle weiteren sich hier anschließenden Fragestellungen zurückstellen und zunächst den Gang der Forschung so darstellen, wie er sich vollzogen hat. Es interessierte, zu eifahren, ob auch dann im Blute Fermente nachweisbar sind, die sich vorher dem Nachweis entzogen haben, bzw. nicht vorhanden waren, wenn man anstatt Eiweißstoffen und ihren nächsten Abkömmlingen zusammengesetzte Kohlehydrate parenteral zuführt[1]). Wir bauten hier zunächst ganz unbewußt auf einem Gebiete weiter, das vor uns Weinland[2]) in Angriff genommen hatte.

Zunächst wurde festgestellt, daß das Plasma bzw. Serum von Hunden nicht imstande ist, Rohrzucker zu zerlegen. Bringt man Blutserum oder -plasma vom

---

[1]) Emil Abderhalden und Carl Brahm, Zeitschr. f. physiol. Chem. **64.** 429 (1910). — Emil Abderhalden und Georg Kapfberger, Ebenda. **69.** 23 (1910). — Emil Abderhalden und E. Rathsmann, Ebenda. **71.** 367 (1911). — Emil Abderhalden und F. Wildermuth, Ebenda. **90.** 388 (1914). — Emil Abderhalden und L. Grigorescu, Ebenda., **90.** 419 (1914). — Vgl. u. a. Arbeiten auch von A. G. Hogan The. Journ. of biol. chem. **18.** 485 (1914). — D. L. Monaco und E. Pacitto, Arch. di farmacol. sperim. e sienze aff. **19.** 138 (1915).

[2]) E. Weinland, Zeitschr. f. Biol. **47.** 279 (1907).

Hunde mit einer Rohrzuckerlösung zusammen, dann kann man mit Hilfe analytischer Methoden leicht nachweisen, daß der Rohrzucker sich nicht verändert und vor allen Dingen keine Spaltung eintritt. Der Gehalt des Blutplasmas an reduzierenden Substanzen nimmt nicht zu. Als wir dagegen Blutplasma oder -serum von einem Hunde, dem vorher Rohrzucker unter die Haut oder besser direkt in die Blutbahn eingespritzt worden war, verwendeten, trat beim Zusammenbringen des Plasmas mit Rohrzucker ein Abbau dieses Disaccharids ein, erkennbar an der Zunahme reduzierender Substanzen — Rohrzucker reduziert Kupferoxyd in alkalischer Lösung nicht, wohl aber seine Bausteine, Glukose und Fruktose — und ferner an der charakteristischen Änderung im Drehungsvermögen des Gemisches Plasma + Rohrzucker.

Besonders anschaulich gestalten sich diese Versuche, wenn man die spaltende Wirkung des Plasmas mit Hilfe der optischen Methode untersucht. Man nimmt in diesem Falle Plasma vom normalen Hunde und zwar eine bestimmte Menge davon, gibt dazu eine bestimmte Menge einer Rohrzuckerlösung, füllt das Gemisch in ein Polarisationsrohr ein und bestimmt sein Drehungsvermögen. Man verfolgt dieses dann von Zeit zu Zeit und hält den Inhalt des Polarisationsrohres in der Zwischenzeit auf 37° erwärmt. Es ergibt sich, daß die Anfangsdrehung unverändert bleibt.

Spritzt man nun dem gleichen Hunde, dem man das Plasma entnommen hatte, etwas Rohrzucker in die Blutbahn ein, dann kann man in einzelnen Fällen — vgl. weiter unten — nach kurzer Zeit nachweisen, daß nunmehr das Plasma imstande ist, Rohrzucker zu zerlegen. Die anfänglich beobachtete starke Rechtsdrehung nimmt fortwährend ab. Sie nähert sich Null und geht schließlich über Null hinaus nach links hinüber. Es bleibt schließlich eine Linksdrehung bestehen. Aus dem Rohrzucker ist Invertzucker geworden. Dieser be-

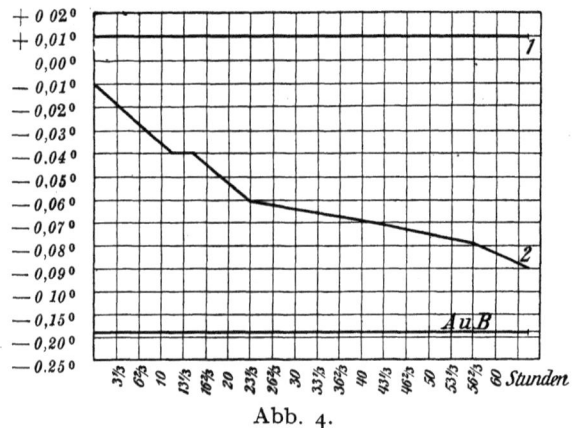

Abb. 4.

steht aus einem Molekül Traubenzucker und einem Molekül Fruchtzucker, den Bausteinen des Disaccharides Rohrzucker. Da der letztere stärker nach links dreht als der Traubenzucker nach rechts, bleibt schließlich eine Linksdrehung übrig. Manche Beobachtungen deuten darauf hin, daß gleichzeitig ein Teil der gebildeten Spaltungsprodukte weiter verändert wird.

Die folgenden Beispiele geben einen Einblick in das Ergebnis derartiger Versuche.

1. Einem Hund wurde vor der parenteralen Zufuhr des Rohrzuckers Blut entnommen und das Verhalten des Serums gegenüber diesem Disaccharid festgestellt. Es fand keine Spaltung statt (Kurve 1 in Abb. 4). Nun erhielt das Tier 10 ccm einer 5%igen Rohrzuckerlösung intravenös. Die 15 Minuten nach der Injektion ent-

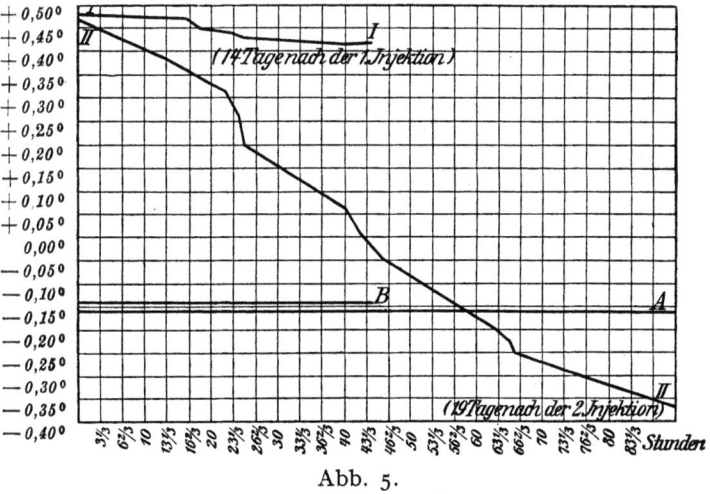

Abb. 5.

nommene Blutprobe zeigte bereits Hydrolyse von zugesetztem Rohrzucker (Kurve 2 in Abb. 4). Zur Kontrolle wurde das Drehungsvermögen des Serums ohne Zusatz von Rohrzucker verfolgt (Kurve A und B in Abb. 4). Die Versuchsanordnung ergibt sich aus der umstehenden Übersicht.

I. 0,5 ccm Serum (Blut 15 Minuten nach der intravenösen Injektion von Rohrzucker entnommen) 0,5 ccm einer 5%igen Rohrzuckerlösung,

7,0 ccm physiologischer Kochsalzlösung.
A u. B. 0,5 ccm Serum,
7,5 ccm physiologischer Kochsalzlösung.

2. Weitere Versuche beschäftigten sich mit der Frage, wie lange nach erfolgter parenteraler Zufuhr von Rohrzucker sich im Blutserum noch Saccharase nachweisen läßt. Nach einmaliger subkutaner Zufuhr von Rohrzucker war nach 14 Tagen noch ein schwaches Spaltungsvermögen für dieses Disaccharid erkennbar (Kurve I in Abb. 5). Bei einem Hunde, der zweimal subkutan Rohrzucker erhalten hatte, ließ sich 19 Tage darauf noch eine energische Spaltung dieses Disaccharids mit Blutserum herbeiführen (Kurve II in Abb. 5). Die einmal erworbene Eigenschaft klingt somit nicht sogleich wieder ab. Die einzelnen Versuche wurden mit den folgenden Mengen an Serum und Rohrzuckerlösung durchgeführt:

I 0,5 ccm Serum (Blut 14 Tage nach der Einspritzung des Rohrzuckers entnommen),
0,5 ccm einer 10%igen Rohrzuckerlösung,
7,0 ccm physiologischer Kochsalzlösung.

II. 0,5 ccm Serum (Blut 19 Tage nach der 2. Injektion von Rohrzucker entnommen),
0,5 ccm einer 10%igen Rohrzuckerlösung,
7,0 ccm einer physiologischer Kochsalzlösung.

Kontrollversuch.

A u. B. 0,5 ccm Serum,
7,5 ccm physiologischer Kochsalzlösung.

Ganz ähnliche Ergebnisse wurden erhalten, wenn Milchzucker parenteral zugeführt wurde. Dagegen fiel der Befund bei gleichartiger Zufuhr von Raffinose stets negativ aus. Bei Schwangeren und Wöchnerinnen ließ sich ganz vereinzelt ein Milchzucker spaltendes Ferment im Blutserum nachweisen[1]).

Bei der Weiterverfolgung der hier mitgeteilten Beobachtungen ergab sich bald, daß die Ergebnisse bei der parenteralen Zufuhr von Disacchariden sehr ungleiche sind. Bei einer ganzen Reihe von Versuchstieren — verwendet wurden fast ausschließlich Hunde — blieb der Rohr- und Milchzucker nach parenteraler Zufuhr dieser Disaccharide unangegriffen, wenn diese Disaccharide zum Serum der entsprechend vorbehandelten Tiere hinzugefügt wurden. Es sind im Laufe der Zeit sehr viele Versuche in dieser Richtung unternommen worden. Es zeigte sich, daß die positiven Egebnissse, die wir gleich bei den ersten Untersuchungen erhalten hatten, zu den Ausnahmen gehören. Viel öfter blieb jede nachweisbare Reaktion aus. Wir dachten an die Möglichkeit, daß eventuell Hunde, in deren Nahrung der Rohr- und Milchzucker dauernd fehlt, die diese Disaccharide spaltenden Fermente nicht besitzen und auch nicht in so kurzer Zeit bilden können. Wir fütterten Hunde, die auf parenterale Zufuhr von Rohrzucker negativ reagiert hatten, d. h. deren Serum Saccharose nicht zu zerlegen ver-

---

[1]) Emil Abderhalden und Andor Fodor, Münch. med. Wochenschr., Nr. 34. (1913).

mochte, längere Zeit mit Rohrzucker. Die Ergebnisse waren nicht einheitlich. Es gelang in einzelnen Fällen in der Tat Tiere, die negativ reagiert hatten, so zu beeinflussen, daß nach wiederholter parenteraler Zufuhr von Rohrzucker das Serum des betreffenden Tieres diesen zum Abbau brachte. Die Zahl der negativ gebliebenen Fälle hat sich im Laufe der Zeit vermehrt, so daß auch hier die positiven Erfolge stark in der Minderheit geblieben sind.

Der tierische Organismus vermag die erwähnten Disaccharide, die beide blutfremd sind, durch Ausscheidung durch die Nieren aus dem Blute zu entfernen. In der Tat erscheint der bei weitem größte Teil des parenteral zugeführten Rohr- und Milchzuckers im Harn. Möglicherweise erfolgt auch eine Ausscheidung in den Darmkanal hinein. In diesem Falle könnte die Verdauung unter dem Einfluß des Pankreas- und Darmsaftes nachgeholt und so die Bausteine des Rohr- und Milchzuckers erschlossen werden.

Nach allen unseren jetzigen Erfahrungen ist es zweifelhaft, ob in den Fällen, in denen der Organismus mit der Hineinsendung von Saccharase in die Blutbahn nach erfolgter parenteraler Zufuhr von Rohrzucker antwortet, eine Neubildung des den Rohrzucker spaltenden Fermentes vorliegt. Es spricht mehr dafür, daß es bereits im Organismus vorhanden war und auf eine noch nicht erkannte Art und Veranlassung in das Blut hineingelangt.

Schließlich wurde auch das Verhalten von Produkten der Fettreihe geprüft. Hier ergaben sich zunächst Schwierigkeiten in der Methodik. Der Versuch, die Fettspaltung im Blute durch einfache Titration der gebildeten Säuren festzustellen, schlug fehl. Die Fragestellung, ob nach Zufuhr körper- und plasmafremder Fette eine Zunahme des Lipasegehaltes des Blutplasmas erfolgt, konnte erst in Angriff genommen werden, nachdem Michaelis und Rona die Veränderung der Oberflächenspannung bei der Zerlegung der Fette als Grundlage einer Methode zum Studium der Fettspaltung gewählt hatten. Die Fette gehören zu den stark oberflächen-aktiven Stoffen, während die bei der Spaltung entstehenden Abbauprodukte, Alkohol und Fettsäuren, keinen merklichen Einfluß auf die Oberflächenspannung besitzen. Bringt man Plasma von einem normalen Tier mit einer Fettart, z. B. Tributyrin, zusammen, und läßt man das Gemisch aus einer Kapillare ausfließen, dann erhält man in einer bestimmten Zeit eine bestimmte Tropfenzahl. Wird nun diesem Tiere auf irgendeinem Wege Fett in die Blutbahn eingeführt, dann ergibt sich eine Änderung der Tropfenzahl. Sie nimmt ab.

Nach den bis jetzt vorliegenden Erfahrungen liegen bei Fetten die Verhältnisse nicht so einfach wie bei den Proteinen[1]). Während nach den bisherigen Erfah-

---

[1]) Emil Abderhalden und Peter Rona, Zeitschr. f. physiol. Chem. **75**. 30 (1911). — Emil Abderhalden und Arno Ed. Lampé, Ebenda. **78**. 396 (1912).

rungen im Blute unter normalen Bedingungen stets Proteine bestimmter Art und offenbar auch in bestimmter Menge kreisen und auch der Kohlehydratgehalt ein in engen Grenzen konstanter ist, zeigen die Fette ein anderes Verhalten. Der Fettgehalt des Plasmas schwankt innerhalb weiter Grenzen. Nach einer fettreichen Nahrung finden wir im Blutplasma so viel Fett, daß wir es mit bloßem Auge erkennen können. Lassen. wir Plasma nach einer fettreichen Nahrung stehen, dann rahmt es direkt ab. Es erscheint an der Oberfläche des Plasmas eine Fettschicht. Nach kurzer Zeit verschwindet das Fett wieder aus der Blutbahn. Es wird den verschiedenen Körperzellen zugeführt, in diesen verbraucht, umgewandelt, oder auch direkt als Reservematerial abgelagert. Es scheint, daß das Blut auf jedes Ansteigen des Fettgehaltes mit einer Vermehrung von Lipase antwortet. Es wäre von den erörterten Gesichtspunkten aus dieses Mehr an Fett als plasmafremd zu betrachten. Nur das vollständig nüchterne Tier zeigt kein oder fast kein Fettspaltungsvermögen. Nach einer fettreichen Nahrung läßt sich aktive Lipase im Blute nachweisen. Ferner konnte gezeigt werden, daß während einer längeren Hungerperiode die fettspaltende Wirkung des Blutes ansteigt. Es steht dies im Einklang mit der Erfahrung, daß während des Hungers ein lebhafter Transport von Stoffen stattfindet. Wiederholt konnten während des Hungers im Blute größere Mengen von Fett nachgewiesen werden. Wird artfremdes Fett zugeführt, dann erhält man ein besonders hohes Spaltvermögen des Plasmas für Fette.

Bei den Fettstoffen bereitet es einige Schwierigkeiten, nicht plasmaeigen gemachtes Fett in die Blutbahn hinein zu bekommen. Spritzt man Fette subkutan ein, so bleiben sie an Ort und Stelle lange Zeit liegen und werden vielleicht erst nach eingetretener Spaltung weiter transportiert. Bei intravenöser Zufuhr läuft man Gefahr, durch Fettembolien den Tod des Tieres herbeizuführen. Ein Eintritt artfremden Fettes in das Blut konnte erst erzwungen werden, nachdem eine alte Erfahrung von J. Munk zunutze gemacht wurde. Wird nämlich eine große Menge von Fett verfüttert, dann läßt sich dieses in den Geweben und selbstverständlich auch im Blute nachweisen. Wir verfütterten große Mengen von Rüböl und von Hammeltalg, und fanden dann ein sehr stark ausgesprochenes Fettspaltungsvermögen im Plasma.

Da, wie schon betont, auch die arteigenen Fette in der Blutbahn ein gesteigertes Fettspaltungsvermögen hervorrufen, so ist es ziemlich schwer zu entscheiden, ob die artfremden Fettstoffe eine spezifische Wirkung auslösen. Weitere Versuche müssen hier eine Entscheidung bringen.

Endlich haben wir auch Nukleoproteide, Nukleine und Nukleinsäuren mit Umgehung des Darmkanals in den Organismus eingeführt. Es ergab sich, daß nach Zufuhr dieser Körper in gesteigertem Maße Fermente im Blutplasma auftreten, die diese Verbindungen abzubauen vermögen[1]).

Es sei noch hervorgehoben, daß umfassende Versuche in Angriff genommen worden sind, um die Frage zu entscheiden, ob der tierische Organismus auch gegen die Bausteine der Nahrungsstoffe Fermente mobil macht, wenn man ihm solche in größerer Menge in das Blut einführt. Kann das Serum eines Tieres, dem man größere Mengen von Aminosäuren, Purinbasen, Monosaccharide usw. in die Blutbahn eingeführt hat, solche verändern? Die bisherigen Versuche ergaben ein negatives Resultat[2]). Wahrscheinlich werden diese einfachen Verbindungen, die ja bluteigen und zelleigen sind und nur quantitativ fremdartig wirken, zum Teil durch die Nieren ausgeschieden, zum Teil den Zellen zugeführt und von diesen verwertet.

Prüfung der Frage, ob unter bestimmten Bedingungen im tierischen Organismus und in dem des Menschen im Blute blutfremde Verbindungen und insbesondere Proteine und ihre nächsten Abkömmlinge ohne parenterale Zufuhr von außen auftreten.

Überblicken wir die mitgeteilten Befunde der Versuche, die zum Ziele hatten, festzustellen, wie der tierische Organismus auf die parenterale Zufuhr zusammen-

---

[1]) Vgl. auch G. Pighini, Zeitschr. f. physiol. Chem. **70.** 85 (1910/11).

[2]) Emil Abderhalden und Bassani, Ebenda. **90.** 388 (1914).

gesetzter Verbindungen antwortet, so ergibt sich als eindeutiges Resultat, daß beim Erscheinen blutfremder Eiweißstoffe im Blutplasma innerhalb kurzer Zeit Veränderungen auftreten, die sich dadurch kenntlich machen, daß dieses gegenüber fremdartigen Proteinen Eigenschaften zeigt, die es zuvor nicht besessen hat. Gibt man Blutserum von Tieren, denen blutfremde Eiweißstoffe parenteral zugeführt worden sind, zu solchen, dann ergeben sich Befunde, die am besten mit der Annahme im Einklang stehen, daß im Blute Fermentwirkungen zustande gekommen sind, die unter genau gleichen Versuchsbedingungen ohne diese Zufuhr nicht feststellbar sind.

Das Ergebnis des Dialysierversuches und die Feststellung des Verhaltens des Drehungsvermögens des Gemisches Blutserum + Peptonlösung vor und nach erfolgter parenteraler Zufuhr von Eiweiß führte zu der Ansicht, daß im Blute im letzteren Falle Fermente auftreten, die entweder sonst in diesem nicht vorhanden sind oder aber aus irgendwelchen Gründen ohne den durch das Auftreten blutfremder Proteine gegebenen Impuls nicht wirksam sind. Die letztere Annahme erschien aus verschiedenen Gründen, auf die wir später bei der Erörterung nach dem Wesen der gemachten Beobachtungen zurückkommen, wenig wahrscheinlich. Es entstand die Vorstellung, daß der tierische Organismus in gewissem Sinne im Blute das nachholt, was sonst im Darmkanal erfolgt, nämlich eine Zerlegung des spezifischen Baus des blutfremden Eiweißstoffes in seine Bausteine durch Fermentwirkung. Es würde so das an und für sich unverwertbare Eiweiß in Bruchstücke zerlegt, die den Körperzellen vertraut sind.

Unklar blieb die Herkunft der Fermente! Bildet der Organismus sie neu? Oder stammen sie aus bestimmten Zellen, z. B. den Leukozyten, ab, oder entsendet gar die Pankreasdrüse eine Mehrzahl von Fermenten ins Blut hinein?

Hier muß kurz der Tatsache gedacht werden, daß die ersten Versuche mit parenteraler Zufuhr von Eiweißstoffen zu ganz unspezifischen Reaktionen führten, d. h. das Blutserum von vorbehandelten Tieren baute nicht nur jenes Eiweiß und das aus ihm gewonnene Pepton ab, das parenteral zugeführt worden war, sondern es wurden auch Proteine und Peptone anderer Herkunft zerlegt. Spätere Versuche ergaben jedoch, daß bestimmt streng spezifische Fermentwirkungen erzielt werden können. Dieser Befund wurde durch die Beobachtungen einer ganzen Reihe von Forschern, ich nenne Erich Frank, Felix Rosenthal, und Hans Biberstein[1]), Mayer[2]), Paul Hirsch[3]) Kafka[4]), Felix Rosenthal und Hans Biber-

---

[1]) Erich Frank, Felix Rosenthal und Hans Biberstein, Münch. med. Wochenschr., Nr. 26, 29 (1913).

[2]) Wilhelm Mayer, Ebenda. 60. Nr. 52. 2906 (1913).

[3]) Paul Hirsch, Dtsch. med. Wochenschr., Nr. 6, 31 (1914).

[4]) V. Kafka, Med. Klinik, Nr. 4 (1914). — V. Kafka und O. Pförringer, Dtsch. med. Wochenschr., Nr. 25 (1914).

stein[1]), Fuchs[2]), Jaffé und Pribram[3]) bestätigt und gefestigt.

Mit der Feststellung streng spezifischer Reaktionen ergaben sich für die Frage der Herkunft der Fermente neue Gesichtspunkte. Es trat die Idee mehr in den Vordergrund, es könnte der Organismus in ähnlicher Weise, wie etwa spezifisch eingestellte Antikörper, Fermente besonderer Art mobil machen, die der in die Blutbahn eingedrungenen Substanz durch Abbau ihre Blutfremdheit nehmen. Wir werden weiter unten erfahren, daß eine solche Annahme zwingender Beweise entbehrt.

Nur bei Zufuhr von Eiweißstoffen oder Peptonen besonderer Art bleibt die Möglichkeit der Entstehung eigener auf diese Substrate eingestellter Fermente bestehen, wenn man nicht annehmen will, daß Leukozyten diese vorrätig haben oder Zellen der Pankreasdrüse mit ihren Fermenten eingreifen.

Auf Grund der erhobenen Befunde und der durch sie veranlaßten Vorstellungen entstand die Fragestellung, ob im Organismus von Mensch und Tier nicht Zustände bekannt sind, bei denen das Kreisen von blutfremdem Material in der Blutbahn angenommen wird. Das ist nun in der Tat der Fall. Es hat

---

[1]) Felix Rosenthal und Hans Biberstein, Ebenda. Nr. 16. 864 (1914).

[2]) Adolf Fuchs, Münch. med. Wochenschr., Nr. 40. 2230 (1914).

[3]) N. Jaffé und Ernst Pribram, Ebenda. 61. Nr. 42. 2125 (1915). — Vgl. auch B. Issatschenko, Dtsch. med. Wochenschr., Nr. 28. 1411 (1914). — O. S. Parsanow, Biochem. Zeitschr., 66. 69 (1914)

Schmorl die wichtige Beobachtung gemacht, daß während der Schwangerschaft von Chorionzotten herstammende Zellen im Blute der Mutter angetroffen werden können[1]). Es hat dann vor allem Veit nachgewiesen, daß solche Vorgänge nicht selten sind. In diesem Zusammenhang sei auch der Annahme gedacht, daß das Erscheinen von Chorionzotten im Blute die Ursache der Eklampsie sein könnte. Weichardt[2]) dachte an eine Auflösung der ins mütterliche Blut gelangten Chorionzottenzellen, wobei giftig wirkende Substanzen in Freiheit gesetzt werden sollten.

Für uns war bedeutungsvoll, daß während der Schwangerschaft des Menschen blutfremde Zellen in das mütterliche Blut gelangen. Sie verschwinden wieder. Was wird aus ihnen und ihren Inhaltsstoffen? Sollte ihre Entfernung nicht mit Fermentvorgängen zusammen hängen? Der Versuch mußte entscheiden. Er wurde mit nicht allzu großen Erwartungen vorgenommen! War doch die Aussicht, auf einen Zustand zu treffen, in dem es gerade zum Abbau von Chorionzottenzellmaterial in der Blutbahn der Mutter kommt, gering! Es lagen keine Anhaltspunkte dafür vor, ob das Kreisen von fötalem Gewebe im mütterlichem Blute häufig oder aber extrem selten ist.

---

[1]) Vgl. hierzu auch Hans Hinselmann, Die angebliche physiologische Schwangerschaftsthrombose von Gefäßen der uterinen Plazentarstelle. Ferdinand Enke. Stuttgart 1913.

[2]) W. Weichardt, Hyg. Rundschau, Nr. 10 (1903); vgl. auch Münch. med. Wochenschr., Nr. 52 (1901); Dtsch. med. Wochenschr., Nr. 35 (1902).

Ich war außerordentlich überrascht, als es sich herausstellte, daß Serum von schwangeren Personen regelmäßig[1]) mit Plazentagewebe zusammengebracht eine positive Abbaureaktion ergab. **Es war so ganz unverhofft eine Serumreaktion zur Diagnose der Schwangerschaft gefunden worden**[2]).

---

[1]) Weitere Erfahrungen haben gezeigt, daß kurz vor Ende der Schwangerschaft die A.-R. negativ ausfallen kann.

[2]) Vgl. hierzu: Emil Abderhalden, R. Freund und L. Pincussohn, Prakt. Ergebn. d. Geburtsh. u. Gynäkol. II. Jg. II. Abt. 367 (1910). — Emil Abderhalden und M. Kiutsi, Zeitschr. f. physiol. Chem. **77.** 249 (1912). — Vgl. ferner über die Abderhalden'sche Reaktion bei Schwangerschaft: Emil Abderhalden, Münch. med. Wochenschr., Nr. 24, 36, 40 (1912); Zeitschr. f. physiol. Chem **81.** 90 (1912); Berl. tierärztl. Wochenschr., Nr. 25, 36, 42 (1912); Dtsch. med. Wochenschr., Nr. 46 (1912); Monatsschr. f. Geburtsh. u. Gynäkol. **38.** 24 (1913); Gynäkol. Rundschau, **7.** Nr. 13 (1913). — E. Frank und F. Heimann, Berl. klin. Wochenschr., Nr. 36 (1912). — M. Henkel, Arch. f. Gynäkol. **99.** 1 (1912). — C. F. Ball, Vermont Medical Monthly, August 1913; New York med. Journ., **98.** 1249 (1913); Journ. of the Americ. med. assoc. **62.** 599 (1914); — E. Alfieri, Fol. gynaecol. **8.** 479 (1913). — B. Aschner, Berl. klin. Wochenschr., 1913. — M. Bolaffio, Pathologica. **5.** 352 (1913). — J. Chaillé und J. C. Cole, New Orleans med. a. surg. Journ., **66.** 188 (1913). — Daunay et Ecalle, Cpt. rend. des séances de la soc. de biol. **74.** 1190 (1913). — C. Decio, Ann. di ostetr. e ginecol. **35.** 412 (1913). — H. Deutsch, Wien. klin. Wochenschr., Nr. 38 (1913). — H. Deutsch und R. Köhler, Ebenda. Nr. 34 1913). — F. Ebeler und R. Lönnberg, Berl. klin. Wochenschr., Nr. 41 (1913). — G. Ecalle, Bull. de la soc. d'obstétr. et de gynécol. de Paris. **2.** 622 (1913). — R. Ehler, Wien. klin. Wochenschr., **26.** Nr. 18 (1913). — E. Engelhorn, Münch. med. Wochenschr., Nr. 11 (1913). — C. Ferrai, Pathologica. **5.** 449 (1913); Liguria medica. **7.** Nr. 5—6 (1913). — R. Franz und A. Jarisch, Wien. klin.

Wochenschr., **25.** Nr. 39 (1912). — R. Freund und C. Brahm, Münch. med. Wochenschr., 685 (1913). — P. Gaifami, Boll. d. R. accad. med. di Roma. **39.** Nr. 3—4 (1913). — N. J. Gorisontoff, Verhandl. d. 12. Pirogoff-Kongresses. St. Petersburg. **2.** 82 (1913). — S. Gottschalk, Berl. klin. Wochenschr., S. 1151 (1913). — M. E. Goudsmit, Inaug.-Diss. Rotterdam 1913, Münch. med. Wochenschr., S. 1775 (1913). — W. S. Grusdjew, Verhandl. d. 12. Pirogoff-Kongresses, St. Petersburg. **2.** 458 (1913). — J. Gutmann und S. J. Druskin, Med. Rec., **84.** 99 (1913). — F. Heimann, Berlin. klin. Wochenschr., S. 1 (1913); Berl. Klinik, 25. Heft. 301 (1913); Münch. med. Wochenschr., Nr. 17 (1913). — R. Akimoto, Zentralbl. f. Gynäkol. **38.** 81 (1914). — H. Hinselmann, Zentralbl. f. Gynäkol. Nr. 7 (1914). — P. Hüssy und E. Kistler, Korrespbl. f. Schweizer Ärzte. Nr. 1 (1914). — K. Jaworski, Przeglad lekarski. **52.** 329 (1913); Gynäkol. Rundschau, **7.** 582 (1913). J. — B. Porchownick, Zentralbl. f. Gynäkol. **37.** 1226 (1913). — J. C. Pratt und Mc Cord, Surg., Gynaecol. a. obstetr. **16.** 418 (1913). — F. Primsar, Zentralbl. f. Gynäkol. Nr. 12 (1914). — Puppel, Münch. med. Wochenschr., **61.** 105 (1914). — W. Rübsamen, Münch. med. Wochenschr. 1139 (1913). — B. Sabier, Presse méd. **21.** 1015 (1913). — P. Schäfer, Berl. klin. Wochenschr., Nr. 35 (1913). — A. Scherer, Berl. klin. Wochenschr., **50.** 2183 (1913). — E. Schiff, Münch. med. Wochenschr., **60.** 1197 (1913); **61.** 768 (1914); Gyógyászat 1914. — H. Schlimpert und J. Hendry, Münch. med. Wochenschr., Nr. 13 (1913). — H. H. Schmid, Prager med. Wochenschr., **38.** 541 (1913). — H. Schwarz, The interstate med. Journ. **20.** 195 (1913); The Americ. Journ. of obstetr. a. diseases of women and children. **69.** 1 (1914). — H. Singer, Münch. med. Wochenschr., **61.** 350 (1914). — N. H. Sproat und C. H. Dewis, Americ., Journ. of obstetr. and diseases of women and children. **68.** 450 (1913). — B. Stange, Münch. med. Wochenschr., Nr. 20. S. 1084 (1913); Zentralbl. f. Gynäkol. **137.** 1913. — A. Sunde, Münch. med. Wochenschr., **61.** 1234 (1914). — Tschudnowsky, Münch. med. Wochenschr., Nr. 41. S. 2282 (1913). — Umfrage über die Bedeutung der Abderhaldenschen Untersuchungsmethode für die Geburtshilfe und Gynäkologie. Beantwortet von deutschen und schweizerischen Direktoren von Univ.-Frauenkliniken. Med. Klinik, Nr. 11 und 12. (1914). — K. Jaworski und Z. Szymanowski, Wien. klin. Wochenschr., Nr. 23 (1913). — C. F. Jellinghaus und J. R. Losee, Bull. of the lying in hosp. of the city of New York. **9.** 68 (1913); Journ. of obstetr. and diseases of women and children. **69.** 155 (1914). — W. Jonas, Dtsch. med. Wochenschr., 1099 (1913). — Ch. C. W. Judd, Bull. of the Americ. med. assoc. **60.** 1947 (1913). — V. C. King, Münch. med. Wochenschr., 1198 (1913). — S. Kjaergaard, Zentralbl. f. Gynäkol. Nr. 7/8 (1914). — A. Labbé und P. Petridis, Rev. prat. d'obstétr. et de gynécol. **21.** 358 (1913). — R. Labusquière, Ann. de gynécol. et d'obstétr. **10.**. 664 (1913). — O. W. Lederer, Wien. klin. Wochenschr., **26.** 728 (1913). — J. Levy, Der Frauenarzt. **28.** Heft 7 (1913). — Lichtenstein, Münch. med. Wochenschr., 1913. — P. Lindig, Münch. med. Wochenschr., Nr. 6 (1913). — F. Maccabruni, Ann. di ostetr. **3.** 487 (1913); Münch. med. Wochenschr., 1259 (1913). — A. Mayer, Münch. med. Wochenschr., 1972 (1913); **61.** 67 (1914); Zentralbl. f. Gynäkol. Nr. 32 (1913). — L. Michaelis und L. v. Lagermarck, Dtsch. med. Wochenschr., Nr. 7. S. 316 (1914). — S. Mironowa, Wratschebnaja Gaz. Nr. 45 (1913). — Naumann, Dtsch. med. Wochenschr., **39.** 2086 (1913). — G. A. Pari, Accad. med. di Padova. 28. Febr. 1913; Gazz. d. osp. e d. clin. Nr. 69. 727 (1913).— O. Parsamoor, Zentralbl. f. Gynäkol. Nr. 25 (1913). — G. Plotkin, Münch. med. Wochenschr., 1942 (1913). — Polano, Monatsschr. f. Geburtsh. u. Gynäkol. **37.** 857 (1913). — J. Veit, Berl. klin. Wochenschr., Nr. 27 (1913). — R. L. Mackenzie Wallis, Proc. of the roy. soc. of med. **7.** 28 (1913); Journ. of obstetr. a. gynaecol. of the British Empire. Nov. 1913. — Williams und Pearce, Surg. gynaecol. a. obstetr. **16.** 411 (1913). — H. Williamson, Journ. of obstetr. a. gynaecol. of the British Empire. Oktober 1913. — G. Wolff, Monatsschr. f. Geburtsh. u. Gynäkol. **38.** 394 (1913). — Arno Ed. Lampé und R. Fuchs, Dtsch. med. Wochenschr., Nr. 15 (1914); Med. Klinik Nr. 17 (1914). — S. Lichtenstein und Hage, Münch. med. Wochenschr., Nr. 17. 915 (1914). — F. La Torre, Clin. ostetr. **16.** 49 (1914). — Bloch-Normser, Gynécologie. **18.** 26 (1914). — E. Gaujoux, Rev. mens. de gynécol., d'obstétr. et de prédiatr. **9.** 27 (1914). — Le Lorrier, Bull. de la soc. d'obstétr. et de gynécol. de Paris. **3.** 20 (1914). — A. Moses, Mém. do inst. O. Cruz. **6.** Heft 3 (1914). — C. F. Jellinghaus und J. R. Losee, Journ., Americ., of obstetr. a. dis. of women and

Die Tatsache, daß es gelang, auch bei solchen Tieren[1]), bei denen nach den ganzen Verhältnissen der Verbindung zwischen mütterlichen und fötalen Geweben von einem Hineingelangen von Chorionzottenzellen in das mütterliche Blut keine Rede sein kann,

children. 69. 513 (1914). — Lindstedt, Hygiea. 77. Heft 15 (1915). — G. H. van Waasbergen, Monatsschr. f. Geburtsh. u. Gynäkol. 42. Heft 3 (1915). — E. Baumann, Monatsschr. f. Geburtsh. u. Gynäkol. 42. 5 (1915). — A. Eder, Dtsch. med. Wochenschr., Nr. 41 (1914). — Sch. Pilossian, Inaug.-Diss. Genf (1914.) — R. Eben, Prager med. Wochenschr., 39. 301 (1914). — H. Welsch, Ann. d'hygiène publ. et de méd. lég. 21. 497 (1914). — G. A. Pari, Gazz. d. osp. e d. clin. 34. 341, 727 (1914). — E. Puppel, Monatsschr. f. Geburtsh. u. Gynäkol. 39. 764 (1914). — C. Parhon und M. Parhon, (Brustdrüse!). 2. rumän. Kongreß f. Med. u. Chir. Bukarest 1914. — Prusik und Tuma, Lekarske rozhledy. 21. 129 (1914). — R. L. Mack. Wallis, St. Bartholomew's hosp. Journ., 21. 106 (1914). — A. K. Paine, Boston med. a. surg. Journ., 170. 303 (1914). — A. Labbé und P. Petridis, Journ. de méd. de Paris. 34. 272 (1914). — S. Dejuste, Cpt. rend. hebdom. des séances de la soc. de biol. 76. 472 (1914). — S. Kjaergaard, Zeitschr. f. Immunitätsforsch. u. exp. Therap. Orig. 22. 31 (1914). — E. Partos und R. d'Ernst, Arch. mens., d'obstétr. et de gynécol. Nr. 3. 333 (1914). — M. Fetzer, Monatsschr. f. Geburtsh. u. Gynäkol. 40. 598 (1914). — G. Ecalle, Arch. d'obstétr. 257 (1914). — R. Freund und C. Brahm, Münch. med. Wochenschr., 61. 1664 (1914). — A. von Domarus und W. Barsieck, Münch. med. Wochenschr., Nr. 28. 1553 (1914). — Fred. E. Leavitt, St. Paul med. Journ., 16. 371 (1914). — J. Rosenbloom, Biochem. Bull. 3. 373 (1914). — L. D. de Faria, Inaug.-Diss. Rio de Janeiro 1915. — Th. Petri, Monatsschr. f. Geburtsh. u. Gynäkol. 41. 309 (1915). — J. Guardado, Inaug.-Diss. Buenos Aires 1914.

[1]) Auf Grund meiner eigenen Erfahrungen und den in der Literatur niedergelegten, möchte ich ausdrücklich hervorheben, daß es mir dringend notwendig erscheint, bei jeder einzelnen Tierart an Hand eines großen Materiales zu prüfen, inwieweit es möglich ist,

auf dem erwähnten Wege positive Ergebnisse bei Schwangerschaft zu erhalten[1]), zeigt unzweifelhaft, daß das Zustandekommen der ganzen Reaktion nicht mit dem Kreisen von Zellen der genannten Art im Blute der Mutter zusammenzuhängen braucht. Wir wissen jedoch, daß mütterliches und fötales Gewebe in der Plazenta lebhaft wuchern. Gewiß gehen fortwährend Zellen zugrunde, andere werden neu gebildet. Der Abbau der Plazentazellen ist vielleicht ein überstürzter Es gelangen noch zelleigene, zusammen-

---

sichere Ergebnisse mittels der serologischen Trächtigkeitsdiagnose zu erlangen. Sicherlich würde die praktische Anwendbarkeit meiner Reaktion bei der Frage der Trächtigkeit von Stuten, Kühen, Schweinen usw. von größter Bedeutung sein. Es ist sehr bedauerlich, daß bis heute eine solche Prüfung nicht in einem zu einem endgültigen Urteil ausreichenden Maße stattgefunden hat.

[1]) Emil Abderhalden und A. Weil, Berl. tierärztl. Wochenschr., Nr. 36 (1912). — K. Behne, Zentralbl. f. Gynäkol. Nr. 17 (1913). — Ernst R. Wecke, Fermentforschung. 1. 379 (1915) — M. Falk, Berl. tierärztl. Wochenschr., Nr. 8 (1913). — H. Miessner, Dtsch. tierärztl. Wochenschr., Nr. 26 (1913). — J. Richter und J. Schwarz, Zeitschr. f. Tiermed. 17. 417 (1913). — Schattke, Zeitschr. f. Veterinärk. mit besond. Berücksichtig. d. Hyg. 25. 425 (1913). — H. Schlimpert und E. Issel, Münch. med. Wochenschr., 1759 (1913). — A. Campus, La clin. veterin., rass. di poliza sanit. e d ig. 37. 847 (1914). — F. Rehbock, Inaug.-Diss. Berlin 1914. — J. Rosenblom, Biochem. Bull. 3. 373 (1914). — H. Raebiger, E. Wiegert, E. Seibold und A. Roecke, Berl. tierärztl. Wochenschr., Nr. 8 u. 9 (1915). — W. Pfeiler, R. Standfuss und Erika Roepke, Zentralbl. f. Bakteriol., Parasitenk. u. Infektionskrankh., Abt. I Orig. 75. 525 (1915).

gesetzte Zellinhaltsstoffe nebst den zugehörigen Fermenten und vielleicht oft und vielleicht auch sehr oft nur diese in die mütterliche Blutbahn.

Um zu verstehen, weshalb ich so fest davon überzeugt bin, daß die gefundene serologische Schwangerschaftsreaktion zuverlässig ist, muß man wissen, unter welchen Zweifeln und Sorgen die ersten über hundert Untersuchungen durchgeführt worden sind. Die meisten Serumproben lieferte mir Kollege Veit zur Untersuchung. Er wußte, daß alles darauf ankam, die ersten Beobachtungen, wonach Serum von Schwangeren immer Plazenta abbaut, Serum von nicht schwangeren Personen — es sei denn ca. 2—3 Wochen nach der Geburt oder bei Anwesenheit eines Chorionepithelioms — dagegen nicht, gründlich nachzuprüfen. Es lag kein einziger zwingender Grund dafür vor, daß der erhobene Befund eine Regel darstellen mußte. Es konnten ebenso gut viele Fälle von Schwangerschaft ein negatives Ergebnis geben. In diesem Falle hätte festgestellt werden müssen, worauf es zurückzuführen war, daß bald positive, bald negative Ergebnisse erzielt wurden. Kollege Veit sandte mir alle Proben in nummerierten Röhrchen. Was für Fälle vorlagen, war unbekannt. Nur manches Mal erhielt ich eine Reihe von Serumproben mit der Bemerkung: „Serum von Schwangeren im so und sovielten Monat". Alle Reaktionen mit diesen Proben fielen negativ aus. Tief bekümmert wurde das Ergebnis weiter gegeben. Dann folgte Serum von ganz sicher "nicht schwangeren" Personen. Alle Proben zeigten ein positives Ergebnis! Nun war es mit einer spezifischen Serumreaktion auf Schwangerschaft vorbei! Und doch waren alle Befunde richtig! Ich war absichtlich aufs Eis geführt worden! Es mag ein Zufall gewesen sein, daß unter den über 100 untersuchten und scharf kontrollierten Fällen auch nicht eine Fehldiagnose war. Manche Fälle waren erst bei der Operation klinisch richtig zu deuten. Das Ergebnis der Serumreaktion behielt immer recht! Auch in der Folgezeit habe ich es noch sehr oft erlebt, daß die klinische Diagnose unrichtig war, und die Serumreaktion in ihrem Ergebnis zutraf. Man wird verstehen, weshalb ich unter diesen Umständen die erhobenen Befunde nicht auf Grund von Untersuchungen aufgeben konnte, die einmal vielfach methodisch unzuverlässig waren und außerdem sehr viel weniger Fälle umfaßten, als meinen Feststellungen zugrunde lagen, die in der ersten Mitteilung verwertet sind. Unterdessen sind in meinem Institute weit über 3000 Untersuchungen mit stets guten Erfolgen ausgeführt worden. An den erhobenen tatsächlichen Befunden brauche ich nichts zu ändern, dagegen muß ohne jeden Zweifel manche an die beobachteten Erscheinungen geknüpfte Vorstellung über die Herkunft der Fermente und die Bedeutung ihrer Wirkung in ihren Verallgemeinerungen fallen.

Die bei der Schwangerschaft gemachten Erfahrungen ermunterten zu weiteren Beobachtungen. Die Möglichkeit einer Verschleppung von Zellinhalt in die Blutbahn besteht noch bei mancherlei anderen Zuständen[1]). Wir wissen, daß bösartige Geschwülste einerseits in ihr Muttergewebe hineinwuchern und dabei Zellen zugrunde gehen, ferner zerfallen offenbar Geschwulstzellen selbst leicht. Der Versuch mußte erweisen, ob es möglich ist, bei Geschwulstträgern im Blutserum Wirkungen nachzuweisen, die durch die Annahme von auf Proteine der betreffenden Geschwulstgewebe eingestellte Fermente erklärt werden konnten. Es sind im Laufe der Zeit eine sehr große Anzahl von derartigen Untersuchungen mit bestem Erfolg durchgeführt worden[2]). Die Er-

---

[1]) Vgl. hierzu u. a. Emil Abderhalden, Dtsch. med. Wochenschr., Nr. 88 (1912); Beitr. z. Klin. d. Infektionskrankh. u. z. Immunitätsforsch. Heft 2. 243 (1913); Münch. med. Wochenschr., 61. Nr. 5. S. 233 (1914); Zeitschr. f. Sexualwiss. Heft 1. S. 1 (1914); Med. Klinik, 10. Nr. S. 16. 665 (1914).

[2]) Emil Abderhalden, Fermentforschung. 1. 20, 351 (1914/15); 2. 167 (1918). — E. Fraenkel, Berl. klin. Wochenschr., Nr. 36 (1912). E. Frank und F. Heimann, Berl. klin. Wochenschr., Nr. 14 (1913). — R. St. Leger Brockmann, Lancet. 2. 1385 (1913). — A. Deheeber, Tijdschr., gennesk. v. Belg. 4. 298, 317, 336, 386 (1913). — E. Epstein, Wien. klin. Wochenschr., 26. Nr. 17 (1913). — R. Erpicum, Presse méd. 22. 68 (1914). — G. M. Fasiani, Wien. klin. Wochenschr., 61. Nr. 14 (1914). — C. Fried, Münch. med. Wochenschr., Nr. 50. 2782 (1913). — G. von Gambaroff, Münch. med. Wochenschr., Nr. 30. S. 1644 (1913). — J. Halpern, Mitt. a. d. Grenzgeb. d. Med. u. Chirurg. 27. 340 (1913). — F. Heimann und Karl Fritsch, Arch. f. Chirurg. 103. Nr. 3 (1914). — A. Labbé, Gaz. méd. de Nantes. 31. 461 (1913). — O. Lowy, Journ. of the Americ. med. assoc. Nr. 6 (1914). — H. Lüdke, Gaz. des hop. civ. et milit. 86. Année. Nr. 65. S. 1064 (1913). — N. Markus, Berl. klin. Wochenschr., Nr. 17 (1913). — H. Oetler und R. Stephan, Münch. med. Wochenschr., 61. 579

gebnisse waren so überzeugend und beweisend, daß
es mir unverständlich geblieben ist, weshalb die festgestellte Reaktion nicht häufiger zur Frühdiagnose insbesondere von Karzinom herangezogen worden ist.
Unsere Beobachtungen konnten von einer ganzen
Reihe von Forschern bestätigt werden. Auch auf diesem
Gebiete liegen die Verhältnisse so, daß in nicht wenigen
Fällen das Ergebnis des Dialysierverfahrens oder das

(1914). — Paltauf, Wien. klin. Wochenschr., **26.** 729 (1913). —
Piorkowski, Berl. klin. Wochenschr., Nr. 6 (1914). — E. Weiss,
Dtsch. med. Wochenschr., Nr. 2 (1914). — G. Wolfsohn, Arch. f.
klin. Chirurg. **102.** 247 (1913). — Wolter, Russki wratsch. **12.**
1120 (1913). — A. E. Lampé, Verhandl. d. 31. dtsch. Kongr. f. inn.
Med. Wiesbaden. 20.—23. April 1914. — W. W. King, Journ.
of ostetr. a. gynaec. of the British Empire. **24.** 296 (1913). —
A. Schawlow, Münch. med. Wochenschr., **61.** 1386 (1914). —
A. G. Ssokoloff, Medizinskoje Obosrenje. **81.** 501 (1914). —
C. F. Ball, Journ. of the Americ. med. assoc. **63.** 1169 (1914). —
W. Oettinger, Noël Fiessinger und P. L. Marie, Bull. et mém.
de la soc. méd. des hop. de Paris. **30.** 962 (1914). — O. Berghausen, The Ohio state med. Journ., 1914. — S. Blackstein,
Hegars Beitr., z. Geburtsh. u. Gynäkol. **19.** Heft 3 (1914). —
G. M. Fasiani, Wien. klin. Wochenschr., **27.** 267 (1914). —
J. Benech, Progr. méd. **27.** 160 (1914); Cpt. rend. des séances de
la soc. de biol. **76.** 361 (1914). — Stresemann, Gynäkol. Rundschau, **8.** Heft 17/18 (1914). — Ch. Goodman und S. Berkowitz, Surg., gynaecol. a. obstetr. Dezember. 797 (1914) — K. G.
Schumkowa-Trubina, Verhandl. d. 1. russ. Krebskongr. St.
Petersburg 1914. — George F. Dick, Journ. of infect. dis. **14.**
242 (1914). — E. S. Dawydoff, Verhandl. d. 1. russ. Krebskongr.
St. Petersburg. 31. März bis 3. April 1914. — O. J. Holmberg,
Ebenda. 1914. — A. J. Zitronenblatt, Ebenda. 1914. — S. Cytronberg, Mitt. a. d. Grenzgeb. d. Med. u. Chirurg. **28.** Heft 2
(1914). — M. Weinberg, Münch. med. Wochenschr., **61.** Nr. 29,
1617, Nr. 30, 1688 (1914).

der optischen Methode mit der klinischen Diagnose im Widerspruch stand. Der operative Eingriff oder die Sektion widerlegte die letztere und bestätigte unseren Befund. Häufen sich solche Feststellungen, dann wird es gewiß verständlich, wenn mehr und mehr die Gewißheit heranreift, daß der von mir aufgefundenen Reaktion auch eine praktische Bedeutung zukommt.

Kurz erwähnt sei, daß die Bence-Jonessche Albuminurie, d. h. die Ausscheidung eines eigenartigen, beim Erwärmen koagulierenden, jedoch beim Kochen wieder in Lösung gehenden Proteins durch die Nieren ein sehr schönes Untersuchungsobjekt abgibt. Diese eigenartige Eiweißausscheidung findet sich zumeist mit Sarkomen des Knochengewebes vereint. Es handelt sich offenbar um einen blutfremden Eiweißkörper[1]). Woher er stammt, wissen wir noch nicht. Es wäre aber interessant zu erfahren, ob er von Fermenten begleitet ist, die ihn abbauen können. In diesem Zusammenhang sei auch erwähnt, daß jede Form von Albuminurie oder besser ausgedrückt Proteinurie großes Interesse von den hier entwickelten Ideen aus bietet. Man sollte in jedem Falle versuchen, festzustellen, woher das ausgeschiedene Eiweiß stammt. Sicherlich handelt es sich nicht in allen Fällen um „Niereneiweiß". Vielleicht führt in gewissen Fällen

---

[1]) A. E. Taylor, C. W. Miller und J. E. Sweet, Journ. of biol. chem. 24. 425 (1917). — Emil Abderhalden, Zeitschr. f. physiol. Chem. 106. 130 (1919). — Vgl. ferner Erich Krauss: Dtsch. Arch. f. klin. Medizin. 137. 257 (1921).

eine Zustandsänderung von Plasmaeiweißstoffen zu einer Ausscheidung. Vor allen Dingen interessieren uns jene Proteinurien, die mit der Schwangerschaft verknüpft sind. Endlich bieten alle Fälle von Eklampsie von dem Gesichtspunkte von zell- und blutfremden Stoffen aus ein großes Interesse. Blut- und zellfremd kann eine Verbindung sicherlich auch dadurch werden, daß sie in zu großer Menge auftritt. Bei Veränderungen in den Mengenverhältnissen, in denen die einzelnen Stoffe im Zellinhalt und im Blute vorhanden sind, können Bedingungen auftreten, unter denen das ganze Stoffgemisch in seinen Funktionen gestört ist.

Ein weiteres Gebiet, das zur Fahndung auf entsprechende Eigenschaften des Blutserums lockt, ist das der Infektionskrankheiten. Wie schon auf Seite 42 ausgeführt worden ist, haben wir beim Eindringen von Infektionserregern in unsere Gewebe fremdartige Zellen vor uns. Sie greifen mit ihren Fermentapparaten unsere eigenen, zusammengesetzten Verbindungen an. Sie zerstören Zellen und bewirken, daß im Blute zelleigene und daher blutfremde Bestandteile kreisen. Sie selbst gehen zugrunde und ergießen unter Umständen ihren Zellinhalt nebst den zugehörigen Fermenten in unsere Gewebe. Es gelangen diese Stoffe dann auch ohne Zweifel in die Blutbahn. Es liegt hier ein unermeßlich großes Forschungsgebiet vor, dessen Bearbeitung jedoch besondere Erfahrungen erfordert. Ferner gehört dazu die Möglichkeit, an einem größeren Tier- und auch Menschenmaterial Untersuchungen unter den verschiedensten Bedingungen durchführen zu können. Soweit meine eigenen Erfahrungen in Frage kommen, ist es durchaus möglich, Unterschiede in der Einwirkung von Plasma oder Serum normaler Tiere auf die entsprechenden Mikroorganismen und der sie enthaltenden Organe, und der entsprechenden Blutflüssigkeiten infizierten Tiere aufzufinden. Geprüft wurde die Einwirkung von Serum gesunder Individuen auf pulverisierte **Tuberkelbazillen**. Es ließ sich kein Einfluß des Serums nicht tuberkulöser Individuen auf diese feststellen. Ein entsprechender Versuch mit aus **Tuberkelbazillen hergestellten Peptonen** ergab ein gleiches Resultat. Mit gleichem Erfolg wurden tuberkulöse Gewebe, insbesondere Lunge verwendet[1]). **Serum von tuberkulösen Tieren und Menschen baute Tuberkelbazilleneiweiß und aus diesem gewonnene Peptone ab.** Wie die weiteren Erfahrungen einer Reihe von Forschern[1]) ergeben haben, besteht ein Unter-

---

[1]) Vgl. hierzu Emil Abderhalden und Andryewski, Münch. med. Wochenschr., Nr. 30 (1913). — Arno Ed. Lampé, Dtsch. med. Wochenschr., Nr. 37 (1913). — F. Oeri, Beitr. z. Klin. d. Tuberkul. **32**. 211 (1915); **33**. Heft 2 (1915); **35**. Heft 1 (1916). — Julius Cnopf, Inaug.-Diss. München 1914. — Arno Ed. Lampé und J. Cnopf, Fermentforschung. **1**. 269 (1915). — E. Fränkel und F. Gumpertz, Dtsch. med. Wochenschr., Nr. 33 (1913). — F. Gumpertz, Beitr. z. Klin. d. Tuberkul. **30**. Heft 1 (1914). — R. Krimm, Russki Wratsch. 1502 (1913). — Wolter, Inaug.-Diss. St. Petersburg 1913. — E. Fränkel, Berl. klin. Wochenschr., Nr. 8 (1914); Dtsch. med. Wochenschr., Nr. 12 (1914). — F. Jessen, Med. Klinik, S. 1760 (1913); Beitr. z. Klin. d. Tuberkul. **29**. Heft 3. 489 (1913). — J. Gwerder und O. Melikjanz, Münch. med. Wochenschr., **61**. 980 (1914). — M. Wolff und

schied im Verhalten des Serums von Tuberkulösen, je nachdem die Krankheit sich im fortschreitenden Stadium befindet oder aber zu einem gewissen Abschluß gekommen ist. Es würde sich gewiß lohnen, an Hand weiterer Versuche Klarheit darüber zu gewinnen, inwieweit die gemachten Beobachtungen allgemeine Bedeutung haben.

In weiteren Versuchen sind Tiere mit Streptokokken infiziert worden, nachdem zuvor festgestellt worden war, daß ihr Serum Streptokokkensubstanz nicht zu verändern vermochte. Nach erfolgter Infektion war ein deutlicher Einfluß im Sinne eines fermentativen Abbaus der verwendeten Mikroorganismen nachweisbar.

Eine ganze Reihe von Forschern haben in der gleichen Richtung gearbeitet und entweder Studien mit bestimmten Bakterienstämmen angestellt oder aber Tierseuchen (Rotz, Rabies usw.) untersucht[1]).

K. Frank, Berl. klin. Wochenschr., Nr. 19 (1914). — W. Ammenhäuser, Münch. med. Wochenschr., 61. 2000 (1914). — Werner Jost, Beitr. z. Klin. d. Tuberkul. 41. 125 (1919). — P. Hirsch und R. Mayer-Pullmann, Fermentforschung. 4. 64 (1920).

[1]) S. Fekete und F. Gál, Magyar orvosi arch. Nov. 1913. — L. Reul, Inaug.-Diss. Hannover 1914. — L. Gózony, Zentralbl. f. Bakteriol. u. Parasitenk., Infektionskrankh., Abt. I Orig. 73. 345 (1914). — P. Kirschbaum und R. Köhler, Wien. klin. Wochenschr., Nr. 24 (1914). — O. Melikanz, Dtsch. med. Wochenschr., Nr. 27. 1369 (1914). — E. Voelkel, Münch. med. Wochenschr., 61. 349 (1914). — Ferd. Schenk, Wien. klin. Wochenschr., 27. 886 (1914). — G. H. Smith, Journ. of infant. dis. 16. 313, 319.)1915). — Michael G. Wohl, Americ. Journ. of the med. sciences. 149. 427 (1915). — K. Katz, Inaug.-Diss. Wien 1915. — F. Hutyra und R. Manninger, Zentralbl. f. Bakteriol. Parasitenk. und Infektionskrank., Abt. I. Orig. 76. 456 (1915). — W. Misch, Zeitschr. f. Hyg. u. Infektionskrankh. 89. 1. u. 2. Heft (1919).

Von besonders großem Interesse ist die Frage, ob bei Syphilis in bestimmten Stadien Einwirkungen von Serum auf Spirochäten bzw. diese Lebewesen enthaltendes Material zu beobachten sind. Es liegen einstweilen nur sehr wenig Erfahrungen vor[1]). Einige eigene Beobachtungen unter Verwendung von breiten Kondylomen als Substrat ermuntern zu weiteren Versuchen.

Ein weiteres, ohne Zweifel lohnendes Gebiet stellen Vergiftungen dar. Wir wissen, daß zum Beispiel nach Phosphorvergiftung eine außerordentlich schwere Schädigung verschiedener Organe und insbesondere der Leber auftritt. Es sind Versuche der folgenden Art ausgeführt worden: Serum von Kaninchen wurde im Dialysierverfahren mit einer Reihe von Organen: Gehirn, Leber, Nieren, Herzmuskel, Schilddrüse usw. zusammengebracht. Es begab sich keine Einwirkung. Wurden die Tiere mit Phosphoröl vergiftet, dann zeigte sich schon nach zwei Tagen ein deutlicher Abbau von Lebergewebe. Wurde die Zufuhr des Phosphoröles fortgesetzt, dann ergaben schließlich sämtliche der geprüften Organe einen Abbau bei Zusatz des Serums der vergifteten Tiere. Ferner wurden Versuche mit Chloroform und Äther durchgeführt. Auch hierbei zeigte sich in allen Fällen eine Einwirkung des Serums auf bestimmte Organe wie Lunge, Gehirn, der vorher nicht vorhan-

---

[1]) Vgl. H. Sowade, Verhandl. d. 31. dtsch. Kongr. f. inn. Med. Wiesbaden. 20.—23. April 1914. — J. Luxemburg, Med. Klinik, 10. 1104 (1914). — M. Fraenkel, Beitr. z. Klin. d. Infektionskrankh. u. z. Immunitätsforsch. 1914.

den war. Je länger die Narkose dauerte, um so mehr Organe kamen zum Abbau. Endlich wurden auch Versuche bei **chronischer Bleivergiftung** durchgeführt, ferner solche bei **Phenylhydrazinvergiftung**. Die Zahl dieser Versuche ist jedoch nicht groß. Ich möchte deshalb auf diese Vergiftungsversuche vorläufig keinen allzu großen Wert legen. Es handelte sich bei ihnen nur um eine ganz allgemeine Prüfung, ob auch auf diesem Gebiete Ergebnisse zu erzielen sind. Es ist naheliegend, daß das der Fall ist, denn bei bestimmten Vergiftungen werden bestimmte Organe in Mitleidenschaft gezogen. Es können dabei Zellen zugrunde gehen. Dabei kann sehr wohl ihr Inhalt, ohne vorher einem weitgehenden Abbau unterlegen zu haben, in das Blut gelangen. Selbstverständlich müssen die Ergebnisse derartiger Versuche an Hand einer genauen morphologischen Prüfung der einzelnen Organe kontrolliert werden. Ich halte es nicht für ausgeschlossen, daß man auf diesem Wege bei Verwendung bestimmter Gifte auf Wirkungen aufmerksam werden wird, die bisher unseren Beobachtungen entgangen sind.

Es gibt im Organismus Zustände, bei denen ohne Zweifel im Blut selbst aus bluteigenen Stoffen blutfremde entstehen. Es spricht alles dafür, daß das bei der Blutgerinnung sich abscheidende **Fibrin** blutfremd ist. Es wäre von sehr großem Interesse, wenn bei **Thrombosen** und überhaupt bei Blutungen in Gewebe hinein verfolgt würde, wie das Serum des betreffenden Individuums sich gegenüber Fibrin verhält. Wir wissen, daß Fibrinabscheidungen im Organismus auch jenseits des Darmkanals zur Verdauung kommen. Es sind offenbar die Leukozyten, die in diesem Falle die entsprechenden Fermente liefern. Solche Verdauungs- bzw. Lösungsvorgänge sehen wir in großem Maßstabe bei der Befreiung der Lunge vom ausgeschiedenen Fibrin bei der Pneumonie und bei der Einschmelzung sogenannter Schwarten und bei der Entfernung sonstiger Produkte entzündlicher Vorgänge. Das Einschmelzen von Zellen und Geweben findet ganz allgemein unter Beteiligung von Fermenten statt.

Es sei gleich an dieser Stelle hervorgehoben, daß zunächst alle Forschungen und alle Forschungspläne auf eine ganz bestimmte Idee eingestellt waren. Der Umstand, daß es gelungen war, im Blutplasma bzw. Serum durch parenterale Zufuhr von Eiweißstoffen besondere Erscheinungen hervorzurufen, die in allen Einzelheiten mit entsprechenden Vorgängen, die von Fermenten herrühren, übereinstimmten, hatte die Vorstellung wachgerufen, als ob der Organismus Fermente mobil mache, denen die Aufgabe zufallen sollte, die blutfremden Stoffe zusammengesetzter Natur zum Abbau zu bringen. Von den gleichen Gesichtspunkten aus wurde die Beobachtung gedeutet, daß zum Beispiel das Serum von Karzinomträgern Eiweißstoffe aus Karzinomgewebe abzubauen vermag, und das Serum von Tuberkulösen Tuberkelbazilleneiweiß zerlegt usw. Das weitere experimentelle und gedankliche Vordringen in das ganze Forschungsgebiet ließ Zweifel an dieser ganzen Vorstellung reifen.

Das ist der Grund, weshalb ich die frühere Bezeichnung „Abwehrfermente" fallen lassen möchte. Obwohl mancher vorhandene Begriff heutzutage eine ganz andere Bedeutung erhalten hat und trotzdem bestehen geblieben ist, halte ich es für richtiger, eine nicht zutreffende Bezeichnung aufzugeben. Es spricht nämlich sehr vieles dafür, daß die Fermente, die im Blut von mir nachgewiesen werden konnten, im allgemeinen und vielleicht überhaupt nicht neugebildet sind, sondern offenbar mit den blutfremden, zelleigenen Stoffen zusammen aus denselben Zellen, aus denen diese herstammen, ins Blut übergehen. Es ist Seite 41 darauf hingewiesen worden, daß die Fermente der Leberzellen wohl Leberzelleiweiß bzw. -pepton zum Abbau bringen können, nicht aber zum Beispiel Muskelzelleiweiß bzw. -pepton. Wir finden in jeder Zelle neben zelleigenen, zusammengesetzten Verbindungen auch die zugehörigen Fermente. Wir haben übrigens hierfür ein sehr schönes Beispiel in der Pflanzenwelt. In ihr finden sich ganz außerordentlich viele, mannigfaltig zusammengesetzte, sogenannte Glukoside. Sie bestehen aus verschiedenartigen Bausteinen. Darunter befindet sich regelmäßig ein Kohlehydrat. Diese Verbindungen lassen sich alle unter Wasseraufnahme in ihre Bausteine zerlegen. Der Abbau wird durch bestimmte Fermente stufenweise vollzogen. Wir kennen bei mehreren Beispielen diesen Abbau ganz genau, und wissen auch, daß bei jeder Abbaustufe wieder ein neues Ferment in Wirksamkeit tritt. Es ist sehr leicht dieser Fermente habhaft zu werden, denn wir treffen sie in jenen Zellen an, in denen die Glukoside enthalten sind. Sie sind durch Fermentwirkungen aus den Bausteinen entstanden und werden durch diese wieder zu diesen zerlegt. Genau so dürften in allen Körperzellen die spezifisch gebauten Eiweißstoffe — das gleiche gilt für die anderen zelleigenen Inhaltsstoffe der Zellen — von jenen Fermenten begleitet sein, die diese auf- und abbauen können. Treffen wir im Blut auf Fermente, die eine ganz spezifische Einstellung auf ganz bestimmte zelleigene Verbindungen haben, dann dürfen wir ohne Zweifel annehmen, daß diese aus der gleichen Zelle herstammen, aus der jene Produkte ins Blut gelangt sind, vorausgesetzt, daß es nicht auch Fälle gibt, in denen nur zelleigene Fermente allein ohne andere Zellinhaltsstoffe dem Blute übergeben werden. Es hat vor allem Guggenheimer[1]) ebenfalls zum Ausdruck gebracht, daß die von mir entdeckten Fermentwirkungen im Blutplasma auf Zellfermente zurückzuführen seien, und keine Neubildung von Fermenten in Frage komme[1]).

Ich möchte hierzu noch bemerken, daß die Frage der Neubildung von Fermenten durchaus noch nicht restlos geklärt ist. Es ist wiederholt behauptet worden, daß man z. B. Hefezellen in ihrem Fermentgehalt beeinflussen könne, indem man ihnen bestimmte Substrate als Nahrung vorsetzt. So soll die Vergärung von Galaktose durch Hefezellen sich dadurch steigern lassen, daß man die erwähnten Zellen längere Zeit auf diesem Kohle-

---

[1]) Vgl. Guggenheimer, Dtsch. med. Wochenschr., Nr. 2 (1914).

hydrat züchtet. Ich möchte einstweilen auf diese Ergebnisse kein besonderes Gewicht legen. Einmal wissen wir, daß Hefezellen Galaktose sowieso angreifen können. Es würde durch die Ernährung mit Galaktose nur eine vermehrte Bildung bereits vorhandener Fermente in Frage kommen. Eine vollständige Neubildung eines sonst nicht vorhandenen Fermentes in einer Zelle erscheint mir einstweilen nicht einwandfrei bewiesen. Die Möglichkeit einer solchen Neuentstehung ist aber auch nicht ausgeschlossen!

Es war naheliegend, den Kreis der Fragestellungen auch auf das Gebiet jener Organe zu erweitern, die sogenannte **Inkrete** abgeben. Es ist bekannt, daß gewisse Organe wie Schilddrüse, Thymusdrüse, Hypophyse, Ovarien, Hoden usw. häufig Störungen in ihren Funktionen zeigen. Es ist denkbar, **daß neben Veränderungen in der Bildung von Inkretstoffen auch sonstige Störungen einhergehen, die zur Überführung von zelleigenen Zellinhaltsstoffen in die Blutbahn führen.** Selbstverständlich handelte es sich auch hier nur um einen tastenden Versuch. Niemand konnte voraussehen, ob die gemachte Annahme in Wirklichkeit zutrifft. Ich wäre nicht überrascht gewesen, wenn die ausgeführten Versuche ein vollständig negatives Resultat ergeben hätten. Es zeigte sich nun, daß bei Erkrankung der Schilddrüse Schilddrüsenabbau vorhanden sein kann[1]). Es wurde bei verschiedenen Fällen ein Abbau von Hypophyse ge-

---

[1]) Arno Ed. Lampé, Monatsschr. f. Geburtsh. u. Gynäkol. 38. 45 (1913); Münch. med. Wochenschr., Nr. 28 (1913). — J. Bauer,

funden. Auch Abbau von Ovarien-, ferner von Hoden-, von Gehirnsubstanz usw. usw. konnte in bestimmten Fällen festgestellt werden. Es sind bis jetzt im hiesigen Institute einige hundert Fälle mit sogenannten Störungen der inneren Sekretion untersucht worden. Ich habe selbstverständlich keine Möglichkeit, die einzelnen Fälle klinisch nachzuprüfen. Es bleibt mir nichts anderes übrig, als die von einer größeren Anzahl von Kli-

---

Med. Klinik, Nr. 44 (1913); Wien. klin. Wochenschr., 26. Nr. 10, 27 (1913). — Emil Abderhalden, Fermentforschung. 1. 351 (1915); 2. 167 (1918). — v. Hippel, Klin. Monatsbl. f. Augenheilk. 51. 273 (1913). — P. Jödicke, Wien. klin. Rundschau, Nr. 38 (1913). — K. Kolb, Münch. med. Wochenschr., Nr. 30. 1642 (1913). — Arno Ed. Lampé und Robert Fuchs, Münch. med. Wochenschr., Nr. 38, 39. 2112 u. 2177 (1913). — Arno Ed. Lampé und L. Papazolu, Ebenda. 1913. — A. Léri, Cpt. rend. des séances de la soc. de neurol. de Paris. Séance du 6. Nov. 1913. — G. Marinescu und Papazolu, Cpt. rend. des séances de la soc. de biol. 74. 1419 (1913). — B. Urechia und A. Popeia, Cpt. rend. des séances de la soc. de biol. 75. 591 (1913). — Emil Abderhalden, Arch. f. Psychiatr. u. Nervenkrankh. 59. 506 (1918). — L. Mohr, Verhandl. d. 31. dtsch. Kongr. f. inn. Med. Wiesbaden. 20. bis 23. April 1914. — v. Hippel, Ebenda. 1914. — E. G. Grey, Johns Hopkins hosp. Bull. April 1914. — A. Mayer und E. Schneider, Münch. med. Wochenschr., 61. 1041 (1914). — C. J. Parhon und Marie Parhon, Riv. stiint. med. Nr. 7—8 (1914). — P. Takamine, Journ. of the Americ. chem. soc. 37. 946 (1915). — H. Beumer, Münch. med. Wochenschr., 61. 1999 (1914); Zeitschr. f. Kindelheilk. 11. 111 (1914). — C. J. Parhon und M. Parhon, Cpt. rend. des séances de la soc. de biol. 76. 663 (1914); Fermentforschung. 1. 311 (1915). — B. Aschner, Arch. f. Gynäkol. 102. Heft 3 (1914). — Th. A. Sobrowjew, Zentralbl. f. Gynäkol. 38. 622 (1914). — E. von Hippel, Fermentforschung. 1. 233 (1915); Graefes Arch. f. Opthalmol. 90. 173, 198 (1915).

nikern und Ärzten eingesandten Sera auf ihre Einwirkung auf die Organe, die von den Einsendern zumeist bezeichnet werden, zu prüfen. Die Umfrage, ob die Untersuchungsergebnisse mit den ärztlichen Befunden in Einklang stehen, bzw. ob die von uns erhobenen Befunde als unterstützendes Moment für die ärztliche Diagnose Bedeutung haben, wurde einstimmig dahin beantwortet, daß dies durchaus der Fall sei.

In besonders großer Zahl sind Fälle aus der **psychiatrischen Praxis** auf das Vorhandensein der Abderhaldenschen Reaktion geprüft worden[1]). Eine sehr große Zahl

---

[1]) A. Fauser, Dtsch. med. Wochenschr., Nr. 52 (1912); Psychiatr.-neurol. Wochenschr., 31. Mai (1913); Dtsch. med. Wochenschr., Nr. 7 (1913); Allg. Zeitschr. f. Psychiatr. **70.** 719 (1913); Münch. med. Wochenschr., Nr. 11, 36 (1913). — V. Kafka, Zeitschr. f. d. ges. Neurol. u. Psychiatr., **Orig. 18.** 341 (1913); Med. Klinik, **10.** 153, 502 (1914). — H. Ahrens, Münch. med. Wochenschr., 1857 (1913); Zeitschr. f. exp. Med. **2.** 397 (1914). — B. Beyer, Münch. med. Wochenschr., Nr. 44. 2450 (1913). — O. Binswanger, Münch. med. Wochenschr., **60.** Nr. 42 (1913). — R. Bundschuh und H. Römer, Dtsch. med. Wochenschr., Nr. 42 (1913). — Joh. Fischer, Sitzungsber. u. Abh. der naturforsch. Ges. in Rostock. **5.** 3. Mai 1913; Dtsch. med. Wochenschr., Nr. 44 (1913). — A. Fuchs und A. Fremd, Münch. med. Wochenschr., **61.** 307 (1914). — A. Grigorescu, Med. Klinik, **10.** 418 (1914). — Hussels, Psychiatr.-neurol. Wochenschr., **15.** 329 (1913). — A. Léri und Cl. Vurpas, Gaz. de la soc. méd. des hop. à Paris. Séance du 25. déc. 1913. — A. Leroy, Paris méd. S. 70. 23. Mai 1913. — L. Loeb, Monatsschr. f. Psychiatr. u. Neurol. **35.** 382 (1914). — S. Maas, Zeitschr. f. d. ges. Neurol. u. Psychiatr., **Orig. 20.** 511 (1913). — W. Mayer, Münch. med. Wochenschr., Nr. 37. 2044 (1913), Nr. 13. 713 (1914); Zeitschr. f. d. ges. Neurol. u. Psychiatr., **Orig. 22.** 457 (1914), **23.** 539 (1914). — H. Neue, Monatsschr. f. Psychiatr. u. Neurol. **34.** 95 (1913). — A. Obregia

und Pitulescu, Cpt. rend. de la soc. de biol. de Bucarest. **76.** 47 (1914). — Alex. Papazolu, Cpt. rend. de la soc. de biol. de Bucarest. **74.** 302 (1913). — D. Pesker, Psychiatrie der Gegenwart. **7.** 761 (1913). — P. A. Petridis, Progr. méd. **44.** 451 (1913). — Römer, Psychiatr.-neurol. Wochenschr., **15.** 575 (1914). — M. Theobald, Münch. med. Wochenschr., Nr. 45, 47. 1850, 2180. (1913). — M. Urstein, Wien. klin. Wochenschr., **26.** 1325 (1913). — E. Wegener, Münch. med. Wochenschr., **60.** 1197 (1913), **61.** 15 (1914). — P. Werner und A. F. von Winiwarter, Wien. klin. Wochenschr., Nr. 45 (1913). — M. Zalla, Riv. di patol. nerv. e ment. **18.** Fasc. 9 (1913), **19.** Fasc. 2 (1914). — M. Zalla und V. M. Buscaino, Ebenda. **19.** Fasc. 2 (1914). — B. Holmes, New York med. Journ., 21. März 1914. — F. Sioli, Arch. f. Psychiatr. u. Neurol. **55.** Heft 1 (1914). — A. J. Juschtschenko und J. Plotnikoff, Zeitschr. f. d. ges. Neurol. u. Psychiatr., Orig. **25.** 442 (1914). — C. Parhon und M. Parhon, 2. rumän. Kongr. f. Med. u. Chirurg. Bukarest 1914; Cpt. rend. de la soc. de neurol. de Paris. 2. April 1914; Riv. stiint. med. Nr. 7/8 (1914); Fermentforschung. **1.** 311 (1915). — S. Muttermilch, Arch. internat. de neurol. **36.** 205 (1914). — H. Golla, Zeitschr. f. d. ges. Neurol. u. Psychiatr., Orig. **24.** 410 (1914). — W. Mayer, Münch. med. Wochenschr., **62.** 580 (1915). — Ch. E. Simon, Americ. med. assoc. **62.** 1701 (1914). — S. Loeb, Klin.-therapeut. Wochenschr., **21.** Nr. 29 (1914). — M. Kastan, Dtsch. med. Wochenschr., Nr. 7 (1914); Arch. f. Psychiatr. u. Nervenkrankh. **54.** Heft 3 (1914). — Schröder, Berl. klin. Wochenschr., Nr. 28 (1914). — A. Jonschtschenko und J. Plotnikoff, Psychiatr. tschesskaja Gaz. S. 93 u. 111 (1914). — M. de Crinis, Fermentforschung. **1.** 13 (1914). — E. Wegener, Fermentforschung. **1.** 210 (1915). — M. de Crinis, Fermentforschung. **1.** 334 (1915). — Arno Ed. Lampé und L. A. Lampé, Dtsch. Arch. f. klin. Med. **120.** 419 (1916). — G. Ewald, Arch. f. Psychiatr. u. Nervenkrankh. **60.** 2 (1918). — Fr. Uhlmann, Münch. med. Wochenschr., Nr. 18. 659 (1916). — H. Rautenberg, Dtsch. militärärztl. Zeitschr., Heft 23/24 (1917). — Joh. Bresler, Die Abderhaldensche Serodiagnostik in der Psychiatrie. Carl Marhold. Halle a. S. 1914. — G. Ewald, Die Abderhaldensche Reaktion mit besonderer Berücksichtigung ihrer Ergebnisse in der Psychiatrie. S. Karger. Berlin 1920.

von Autoren, vor allem Fauser, Kafka, Römer u. A., suchten nach Beziehungen zwischen bestimmten psychischen Störungen und Organen mit innerer Sekretion. Besonders eingehend sind Dementia praecox, Paralyse, Epilepsie untersucht worden.

Es sind auch Beziehungen zwischen bestimmten Erkrankungen des Auges und Störungen von Organen mit innerer Sekretion aufzuklären versucht worden[1]). Mit dem gleichen Ziele wurden Erkrankungen der Haut[2]) geprüft.

Eingehende Studien waren auch dem Versuche, Störungen im Gebiete des Verdauungsapparates zu erkennen, gewidmet[3]). Genannt seien ferner noch Stu-

---

[1]) C. A. Hegner, Münch. med. Wochenschr., 1138 (1913); Korrespbl. f. Schweizer Ärzte. Nr. 41 (1914). — P. Römer und H. Gebb, Arch. f. Augenheilk. **78**. 51 (1914), ebenda S. 74 u. 77. — E. v. Hippel, Graefes Arch. f. Ophthalmol. **87**. 563 (1914). — Enroth, Klin. Monatsbl. f. Augenheilk. 266 (1920). — Jendralski, Ebenda. **52**. 531 (1914). — E. Franke, Ebenda. **52**. 665 (1914). — George Berneaud, Ebenda. **52**. 428 (1914). — E. v. Hippel, Graefes Arch. f. Ophthalmol. **90**. 173, 198, 246 (1915). — H. Frenkel und E. Nicolas, Cpt. rend. de la soc. de biol. **77**. 382 (1914). — Joh. Ohm, Zeitschr. f. Augenheilk. **37**. 82 (1917).

[2]) A. Léri, Cpt. rend. de la soc. de neurol. de Paris. 6. Nov. 1913. — S. Reines, Wien. klin. Wochenschr., **26**. 729 (1913), 1914. — G. Stumpke, Münch. med. Wochenschr., **62**. 466 (1915). — J. Saeves, Arch. f. Dermatol. u. Syphilis, Orig. **71**. 61 (1915).

[3]) M. V. Breitmann, Zentralbl. f. inn. Med. **34**. Nr. 34 (1913). — N. Fiessinger und J. Broussolle, Bull. et mém. de la soc. méd. des hop. de Paris. **29**. 520 (1913). — R. Hertz und H. Brokmann, Wien. klin. Wochenschr., **26**. 2033 (1913). — B. Th. Kabanow, Zentralbl. f. inn. Med. **34**. Nr. 34 (1913); Münch. med. Wochenschr., 2164 (1913); Internat. Beitr. z. Pathol. u. Therap. d.

dien über Erkrankungen des Ohres und seiner Nachbarorgane[1]), über Blutungen im Gehirn[2]). Am merkwürdigsten von allen über meine Reaktion erschienenen Untersuchungen ist ohne Zweifel diejenige von Retinger[3]), der gefunden haben will, daß es möglich sei, mit meiner Reaktion Lokalisationen von Tumoren im Gehirn vorzunehmen. Die verschiedenen Rindenteile des Gehirnes sollen spezifische Abbaureaktionen ergeben!

Schließlich sei noch erwähnt, daß Studien über Helminthen[4]), über Pellagra[5]), Schar-

---

Ernährungsstörungen, Stoffwechsel- u. Verdauungskrankh. 5. 366 (1914). — A. Robin, Noël Fiessinger und Jean Broussolle, Bull. et mém. de la soc. méd. des hop. de Paris. 23. Jan. 1914. — E. Martini, Dtsch. med. Wochenschr., Nr. 50 (1914). — E. Bunzel und F. Bloch, Münch. med. Wochenschr., Nr. 1. 6 (1916). — G. Cohn, Inaug.-Diss. München 1916.

[1]) J. Zange, Arch. f. Ohren-, Nasen- u. Kehlkopfheilk. 93. 171 (1914). — A. Zimmermann, Habilitationsschrift. Halle a. S. 1914. — B. Hoffmann, Monatsschr. f. Ohrenheilk. u. Laryngo-Rhinol. 28. Heft 8 (1914).

[2]) A. Léri, Cpt. rend. de la soc. de neurol. de Paris. Séance du 6. Nov. 1913; Bull. et mém. de la soc. méd. des hap. de Paris. 22. Mai 1914.

[3]) J. M. Retinger, Studies from the Otho S. A. Sprague Memorial Institute. Chicago 1918.

[4]) E. Giani, Fol. clin., chim. et microscop. 4. 1 (1914). — M. Rubinstein und A. Julien, Cpt. rend. des séances de la soc. de biol. 75. 180 (1913). — E. Manioloff, Wien. klin. Wochenschr., 61. Nr. 14 (1914).

[5]) A. Obregia und Pitulesco, Cpt. rend. de la soc. de biol. de Bucarest. 75. 587 (1913). — J. J. Nitzesco, Cpt. rend. hebdom. des séances de la soc. de biol. 76. 829 (1914); Dtsch. med. Wochenschr., Nr. 32 (1914); V. Babes und H. Jonesco, Cpt. rend. de la soc. de biol. 77. 171 (1914).

lach[1]) und endlich über heterogene Transplantationen[2]) ausgeführt worden sind. Endlich sei noch erwähnt, daß Ergebnisse bekannt gegeben worden sind, aus denen gefolgert wird, daß Sperma von dem weiblichen Genitaltractus zur Resorption kommt[3]).

Es ergibt sich aus den vorstehend mitgeteilten Darlegungen ohne weiteres, daß es ganz ausgeschlossen ist, auf Grund meiner Reaktion eine bestimmte Diagnose zu stellen. Es kann dies nicht scharf genug betont werden. Es ist nicht einmal möglich, Schwangerschaft zu diagnostizieren, vielmehr kann nur festgestellt werden, ob ein bestimmtes Serum mit Plazenta zusammen reagiert oder nicht. Eine positive Reaktion tritt bei Schwangerschaft ein. Sehr schwach ist die Einwirkung des Serums auf die Plazenta in den letzten beiden Monaten und insbesondere im letzten Monat der Schwangerschaft. Nach stattgefundenem Abort und nach Beendigung einer normalen Geburt zeigt sich die Reaktion noch etwa 2—3 Wochen lang. Endlich hat es sich herausgestellt, daß Chorionepitheliom auch zu einer positiven Reaktion mit Plazentagewebe führt[4]) Somit kann nur der Arzt an Hand des betreffenden

---

[1]) W. Schultz und L. R. Grote, Münch. med. Wochenschr., 60. 2510 (1913).
[2]) A. Albanese, Arch. ital. di chirurg. 1. 711 (1920). — A. Goodman, Ann. of surg. Febr. 1915.
[3]) E. Waldstein und R. Ekler, Wien. klin. Wochenschr. 26. Nr. 42 (1913).
[4]) Vgl. Paltauf, Wien. klin. Wochenschr., 26. Nr. 18. 729 (1913).

Falles entscheiden, was vorliegt: Eine Schwangerschaft, ein vor kurzem erfolgter Abort, oder eine kurze Zeit zurückliegende Geburt oder die erwähnte Geschwulstart. Noch viel weniger eindeutig ist der Nachweis des Abbaus eines bestimmten Organes. Gehirnabbau kann bei Paralyse auftreten, aber auch bei Narkose, ferner bei Geschwülsten im Gehirn, endlich bei Zertrümmerung von Gehirngewebe usw. usw.

Es wäre für die ganze Forschung auf diesem Gebiete von grundlegender Bedeutung, wenn in Kliniken ganz bestimmte Krankheitsbilder mit allen ihren Schwankungen dauernd auf das Verhalten des Serums gegenüber bestimmten Organsubstraten untersucht würden. Ich denke mir den ganzen Arbeitsplan, wie folgt: Es würden beispielsweise alle Fälle, die die klinische Diagnose Dementia praecox, Morbus Basedowii, Obesitas usw. usw. erhalten haben, systematisch auf das Verhalten des Serums gegenüber bestimmten Gewebssubstraten und insbesondere gegenüber isolierten Organeiweißstoffen geprüft. Auf der einen Seite würde festgestellt, ob sämtliche Fälle ein gleichsinniges Ergebnis zeitigen oder aber, ob sich Unterschiede zeigen. Ferner wäre zu prüfen, ob der gleiche Fall zu verschiedenen Zeiten gleiche Ergebnisse zeigt oder nicht. Finden sich bei der Untersuchung von Fällen, die die gleiche klinische Diagnose aufweisen, Unterschiede, dann wäre es von allergrößter Bedeutung, wenn die Fälle von Dementia praecox usw. nach diesen Befunden gruppiert würden. Es wäre dann zu prüfen, ob diese Gruppen auch klinische Besonderheiten vor allem im weiteren Verlauf der Krankheit zeigen. Dabei ist es ganz selbstverständlich, daß der Arzt in jedem Falle prüfen müßte, ob nicht mehrere Störungen zugleich vorliegen. Es kann selbstverständlich jemand mit Dementia praecox eine Nierenentzündung, einen Kropf usw. haben! Würde es sich zeigen, daß mit Hilfe meiner Reaktion sich Hinweise auf Störungen von Organen geben, die man bei bestimmten Krankheitsbildern nicht weiter beachtet hat, und würde sich die Möglichkeit eröffnen, scheinbar gleiche Krankheitsbilder in Gruppen mit gemeinsamen Symptomen zu bringen, dann erst wäre erwiesen, daß meine Reaktion eine allgemein praktische Bedeutung hat. Erst dann könnte man von weiteren Fortschritten auf dem Gebiete der „serologischen Organdiagnostik" sprechen und zum Ausdruck bringen, daß manche Störungen in Organen sich durch Serumuntersuchungen erweisen lassen.

Mein Standpunkt in dieser ganzen Angelegenheit ist zur Zeit der, daß erwiesen ist, **daß im Blutplasma zelleigene Stoffe nebst den dazugehörigen Fermenten oder auch nur die letzteren unter bestimmten Verhältnissen anzutreffen sind. Unter normalen Verhältnissen können Fermentwirkungen der oben erwähnten Art unter den von mir angegebenen Bedingungen nicht nachgewiesen werden.** Es sind wohl an 2000 Fälle von Seren von normalen Individuen in meinem Institute nach dieser Richtung geprüft worden[1]). Immer wieder sind große Versuchsreihen angestellt worden, um den Einfluß von Serum normaler Tiere und Menschen auf die verschiedensten, nach meinen Methoden zubereiteten Organe und Organeiweißstoffe zu prüfen. Die Ergebnisse waren immer die gleichen. Eine Einwirkung auf die Gewebe fand nicht statt. Nur bei sehr alten Tieren zeigten sich Ausnahmen[2]) Es ist bei diesen jedoch sehr schwer zu beweisen, inwieweit sie normal oder bereits erkrankt sind. Vielleicht kommt auch die Gewebseinschmelzung, die im hohen Alter stattfindet, in Betracht. Es wäre von hohem Interesse, die Alterserscheinungen von diesem Gesichtspunkt aus zu prüfen und systematisch zu verfolgen, welchen Einfluß das Serum von alten Leuten und Tieren auf die einzelnen Gewebe hat. Es liegt auch hier ein außerordentlich interessantes Forschungsgebiet vor. Umgekehrt wäre es natürlich auch von allergrößtem Interesse, bei jugendlichen Individuen Entwicklungsstörungen an Hand meiner Reaktion zu verfolgen[3]). Leider bereitet die Gewinnung des Blutes bei diesen oft Schwierigkeiten.

---

[1]) Vgl. z. B. Erich Wehrwein, Inaug.-Diss. Berlin 1914. — Emil Abderhalden und G. Ewald, Zeitschr. f. physiol. Chem. **91**. 86 (1914).

[2]) Vgl. hierzu auch Doyen und Takamine, Cpt. rend. de la soc. de biol. **77**. 315 (1914).

[3]) Vgl. hierzu den Versuch, Mißbildungen bei Föten auf das Versagen von Organen mit innerer Sekretion des mütterlichen Organismus zurückzuführen: Emil Abderhalden, Arch. für Psychiatr. u. Nervenkrankh. **59**. 506 (1918).

Ob es Störungen gibt, bei denen die Zellen Fermente im Übermaß hervorbringen und bei Überfluß abgeben, oder ob die Möglichkeit besteht, daß die Zellgrenzschichten unter bestimmten Einflüssen Zellinhaltsstoffe zusammengesetzter Natur und darunter auch Fermente durchlassen, ohne daß Zellen direkt zum Zerfall kommen, muß vorläufig dahingestellt bleiben.

Aus den erwähnten Darlegungen ergibt sich mit aller Klarheit, daß ich leider selbst nicht in der Lage bin, zu prüfen, inwieweit die von mir erhaltenen Befunde von praktischer Bedeutung sind, und inwieweit sie von Einfluß auf unsere ganzen Vorstellungen über das Wesen der bei den einzelnen Krankheiten auftretenden Erscheinungen sein können. An und für sich ist es wohl denkbar, daß die blutfremden Stoffe als solche Störungen verursachen, vielleicht vor allem dadurch, daß diese den Zustand der Blutinhaltsstoffe beeinflussen und in gewissem Sinne eine Zustandsfremdheit erzeugen. Ferner können die durch Fermentwirkung entstehenden Produkte bestimmte Einflüsse haben, die auf deren ganze Struktur und Konfiguration zurückzuführen sind. Vielleicht haben die zelleigenen Produkte auch Beziehungen zu den Inkretstoffen ihrer Mutterzellen, wodurch vielleicht Störungen in den Wechselbeziehungen zwischen den einzelnen Organen gegeben sind. Vielfach und vielleicht sogar in der Mehrzahl der Fälle ist der Befund von zelleigenen Fermenten nur ein Nebenbefund, der darauf hindeutet, daß Störungen in bestimmten Organen vorhanden sind.

Die infolgedessen auftretenden Symptome sind vielleicht doch von ganz anderen Momenten abhängig, und stehen vielleicht manchmal sogar in gar keinem direkten Zusammenhang mit dem Auftreten blutfremder Stoffe. Nur die systematische Arbeit in einer Klinik kann Klarheit über den praktischen Wert der gemachten Beobachtungen erbringen. Trotz einer sehr großen Zahl zum Teil sehr wertvoller Arbeiten, ist der Beweis einer praktischen Bedeutung der A.-Reaktion bis heute für mich nicht eindeutig genug erbracht. Es sind leider viel zu viel Arbeiten über Beobachtungen an ganz wenigen Fällen erschienen. Leider ist auf der einen Seite zum Teil mit einem großen Enthusiasmus gearbeitet worden und auf der anderen mit einem alles überbietenden Skeptizismus. Ja es ist sogar, wie wohl in der ganzen naturwissenschaftlichen Forschung einzig dasteht, das Wort von einer Massensuggestion gefallen!

Für mich besteht gar kein Zweifel darüber, daß die strenge Kritik, die von vielen Seiten erhoben worden ist, sich als außerordentlich nützlich erwiesen hat. Es ist ein großes Glück, daß die Fortschritte in der Wissenschaft gegen Widerstände erkämpft werden müssen. Die Kritik zwingt zu immer schärferen Beweisen. Sie veranlaßt die Forscher zur Aufsuchung von möglichen Fehlerquellen. Sie bringt die Methodik vorwärts. Sie verhindert ferner, daß durch kritiklos ausgeführte Massenarbeiten ein Forschungsgebiet in gewissem Sinne zu Tode geritten wird.

Mit ganz wenigen Ausnahmen dürfte wohl niemand mehr bezweifeln, daß es eine sogenannte Abderhaldensche Reaktion gibt. Der Tatsachen sind zu viele, die ihr Bestehen eindeutig und einwandfrei beweisen. Der Hauptstreit entspann sich um das Problem der spezifischen Wirkungen der im Blute nachweisbaren Fermente. Ein großer Teil der Forscher, die an klinischem Material die Brauchbarkeit der in Vorschlag gebrachten Methoden geprüft haben, sind der Meinung, daß streng spezifische Wirkungen vorliegen.

Eine Anzahl von Autoren hat zum Ausdruck gebracht, daß es ohne Zweifel ganz spezifisch eingestellte Fermente gebe, daneben würden aber auch solche auftreten, die keine spezifische Wirkung entfalten. Endlich haben eine Reihe von Forschern mitgeteilt, daß überhaupt keine spezifisch wirkenden Fermente im Blute anzutreffen sind.

Nach meinen sehr reichen Erfahrungen kann darüber nicht der geringste Zweifel bestehen, daß streng spezifische Wirkungen vorhanden sind[1]). Wenn man ein Stück Schilddrüsen-

---

[1]) Vgl. hierzu u. a. Emil Abderhalden, Münch. med. Wochenschr., 60. Nr. 9 (1913. — Emil Abderhalden und E. Schiff, Ebenda. 60. Nr. 35 (1913). — Erwin Schiff, Ebenda. Nr. 22 (1913). — Arno Ed. Lampé und L. Papazolu, Ebenda. Nr. 26 (1913). — E. Bassani, Fermentforschung. 1. 131 (1915). — Emil Abderhalden, Ebenda. 1. 351 (1915). — G. Ewald, Ebenda. 1. 315 (1915). — Emil Abderhalden, Ebenda. 2. 167 (1918). — Vgl. ferner die S. 76 zitierte Literatur und die zahlreichen bei den einzelnen Problemen, auf die meine Reaktion Anwendung gefunden hat, genannten Arbeiten. Es seien noch besonders genannt:

gewebe und ein solches von Gehirn usw. usw. zerschneidet und von jedem Organ ein Stück in je einen Dialysierschlauch gibt, und jedes Gewebe dann in diesem
für sich der Einwirkung von Serum verschiedenster Fälle
aussetzt, so findet man, daß in dem einen Falle eine positive Reaktion mit bestimmten Organen stattgefunden
hat. Die gleichen Organe sind bei anderen Fällen unverändert. Wenn man ein solches Bild mehrere Hunderte von
Malen vor Augen gehabt hat, dann kann es gar nicht zweifelhaft sein, daß es streng spezifische Reaktionen gibt.
Ebenso besteht kein Zweifel darüber, daß diese weitaus
die Mehrzahl der Fälle betreffen. Es liegt mir fern zu
bestreiten, daß es nicht auch unspezifische Reaktionen
gibt. Ich kenne selbst allerdings keinen einzigen Fall,
in dem eine streng spezifische Reaktion nicht vorgelegen
hätte. Es ist damit freilich noch lange nicht gesagt, daß
nicht auch unspezifische Reaktionen vorkommen können.
In jedem Fall einer solchen unspezifischen Reaktion er-

H. Schlimpert und J. Hendry, Münch. med. Wochenschr.,
Nr. 13 (1915). — Arno Ed. Lampé und L. Papazolu, Ebenda.
Nr. 26, 28 (1913. — Arno Ed. Lampé, Ebenda. Nr. 9. 463 (1913).
— W. Rübsamen, Ebenda. Nr. 21 (1913). — R. Bundschuh und
H. Römer, Dtsch. med. Wochenschr., Nr. 42 (1913). — Arno Ed.
Lampé und R. Fuchs, Ebenda. Nr. 15 (1914). — M. Fetzer,
Monatsschr. f. Geburtsh. u. Gynäkol. 40. 598 (1914). — Friedrich
Meyer-Betz, P. Ryhiner und W. Schweisheimer, Münch. med.
Wochenschr. 61. Nr. 22. 1211 (1914). — M. Zalla und V. M.
Buscaino, Riv. di patol. nerv. e ment. 19. Heft 2 (1914). — Hans
Mühsam und J. Jacobsohn, Dtsch. med. Wochenschr., Nr. 21
(1914). — Max Weinberg, Münch. med. Wochenschr., Nr. 29,
1617, Nr. 30, 1685 (1914).

wächst dem Beobachter die **Pflicht**, in exaktester Weise nachzuforschen, worauf diese beruht. Es besteht immerhin die Möglichkeit einer Infektion des verwandten Serums. Es kann dann ein Abbau durch Bakterien eine unspezifische Reaktion vortäuschen.

An dieser Stelle sei noch mit allem Nachdruck betont, daß von mir immer hervorgehoben worden ist, daß **Sera von normalen Individuen unter den von mir gewählten Bedingungen keine Einwirkung auf Organsubstrate zeigen.** Manche Autoren[1]) haben sich bemüht, mit verschärften Methoden und unter vollständig anderen Bedingungen Fermentwirkungen im Serum von normalen Individuen nachzuweisen. Die betreffenden Arbeiten vermögen mich nicht zu überzeugen, daß in Wirklichkeit Fermentwirkungen vorgelegen haben. Ich bestreite aber durchaus nicht die Möglichkeit, daß es gelingen kann, unter ganz anderen Bedingungen, als unter denen ich gearbeitet habe,

---

[1]) Vgl. z. B. S. G. Hedin, Zeitschr. f. physiol. Chem. **104.** 11 (1918). — R. Stephan und Erna Wohl, Zeitschr. f. d. ges. exp. Med. **24.** 391 (1921). In dieser in mehr als einer Hinsicht sehr eigenartigen Arbeit „beweisen" die Autoren, daß natives, unvorbehandeltes Serum biologisch inaktiv sei, d. h. sie bestätigen meine Befunde durchaus. Gleichzeitig zeigen sie, daß es gelingt, durch allerlei von biologischen Gesichtspunkten aus sehr merkwürdige Eingriffe, wie Chloroformausschüttelung usw., inaktives Serum aktiv zu machen. Daraus schließen die Autoren, daß die Lehre von der biologischen Inaktivität des Serums erschüttert sei!! Sie selbst erklären S. 404 das Serum als biologisch inaktiv, S. 405 ist es biologisch aktiv!! Vgl. auch R. Stephan, Münch. med. Wochenschr., 1914.

Fermentwirkungen nachzuweisen. Ein solcher Nachweis berührt selbstverständlich meine Beobachtungen in keiner Weise. Ich kann nur zum Ausdruck bringen, daß es mir unter den von mir gewählten Bedingungen nie geglückt ist, mit Serum normaler Tiere und Menschen entsprechende Fermentwirkungen festzustellen. Es bleibt somit für meine ganze Methodik das Serum des normalen Individuums der gegebene Kontrollversuch.

Ich habe wiederholt zum Ausdruck gebracht, daß die Verwendung von Organsubstraten nur eine erste Etappe in der ganzen Forschung bedeutet. Man wird in Zukunft an Stelle der Gewebe Eiweißstoffe anwenden, die aus ihnen gewonnen und möglichst weit in einzelne Individuen getrennt sind. Man wird ohne Zweifel dann zu noch strenger spezifischen Reaktionen kommen. Es eröffnen sich hier außerordentlich große Möglichkeiten und Ausblicke. Leider ist seit 1914 die Beschaffung von Organen und damit die Darstellung von Organeiweißstoffen außerordentlich erschwert. Das ist der Grund, weshalb ich auch einstweilen nur in bescheidenem Umfange nach dieser Richtung forschen konnte. Die Ergebnisse, über die ich verfüge, ermuntern zur weiteren Verfolgung dieses Weges, ja ich glaube auf Grund der Erfahrungen der letzten Monate sagen zu dürfen, daß die Organeiweißstoffe die Gewebssubstrate bald verdrängen werden. Es hat in neuerer Zeit auch Ewald[1])

---

[1]) Vgl. G. Ewald, Monatsschr. f. Psychiatr. u. Neurol. **49**. 343 (1921).

an Stelle von Organen aus diesen gewonnene Eiweißstoffe verwendet.

Eine grundlegende Forderung, der bis jetzt noch wenig entsprochen worden ist, ist die, daß die Organe, die direkt zu Substraten verwendet werden oder aus denen bestimmte Verbindungen zur Darstellung gelangen, histologisch genau untersucht werden müssen. Es ist wahrscheinlich nicht gleichgültig, ob man „normale" oder veränderte Gewebe als Ausgangsmaterial benützt.

Es ist vielfach die Frage aufgetaucht, ob der Nachweis von blutfremden Stoffen bzw. Fermenten, die aus ganz bestimmten Zellarten stammen, für eine einzuschlagende Therapie wegweisend sein kann. Es ist dies in bestimmten Fällen ohne Zweifel der Fall. Es sei an den Nachweis der Schwangerschaft, (Extrauterinschwangerschaft), an die Feststellung des Bestehens einer Tumorenart usw. erinnert. Dagegen wird man in vielen anderen Fällen ein bestimmtes therapeutisches Vorgehen nicht ohne weiteres auf Grund der Feststellungen besonderer Eigenschaften des Serums gegenüber bestimmten Substraten ableiten können. Nehmen wir an, daß ein Abbau von Schilddrüsengewebe festgestellt wird. Ein Tumor, eine Quetschung der Schilddrüse oder ein sonstiger Vorgang, der einen Zellverfall in diesem Organ herbeiführt, soll nicht vorhanden sein. Aus dem Organbefunde ist dann zu schließen, daß aus irgendwelcher Ursache aus Schilddrüsenzellen zelleigene Inhaltsstoffe und vor allen

Dingen Fermente in die Blutbahn gelangt sind. Was das nun für Folgen für den Organismus hat, und ob die erwähnten Störungen in irgendeiner Weise die Inkretbildung und -abgabe beeinflussen, wissen wir nicht. Man könnte daran denken, daß durch Zellzerfall zuviel Inkretstoffe in die Blutbahn gelangen. Man kann aber ebenso gut annehmen, daß gerade deshalb, weil offenbar eine Störung im Zellstoffwechsel vorliegt, auch die Inkretbildung gestört ist, und infolgedessen eine Zufuhr von solchen geboten ist. **Es kann nicht genug vor übereilten und vorläufig durch direkte Versuche unbeweisbaren Schlüssen gewarnt werden.** Sie sind es, die das ganze Forschungsgebiet in Mißkredit bringen und verhindern, daß es so ausgebaut wird, wie es notwendig ist, um ein Urteil darüber **gewinnen zu können, ob den hier mitgeteilten Methoden, den entwickelten Vorstellungen und der durch sie gefundenen Reaktion über den Nachweis von Schwangerschaft und von Tumoren hinaus eine praktische Bedeutung zukommt.**

Wir müssen zunächst daran festhalten, daß einstweilen nur eine bestimmte spezifische Reaktion aufgefunden ist, die ohne Zweifel auf bestimmte Veränderungen im Organismus hinweist. Wir benützen die einzelnen Organsubstrate genau so, wie wenn wir die Aufgabe hätten, Fermente bestimmter Art in einer beliebigen Flüssigkeit nachzuweisen. Stellen wir uns vor, daß uns eine Flüssigkeit überreicht wird, in der wir auf Fermente fahnden sollen, die auf Kohlehydrate, Fette,

Eiweißstoffe usw. eingestellt sind. Wir könnten nichts anderes tun, als die Flüssigkeit auf eine größere Anzahl von Gefäßen zu verteilen. Zu einer Probe würden wir verschiedene Kohlehydrate: Stärke, Milchzucker, Malzzucker, Rohrzucker hinzufügen. Wir würden dann die Anwesenheit bestimmter Fermentarten daran erkennen, daß bestimmte Substrate verändert sind. Würde zum Beispiel Rohrzucker in seine Bausteine übergeführt werden, dann würden wir auf die Anwesenheit von Saccharase schließen. Fänden wir eine Zerlegung des Milchzuckers, dann wären wir sicher, Laktase aufgefunden zu haben. Ebenso würden wir zu einer Flüssigkeitsprobe Fett hinzufügen, zu einer anderen Eiweißstoffe usw. Jedes Mal würden wir mit Hilfe gegebener Methoden feststellen, ob ein Abbau der zugefügten Substrate eingetreten ist oder nicht. Genau ebenso setzen wir bei unseren Untersuchungen dem Serum bestimmte Organsubstrate zu und stellen die Frage, ob ein Abbau stattgefunden hat oder nicht. Setzen wir Serum Plazentagewebe oder Eiweißkörper aus Schilddrüse, Hypophyse, Ovarien usw. zu, und stellen wir dann fest, daß z. B. von allen diesen Geweben nur Schilddrüseneiweißstoffe zum Abbau gekommen sind, dann schließen wir, daß im betreffenden Serum Fermente zugegen sind, die auf jene Eiweißarten eingestellt sind, und ziehen den weiteren Schluß, daß das nachgewiesene Ferment Schilddrüsenzellen entstammt. Ich glaube durch die vorliegenden Untersuchungen gezeigt zu haben, daß die eben erwähnten Schlußfolgerung mit dem jetzigen Stande der ganzen Forschungen am besten in Einklang stehen. Ich möchte jedoch ausdrücklich hervorheben, daß durchaus noch andere Möglichkeiten vorhanden sein können. Es könnte z. B. sein, daß Leukozyten oder auch andere Zellarten die zellspezifischen Fermente herstellen und enthalten. Vorläufig ist es ohne jede Bedeutung, solchen Vorstellungen nachzugehen, weil uns jeder Anhaltspunkt für sie fehlt. Jedes Bestreben, aufgefundene Beobachtungen zu erklären, führt zunächst zu bestimmten Annahmen. Wir halten uns an bekannte Beispiele und suchen nach gleichartigen oder, vorsichtiger ausdrückt, nach gleichartig erscheinenden Vorgängen. Die Geschichte der Wissenschaft zeigt, daß jeder Theorie und Hypothese nur eine beschränkte Lebensdauer beschieden ist. Entweder wird die bloße Annahme durch Tatsachen ersetzt, oder aber, was häufiger der Fall ist, es zeigt sich, daß sie unhaltbar ist. Neue Beobachtungen decken Fehler in den Schlußfolgerungen auf. Es ist für die weitere Forschung eine Notwendigkeit, daß von Zeit zu Zeit haltgemacht und eine bestimmte Theorie zum Ausdruck gebracht wird. Sie ist dann der Angelpunkt für neue Arbeiten. Sie unterliegt der Kritik. Sie muß verteidigt werden. Derjenige Forscher dient der Wahrheit am besten, der seine Vorstellungen nicht einen Augenblick länger verteidigt, als durch die tatsächlichen Befunde geboten ist. Ich bin fest davon überzeugt, daß der von mir oben dargestellte Stand der ganzen Forschung über die von mir aufgefundene Reaktion mitsamt den an die tatsächlichen Beobachtungen geknüpften Folgerungen keinen Schlußstein für das ganze Forschungsgebiet darstellt. Die Forschung wird weiter gehen und neue Befunde bringen.

Ich möchte in diesem Zusammenhange noch der Möglichkeit gedenken, daß eine nicht pathogene Mikroorganismenart bzw. ganz allgemein ein für bestimmte Tier- oder auch Pflanzenarten nicht pathogenes Lebewesen sich allmählig in Formen bringen läßt, in denen es pathogen wird. Es könnte sein, daß eine harmlose Zellart im Laufe der Zeit sich an ihren Wirt mehr und mehr anpaßt und in gewissem Sinne lernt, sich dem vorhandenen Nährboden mehr und mehr anzupassen. Ganz gewiß spielt hierbei der Fermentapparat des Lebewesens eine überragende Rolle. Er läßt sich vielleicht im Laufe der Zeit umstimmen. In diesem Sinne wäre es wohl denkbar, daß durch die äußeren Verhältnisse die Bildung von neuartig wirkenden Fermenten angeregt wird. Es ist vielleicht jedes sogenannte pathogene Lebewesen einmal gegenüber dem Organismus, dem es Schaden zufügt, ganz harmlos gewesen. Die Pathogenität ist vielleicht eine Eigenschaft, die im Laufe der Zeit durch die Wechselbeziehungen zwischen verschiedenen Zellarten erworben worden ist.

Genau ebenso, wie wir uns vorstellen können, daß Parasiten aller Art sich allmählig den Zellen und auch den übrigen Verhältnissen des Wirtes anpassen, können wir uns auch umgekehrt denken, daß die Gewebszellen und auch bestimmte Bestandteile des Blutes und der Lymphe in mancher Hinsicht sich im Laufe der Zeit auf die fremdartigen Zellen eingestellt haben, d. h. auch der Wirt kann sich mit seinem Zellstaat oder doch Teilen davon ändern. Es ist vielleicht gar nicht richtig, den infizierten Organismus als solchen neben den „normalen" zu stellen und nur an die Invasion von fremdartigen Lebewesen mit ihren nur von ihnen ausgehenden Folgeerscheinungen zu denken. Namentlich bei den chronisch verlaufenden Infektionen (Tuberkulose, ev. Lues usw.) besteht die Möglichkeit, daß das infizierte Individuum an und für sich verändert ist. Die ganzen Erscheinungen der Immunitätsreaktionen sind der Ausdruck solcher Veränderungen. Man darf sie nicht zu isoliert für sich betrachten, sondern man muß sich die Frage stellen, ob ein infizierter Organismus in den feinsten Äußerungen seines Stoffwechsels nicht charakteristische Veränderungen zeigt. Wenn sich bestimmte Lebewesen an den Wirt anpassen bzw. von ihm aus beeinflußt werden können, so ist es auch sehr gut möglich, daß umgekehrt die Zellen des Wirtes sich auf die angesiedelten Zellarten in irgend einer Weise einstellen. Bei der großen Rolle, die Fermente auf alle Zellvorgänge haben, muß daran gedacht werden, daß auch sie veränderbar sind. Sobald wir einmal wissen werden, was den Fermenten für Substrate zugrunde liegen, und in welchem Zustand sie wirksam sind, und wir ferner der Frage nachgehen können, aus welchen Baumaterialien der Nahrung sie entstehen, werden wir in jeder Beziehung klarer sehen und viele der jetzt nur angedeuteten Probleme eindeutiger beantworten können.

Beobachtungen über die Verwendung von Zellinhaltsstoffen bestimmter Zellarten des Organismus zum Aufbau andersartiger Gewebszellen.

Der normale Organismus bietet sehr schöne Beispiele des Transportes von Zellinhaltsstoffen nach anderen Zellarten unter Benützung der Lymphe und besonders des Blutweges. Wir wissen, daß die einzelnen Organe Inkretstoffe abgeben, die in anderen Zellarten eine bedeutungsvolle Rolle spielen. Diese Produkte sind, wie neuere Forschungen zeigen, offenbar einfacherer Natur[1]). Auf jeden Fall scheinen keine zusammengesetzten Verbindungen in Frage zu kommen. Ein lebhafter Austausch findet vielfach auch in Form von Zellinhaltsstoffen statt, die zwar zusammengesetzter Natur sind, jedoch keinen zelleigenen Charakter zeigen. Es gehören zum Beispiel hierher: das Glykogen, manche Fett-

---

[1]) Vgl. Emil Abderhalden, Pflügers, Arch., f. d. ges. Physiol. **162**. 99 (1915), **176**. 236 (1919). — Emil Abderhalden und E. Gellhorn, Ebenda. **182**. 28 (1920). — Emil Abderhalden und Olga Schiffmann, Ebenda. **183**. 197 (1920). — Emil Abderhalden und Brammertz, Ebenda. **186**. 265 (1921). — Emil Abderhalden und E. Gellhorn, Ebenda. **187**. 243 (1921). — Emil Abderhalden und E. Gellhorn, Ebenda. **193**. 47 (1921). — J. M. Rogoff und David Marine, Journ. of pharmacol. a. exp. therap. **9**. 57 (1916). — Vgl. auch J. Abelin, Biochem. Zeitschr., **80**. 259 (1917). — B. Romeis, Zeitschr. f. d. ges. exp. Med. **6**. (1918). Pflügers, Arch., f. d. ges. Physiol. **173**. 422 (1919). — Ein ausführliches Verzeichnis der Literatur des ganzen Gebietes findet sich bei C. Wegelin und J. Aelin, auch f. exp. Path. u. Pharm. **89**. 219. (1921).

stoffe und vielleicht auch manche Eiweißstoffe. Vor allen Dingen ist uns bekannt, daß das Glykogen nicht einmal einen arteigenen Charakter hat. In der ganzen Tierreihe treffen wir auf denselben Reservestoff. Er nimmt am Bau der Zellen nicht teil, sondern ist in gewissem Sinne nur in Zellen aufgehoben und eingelagert. Er wird bei Bedarf in diesen abgebaut. In das Blut strömt Traubenzucker, der Baustein des erwähnten Polysaccharids. Ebenso sind wohl auch Fettstoffe abgelagert, die keinen zelleigenen Charakter haben. Auch diese nehmen am Bau der Zellen nicht direkt teil. Es ist wahrscheinlich, daß es auch Umsatzeiweißstoffe gibt, die in den Bau der Zelle nicht als Bausteine eingefügt sind. Selbst bei allen diesen als Vorratsstoffe — Energie- und Baumaterial — aufzufassenden, nicht spezifisch zelleigenen Verbindungen bemerken wir, daß die Zelle sie im allgemeinen nicht in dem Zustande in das Blut entläßt, in dem sie in der Zelle abgelagert sind, vielmehr geht der Übergabe an das Blut ein umfassender Abbau voraus.

Ein außerordentlich interessantes und schönes Beispiel der Umwandlung bestimmter Zellinhaltsstoffe in solche ganz anderer Art gibt uns die Natur in manchen Fällen der Entwicklung tierischer Organismen und wohl sicher auch von Organismen der Pflanzenwelt. Wir bemerken, daß zum Beispiel bei der Kaulquappe eine ganz außerordentlich umfassende Umwandlung sich vollzieht, wenn aus ihr allmählich der junge Frosch oder die junge Kröte hervorgeht. Vor allen Dingen bemerken wir, daß der mächtige Ruderschwanz an Substanz einbüßt. Zugleich beobachten wir, wie die Beine hervorsprossen. Man kann die Kaulquappen hungern lassen, und trotzdem vollzieht sich die Metamorphose! Es besteht kein Zweifel, daß ungezählte Zellen aufgegeben werden. Ihr Zellinhalt kommt zum Transport. Neue Zellen bemächtigen sich dieser Baustoffe und führen ihren eigenen Bau auf. Es wäre von großem Interesse, diesen Ab- und Wiederaufbau in allen Einzelheiten zu verfolgen und festzustellen, in welcher Form die einzelnen Zellinhaltsstoffe zum Transport kommen.

Im großen Maßstabe lassen sich Neubildungen von Zellen auf Kosten der Zellinhaltsstoffe bereits vorhandener Zellen beim Lachs verfolgen. Dieser Fisch führt bekanntlich in gewissem Sinne ein doppeltes Dasein. Er ist Meer- und Süßwasserfisch zugleich. Miescher[1]) hat in seinen berühmten Untersuchungen über den Lachs festgestellt, daß er merkwürdigerweise während seines Aufenthaltes im Süßwasser keine Nahrung zu sich nimmt. Während er in diesem lebt, macht er ganz erstaunlich große Umwandlungen durch. Er erreicht die Geschlechtsreife. Die beim Einwandern ins Süßwasser kleinen Geschlechtsdrüsen wachsen zu großen Organen aus, während gleichzeitig der mächtige Seitenrumpfmuskel an Substanz einbüßt. Da von außen keine organischen Nahrungsstoffe aufgenommen werden, bleibt nur die Möglichkeit übrig, daß die Zellen der Geschlechtsdrüsen auf Kosten von Zellinhaltsstoffen von Muskel- und viel-

---

[1]) F. Miescher, Histochemische und physiologische Arbeiten 2. F. C. W. Vogel. Leipzig 1897.

leicht auch anderen Zellen sich vermehren und wachsen. Leider wissen wir auch hier nicht viel darüber, in welcher Form die Zellinhaltsstoffe zur Überführung kommen. Das histologische Bild spricht für einen weitgehenden Abbau.

Ganz ähnliche Verhältnisse entstehen, wenn ein Tier hungert. Wir bemerken, daß manche Organe, wie das Gehirn, das Herz, die Lungen, ihr Gewicht fast unverändert beibehalten, während alle anderen Organe, insbesondere die Muskeln stark an Substanz einbüßen[1]). Es werden offenbar diejenigen Organe, die zur Erhaltung des Lebens unmittelbar notwendig sind auf Kosten anderer Gewebe unterhalten. Während längerer Zeit ernährt sich das betreffende Tier in gewissem Sinne von innen heraus, d. h. es werden Vorratsstoffe verbraucht. Darüber hinaus geben manche Zellen ihre Zellinhaltsstoffe für andere Zellarten her. Bei längerer Dauer der Hungerperiode beobachtet man, daß schwere Erscheinungen auftreten. Man bemerkt, daß im Harn fast plötzlich eine große Menge stickstoffhaltiger Stoffwechselendprodukte und manchmal auch Stoffwechselzwischenprodukte erscheinen. Bald darauf tritt dann der Tod ein. Es handelt sich offenbar um einen Zustand, in dem plötzlich viele Zellen zusammenbrechen. In der

---

[1]) Chossat, Mém. présentés par divers savans à l'accad. royale des sciences de l'inst. de France. 8. 438 (1843). — A. C. Sedlmaier, Zeitschr. f. Biol. 37. 25 (1899). — Ch. A. Stewart, Journ., Americ., of physiol. 48. 67 (1918). — Emil Abderhalden, Pflügers, Arch., f. d. ges. Physiol. 193. 355 (1921).

Tat konnte man in dieser Periode im Blutplasma bzw. Serum Fermente nachweisen, die Eiweißstoffe zum Abbau bringen[1]).

Das Anaphylaxie-Problem.

In nahe Beziehung mit der Wirkung von Eiweißabbaustufen hat man bekanntlich den anaphylaktischen Schok gebracht. Vor allen Dingen hat Friedberger[2]) die Ansicht vertreten, daß das von ihm Anaphylatoxin genannte Produkt einem Abbauvorgang seine Entstehung verdankt. Es war naheliegend, die von mir geschaffenen Methoden auch auf das Anaphylaxiegebiet anzuwenden und zu prüfen, ob sich Anhaltspunkte für die Annahme einer Fermentwirkung beim Zustandekommen der schweren Erscheinungen, die dem anaphylaktischen Schok zugrunde liegen, auffinden lassen. Es war das nicht der Fall[3]). Nach parenteraler Zufuhr von Eiweiß ließen sich die zu erwartenden Fermentwirkungen feststellen. Sie sind am zweiten und dritten Tage, manchmal noch früher erkennbar. Das Serum behält seine proteolytische Wirkung etwa

---

[1]) Vgl. Fr. N. Schulz, Münch. med. Wochenschr., 60. 2512 (1913).
[2]) E. Friedberger und Mitarbeiter, Zahlreiche Arbeiten in der Zeitschr. f. Immunitätsforsch. u. exp. Therap., Orig., bis in die Neuzeit. Vgl. ferner: Dtsch. med., Wochenschr., Nr. 11 (1911); Fortschr. d. dtsch. Klinik. 2. 619 (1911).
[3]) Vgl. Emil Abderhalden, Zeitschr. f. physiol. Chem. 82. 109 (1912).

14 Tage bis drei Wochen bei. Wiederholt man die Einspritzung der gleichen Eiweißlösung, die man zur ersten parenteralen Zufuhr verwendet hat, dann erhält man die bekannten Erscheinungen des Schokzustandes. Man kann aber in diesen Zeiten keine Änderung in den Eigenschaften des Serums, die in Zusammenhang mit Fermentwirkungen stehen, erkennen. Das bedeutet freilich noch nicht, daß nicht trotzdem Veränderungen in qualitativer Hinsicht vorhanden sein können. Unsere Prüfung bezieht sich nur auf die Quantität der Wirkung des Serums[1]).

Es sei hier kurz gestreift, daß wir versucht haben, die Frage, ob beim Zustandekommen des anaphylaktischen Schoks Eiweißabbaustufen eine Rolle spielen, in der Art zu entscheiden, daß wir mit in ihrer Struktur genau bekannten Produkten, nämlich mit synthetisch dargestellten Polypeptiden, den erwähnten Zu-

---

[1]) Vgl. hierzu auch Hermann Pfeiffer, Das Problem der Eiweißanaphylaxie. Gustav Fischer. Jena 1910. — Alfred Schittenhelm, Über Anaphylaxie vom Standpunkte der pathologischen Physiologie und der Klinik. Jahresbericht über die Ergebnisse der Immunitätsforschung. Ferdinand Enke. Stuttgart 1910. — Hertle und H. Pfeiffer, Zeitschr. f. Immunitätsforsch. u. exp. Therap., Orig. **10.** 541 (1911). — G. Gottlieb, Biochem. Zeitschr., **65.** 381. (1914). — J. E. Abelous und C. Soula, Cpt. rend. des séances de la soc. de biol. **76.** Nr. 18. 842 (1914). — H. Mühsam und J. Jacobsohn, Dtsch. med. Wochenschr., Nr. 21 (1914). — R. M. Pearce und Ph. F. Williams, Journ. of infect. dis. **14.** Nr. 2. 351 (1914). — E. Zunz und P. György, Zeitschr. f. Immunitätsforsch. u. exp. Therap., Orig. **23.** 402 (1915). — E. Pesci, Giorn. d. r. accad. di med. di Torino. **77.** 39 (1915). — J. Bronfenbrenner und M. O. Schlesinger, Proc. of the soc. f. exp. biol. a. med. **12.** 110 (1915).

stand auszulösen versuchten[1]). Die Versuche wurden auf zwei Arten durchgeführt. Einmal wurde das Polypeptid parenteral zugeführt und dann die gleiche Verbindung zur Wiedereinspritzung verwendet. Es kam unter anderen Produkten ein Polypeptid zur Anwendung, das nicht weniger als 18 Bausteine enthielt. Es gelang nicht, einen charakteristischen anaphylaktischen Anfall auszulösen. Ein geringfügiger Temperatursturz, eine gewisse Unruhe des Tieres waren vorhanden, im übrigen aber blieb das Tier ganz gesund. In anderen Fällen wurde Eiweiß eingespritzt und dann versucht, durch Reinjektion von Peptonen, die aus demselben Eiweiß bereitet waren, anaphylaktische Anfälle auszulösen. Die Ergebnisse waren negativ. Es gelang wohl in vereinzelten Fällen, einen Temperaturabsturz von 2—3 Grad zu erzielen, vereinzelt zeigte sich auch ein Krampf der Kiefermuskeln und eine vermehrte Peristaltik. Man hatte den Eindruck, als wäre ein kleiner anaphylaktischer Schok vorhanden. Es genügen aber die Erscheinungen bei weitem nicht, um von der Auslösung eines wirklichen anaphylaktischen Anfalles zu sprechen. Man kann übrigens bisweilen schon bei der ersten parenteralen Zufuhr von Eiweiß bzw. Peptonen, Temperaturabfall, Unruhe, Zittern usw. beobachten.

---

[1]) Emil Abderhalden, Zeitschr. f. physiol. Chem. **82**. 109 (1912.). — Emil Abderhalden und A. Weil: Zeitschr. f. physiol. Chem. **109**. 289 (1920); Archiv f. Dermatologie und Syphilis. **129**. 1 (1921).

In diesem Zusammenhange sei auch der zahlreichen systematischen Untersuchungen von Pfeiffer und seinen Mitarbeitern über sog. Eiweißzerfallstoxikosen gedacht. Pfeiffer hat mit einer allerdings nicht sehr zuverlässigen Methode wohl zum ersten Mal auf eine Proteolyse im Serum bei Anaphylaxie gefahndet[1]). Er hat die Bedeutung von Eiweißabbauprodukten für mancherlei Erscheinungen im geschädigten Organismus besonders hervorgehoben und direkt von „Eiweißzerfallstoxikosen" gesprochen[2]). Nach seiner Meinung spielen Eiweißzerfallsprodukte namentlich bei Verbrennungen usw. eine bedeutsame Rolle. Auch Vaughan[3]) hat die Meinung vertreten, daß Spaltprodukte von Eiweißkörpern bei der Entstehung pathologischer Erscheinungen im Organismus beteiligt sind. Diese wichtigen Forschungen müssen fortgeführt und durch direkte Versuche mit aus Eiweiß darstellbaren, wohl definierten Produkten ergänzt werden.

Daß Eiweißabbaustufen im Organismus besondere Wirkungen entfalten können, ist bekannt. Wir wissen, daß eine Reihe von Aminosäuren den Zellstoffwechsel anregt (spezifisch-dynamische Wirkung). Es besteht

---

[1]) H. Pfeiffer und S. Mita, Zeitschr. f. Immunitätsforsch. u. exp. Therap., **Orig. 6.** 18 (1910).

[2]) H. Pfeiffer und A. Jarisch, Zeitschr. f. Immunitätsforsch. u. exp. Therap., **Orig. 16.** 38 (1912). — H. Pfeiffer, Ebenda. **23.** 473, 515 (1915).

[3]) Victor C. Vaughan und B. Walter Vaughan, Protein split products in relation to immunity and disease. Lea Fiebiger. Philadelphia und New York 1913.

durchaus die Möglichkeit, daß der Abbau der Eiweißkörper, namentlich wenn fremdartige Zellen im Organismus angesiedelt sind (Mikroorganismen, Karzinom- und Sarkomzellen), in einer Weise sich vollzieht, daß Abbaustufen entstehen, die schädigende Wirkungen entfalten. Vor allen Dingen können Eiweißabbauprodukte den physikalischen Zustand von Zellinhaltsstoffen und von im Blut vorhandenen Produkten ganz wesentlich beeinflussen und Zustandänderungen bedingen, die für die Funktion der betreffenden Stoffe nicht gleichgültig sind. Man darf nie aus den Augen verlieren, daß die in unseren Zellen und in unserem Blute und der Lymphe vorhandenen Stoffe bis in die feinsten Einzelheiten hinein in Wechselbeziehungen zu einander stehen und sich in ihren Eigenschaften wechselseitig beeinflussen. Wird an einer Stelle etwas geändert, dann stellt sich alles neu ein. Bekanntlich sind zahlreiche Forscher geneigt den anaphylaktischen Schok in innigste Beziehung zu Zustandänderungen von Eiweißstoffen des Blutplasmas zu bringen.[1] Die empfindlichsten Eiweißkörper sind neben dem Fibrinogen die Globuline. Bei der

---

[1] Vgl. hierzu Bordet: C. r. de la soc. de biol. 74. Nr. 5 (1913); Bordet und E. Zunz: A. f. Immunitätshang. 23. 42 (1915). E. Nathan: Ebenda. 18. Heft 8 (1913). — H. Sachs, Arch. f. Hyg. 89. 322 (1920). — P. Schmidt, Arch. f. Hyg. 83. 89 (1916). — P. Schmidt und Schürmann, Ebenda. 86. 195 (1919). — Vgl. auch H. Dold, Ebenda. 89. 101 (1919). — R. Dörr, die Anaphylaxieforschung im Zeitraum von 1814—1921. Ergebnisse der Hygiene, Bakteriol., Immunitätshang u. experim. Ther. 5. 1921. — Paul Schmidt und H. Happe: A. f. Hygiene u. Infektionskrankheiten. 94. 253 (1921).

Reinjektion von Eiweiß würde nach dieser Ansicht ein Zustand geschaffen, in dem der Dispersitätsgrad bestimmter Eweißteilchen sich ändert und zwar im Sinne einer Abnahme. Es soll zur Bildung gröberer Teilchen und infolgedessen schließlich zur Ausflockung von Eiweiß kommen. Wir wollen nicht weiter auf dieses interessante Problem eingehen, sondern nur noch hervorheben, daß physikalisch-chemische Änderungen und chemische Umsetzungen bei der Entstehung jenes Schoks genannten Zustandes Hand in Hand gehen können. Es ist gewiß nicht richtig, eine chemische Auffassung des ganzen Phänomens einer physikalisch-chemischen unvermittelt gegenüber zu stellen. Es kommen sehr wahrscheinlich mannigfaltige Vorgänge, die sich gegenseitig bedingen, in Betracht.

Nicht unerwähnt wollen wir lassen, daß manche Erscheinungen, wie die Bildung von Praezipitinen usw., auch in Zusammenhang mit der Wirkung von proteolytischen Fermenten im Plasma bzw. Serum gebracht worden sind[1]). Weitere Versuche müssen entscheiden, in wieweit solche Vorstellungen berechtigt sind. Ich möchte nur auf eines in Hinsicht auf alle biologischen Reaktionen und insbesondere auch in Hinblick auf den anaphylaktischen Zustand mit allem Nachdruck aufmerksam machen. Es ist gewiß ganz verkehrt, Ferment-

---

[1]) Vgl. hierzu Paul Hirsch, Fermentforschung. 2. 269, 290 (1919). — Paul Hirsch und K. Langerstrass, Ebenda. 3. 1 (1919). Vgl. auch R. Dörr, W. Borger: Zeitschr., Biochem. 123. 144 (1921).

wirkungen und physikalisch-chemische Erscheinungen getrennt betrachten zu wollen. Es kann sich sehr wohl um Fermentwirkungen und darauf folgende Zustandsänderungen handeln. Die weiter unten mitgeteilten Beobachtungen, wonach z. B. Serum einer Schwangeren mit Plazentagewebe zusammengebracht bei 37° eine immer mehr und mehr zunehmende Trübung zeigt, bis es schließlich zu ganz groben Ausflockungen kommt, zeigt in außerordentlich eindringlicher Weise, wie innig Abbauvorgänge mit physikalischen Zustandsänderungen von Eiweißstoffen zusammenhängen. Es ist sehr wohl möglich, daß ganz analoge Vorgänge manchen Erscheinungen an veränderten Geweben, wie z. B. den trüben Schwellungen usw., zugrunde liegen. Es wird sich vielleicht lohnen, das „trübe" Plasma bzw. Serum in Zukunft besonders sorgfältig daraufhin zu untersuchen, welche Produkte die Undurchsichtigkeit bedingen. Die Annahme, wonach ein trübes Serum eo ipso auf Fett zurückzuführen ist, ist nicht ohne weiteres als erwiesen zu betrachten. Gewiß werden die meisten Fälle auf einem Fettreichtum beruhen, es kann aber auch sein, daß noch etwas anderes hinter manchem milchigem Plasma bzw. Serum steckt.

Die der sogenannten Abderhaldenschen Reaktion zugrunde liegenden Vorgänge.

Bei der Schilderung der Etappen, die schließlich zur Auffindung einer besonderen Reaktion von Serum gegenüber bestimmten Substraten der Eiweißreihe geführt haben, ist dargelegt worden, daß der Gedanke wegleitend war, daß Fermente in der Blutbahn blutfremden, zusammengesetzten Verbindungen durch Abbau ihren besonderen Charakter nehmen. Alle Beobachtungen, die mit den verschiedensten Methoden gemacht worden sind, stehen restlos mit der Vorstellung in Einklang, daß bei der Abderhaldenschen Reaktion Fermentvorgänge von ausschlaggebender Bedeutung sind. Dafür sprechen die Ergebnisse des Dialysierverfahrens. Es entstehen während der Einwirkung von Serum auf bestimmte Substrate stickstoffhaltige, dialysierbare Verbindungen. Sie erscheinen während der Dialyse in der Außenflüssigkeit und weisen sich vor allem dadurch als Abkömmlinge von Eiweiß aus, daß mit ihrem Auftreten auch der Aminostickstoffgehalt ansteigt. Auch die mit den optischen Verfahren erhaltenen Ergebnisse sprechen durchaus für Fermentvorgänge und ebenso die mit anderen Methoden gewonnenen Befunde. Vor allem spricht auch die Beobachtung für eine solche Annahme, daß durch längeres Erwärmen des Serums auf 58° Grad die vorher vorhandene Einwirkung auf das Substrat ausbleibt. In seltenen Fällen erwies sich hierbei das Serum als nicht ganz inaktiv, immerhin war seine Wirkung stark herabgesetzt.

Es ist versucht worden, die von mir beobachteten Erscheinungen auf Elemente zurückzuführen, mit denen der Immunitätsforscher ständig arbeitet. Man dachte

u. a. an die Wirkung eines Ambozeptors.[1]) Alle diese Möglichkeiten scheiden meines Ermessens schon deshalb aus, weil Sera, die eine positive Abderhaldensche Reaktion ergeben, bei völlig steriler Aufbewahrung noch nach Wochen, ja Monaten ihre Wirkung beibehalten.

Es ist nun vor allem von seiten Nathans[2]), de Waeles[3]), Bronfenbrenners[4]) und von Sachs[5]) die Frage aufgeworfen worden, ob meine Annahme, wonach im Plasma bzw. im Serum vorhandene Fermente die diesen Blutflüssigkeiten zugesetzten Substrate zum Abbau bringen, zutreffend sei. Namentlich die beiden zuletzt genannten Forscher stehen zwar auch auf dem Standpunkt, daß der Abderhaldenschen Reaktion ein Fermentvorgang zugrunde liegt, sie nehmen jedoch an, daß nicht das zugesetzte Substrat zum Abbau komme, sondern vielmehr Plasma- bzw. Serumeiweiß-

---

[1]) Vgl. auch R. Stephan, Münch. med. Wochenschr., Nr. 15 (1914). — A. Hauptmann, Ebenda. Nr. 21 (1914). — F. Plaut, Zeitschr. f. Immunitätsforsch. u. exp. Therap., Orig. 24. 361 (1915). — V. Kafka, Ebenda. 25. 266 (1916); Münch. med. Wochenschr., Nr. 23, 825 (1916); Fermentforschung. 1. 254 (1915).

[2]) Nathan, Zeitschr. f. Immunitätsforsch. u. exp. Therap., Orig. 18. 636 (1913).

[3]) H. de Waele, Zeitschr. f. Immunitätsforsch. u. exp. Therap., Orig. 22. 170 (1914).

[4]) J. Bronfenbrenner, Proc. of the soc. exp. biol. a. med. 12. 4, 7 (1914); Journ. of exp. med. 21. 221 (1915); Biochem. Bull. 4. 87 (1915). — J. Bronfenbrenner, W. T. Mitchel und M. J. Schlesinger, Biochem. Bull. 3. 386 (1914). — J. Bronfenbrenner, W. J. Mitchell und P. Titus, Biochem. Bull. 4. Nr. 13, 86 (1915).

[5]) H. Sachs, Kolloid-Zeitschr. 24. 113 (1919).

körper. Es wird angenommen, daß in jedem Blutplasma bzw. -serum Fermente zugegen sind, die eine Einstellung auf Eiweißstoffe dieser Blutflüssigkeiten haben. Aus irgendeiner Ursache können sie jedoch ihre Wirkung nicht entfalten. Man dachte an das Vorhandensein von sog. Antifermenten. Diese sollten nun von dem zugesetzten Substrat auf irgendeine Weise ihrer Wirkung beraubt werden. Es wäre denkbar, daß das Substrat die Antifermente bindet, sei es nun, daß eine Adsorption zustande kommt, sei es, daß eine chemische Reaktion erfolgt. Nun soll das seiner Wirkung zurückgegebene Ferment Eiweißkörper des Blutplasmas bzw. -serums angreifen und zum Abbau bringen.

Es hält schwer von diesen Gesichtspunkten aus die streng spezifischen Wirkungen bestimmter Sera beim Zusatz bestimmter Substrate zu verstehen, denn die Fermentwirkung als solche würde eine unspezifische sein. Spezifisch könnte nur die Beziehung des Antifermentes zum Substrat sein. Es wäre also ein spezifisch reagierendes Antiferment auf ein unspezifisch wirkendes Ferment eingestellt! Nun sind die Antifermente als solche rein hypothetischer Natur. Der Name besteht vielleicht, ja sogar sehr wahrscheinlich zu unrecht. Wir wissen, daß Fermentwirkungen leicht gehemmt bis aufgehoben werden können. Geringfügige Veränderungen in den Bedingungen des Milieus, in dem der Fermentvorgang sich abspielen soll, genügen, um ihn zu verhindern oder umgekehrt, ihn zu steigern. Wir müßten uns somit vorstellen, daß durch das Hinzugeben eines bestimmten Substrates im einen Fall Bedingungen geschaffen werden, unter denen bereits vorhandene Fermentteilchen ihre Wirkung entfalten können, während in anderen Fällen das nicht der Fall ist.

Ich glaube, daß Beobachtungen genug vorliegen, die mich einer weiteren Erörterung der eben erwähnten, an und für sich gewiß interessanten und prüfungswerten Anschauung entheben. Es läßt sich nämlich unter dem Mikroskop der Abbau der dem Serum zugesetzten Substrate verfolgen[1]). Die folgenden Abbildungen (6—9) zeigen das Ergebnis solcher Versuche[2]). Man erkennt, wie Serum von schwangeren Individuen Plazentagewebe zum Zerfall bringt, während Serum von Nichtschwangeren diesen Einfluß nicht zeigt. Genau ebenso kann man bei Karzinomträgern Abbau von Karzinomsubstrat feststellen usw.

Bei der Durchführung des Versuchs, den Substratabbau unter dem Mikroskop zu verfolgen, stieß ich auf eine große Schwierigkeit. **Das Serum wurde häufig trüb und gestattete keine weiteren, einwandfreien Beobachtungen mehr.** In keinem Fall zeigte sich diese Erscheinung, wenn das verwendete Serum keine abbauenden Eigenschaften zeigte.

---

[1]) Vgl. Emil Abderhalden, Fermentforschung. 5. 84 (1921). — Vgl. auch H. Rollet, Münch. med. Wochenschr., 61. Nr. 37, 1932 (1914) und Papendieck, 31. Kongr. f. inn. Med., Wiesbaden 1914.

[2]) Mit dem Ultramikroskop lassen sich gleiche Feststellungen machen: Emil Abderhalden, Fermentforschung. 6. Heft 4. (1922).

Diese Feststellung führte zu einer neuen, außerordentlich einfachen Methode zur Demonstration der Abderhaldenschen Reaktion[1]). Man gibt in sterile Röhrchen steriles, absolut klares Serum

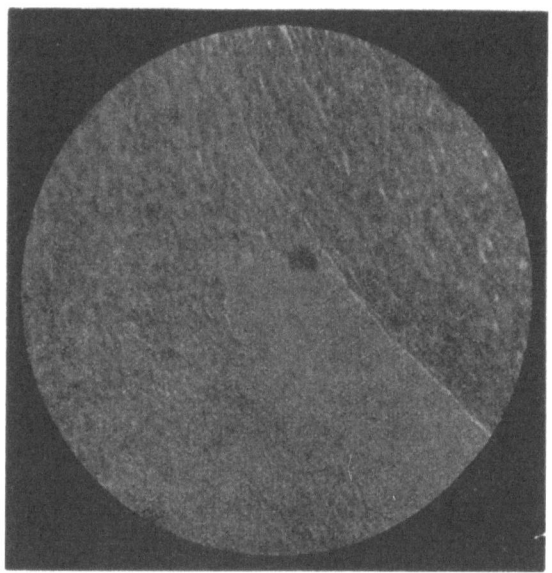

Abb. 6.
Placentaschnitt vor dem Versuch.

und verschließt es durch Zuschmelzen oder durch Anbringung eines sterilen Stopfens. Unter genau den gleichen Kautelen setzt man Serum mit Substraten (Organen) an, die blutfrei gemacht und durch Kochen sterilisiert sind.

---

[1]) Emil Abderhalden, Fermentforschung. 5. 163. (1921) Med. Klinik, Nr. 48 (1921).

Wählt man z. B. Serum von nicht schwangeren, normalen Individuen, dann bleiben Substrat und Serum vollständig unverändert. Man kann noch nach Monaten feststellen, daß das Serum ganz klar geblieben ist und zwar in allen

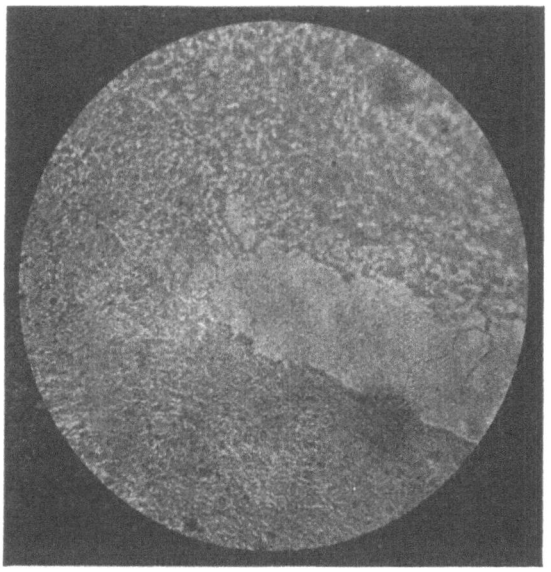

Abb. 7. Placentaschnitt, nachdem er 25 Stunden von Plasma aus Blut einer Nichtschwangeren bebrütet worden war.

Röhrchen, d. h. ohne und mit Substrat. Stammte das Serum von einer Schwangeren, dann zeigt sich oft schon nach ganz wenigen Stunden eine Trübung im Serum + Plazenta-Versuch. Sie nimmt ständig zu, bis schließlich das Serum ganz undurchsichtig wird. Man erkennt ferner mit bloßem Auge, daß am Substrat Veränderungen auftreten. Man hat zunächst den Eindruck einer Quellung. Bald bemerkt man, daß das Substrat zerfällt. Es entstehen kleinere Bruchstücke, die unter sich verkleben. Dehnt man den Versuch auf längere Zeit

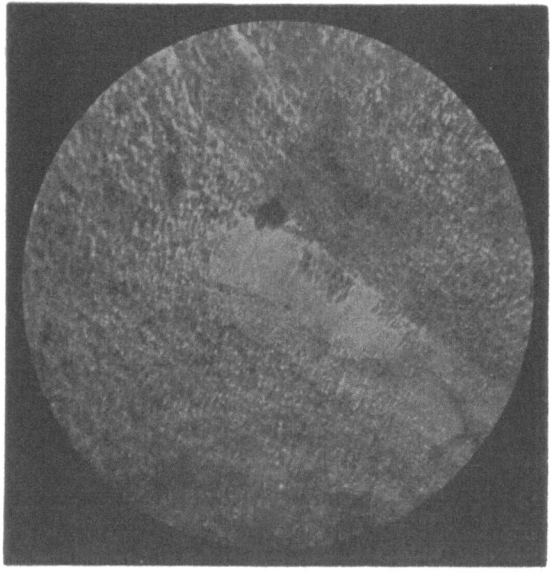

Abb. 8. Placentaschnitt nach 48 Stunden. Er wurde zuerst von Nichtschwangerenplasma dann 24 Stunden von Schwangerenplasma bebrütet. In der Lichtung zeigen sich jetzt losgelöste Placentateilchen.

aus, dann kann das Substrat zum größten Teil verschwinden. Nicht in allen Fällen, in denen mit den übrigen Methoden Abbauvorgänge zu beobachten sind, ergibt der geschilderte Versuch ein positives Ergebnis. Es ist dies auch verständlich. Zur Ausbildung der Trübung im Serum gehören ohne Zweifel Bedingungen, die nicht immer zustande kommen.

Durch diese Beobachtungen ist eindeutig bewiesen, daß meine Anschauung, wonach in bestimmten

Abb. 9.

—— Vor dem Einlegen des Placentaschnittes in Serum einer Schwangeren ---- Schnitt nach 24stündiger Bebrütung mit Schwangerenserum.

Sera Fermente vorhanden sind, die bestimmte Substrate abzubauen vermögen, zu Recht besteht. Zu erklären bleibt noch die Trübung des Serums. Man hat durchaus den Eindruck, als ob sie dadurch zustande käme, daß die aus dem Substrat durch Fermentwirkung entstehenden Produkte den Zustand der Plasma- bzw. Serumeiweißkörper so verändern, daß es zu einer Agglutination und unter Umständen zu einer Ausflockung von solchen kommt. Vor allen Dingen dürften die Globuline an der entstehenden Trübung beteiligt sein.

Die erhobenen Befunde werden selbstverständlich weiter verfolgt. Die Wechselbeziehungen zwischen Serum und Substrat erweisen sich vielleicht als komplizierter, als es einstweilen erscheint. Es ist wohl möglich, daß Inhaltsstoffe des Serums und insbesondere Proteine eine Veränderung erleiden, die über rein physikalische Phänomene hinausgehen.

Auf einen Einwand möchte ich noch kurz eingehen, der oft gegen die Annahme spezifischer Reaktionen erhoben worden ist. Es ist gesagt worden, daß Zell- und Gewebseiweißstoffe, die gekocht worden sind, unmöglich mehr eine spezifische Struktur aufweisen können. Dagegen läßt sich zunächst einwenden, daß die beobachteten Tatsachen gegen diesen Einwand sprechen. Er ist an sich durchaus verständlich. Die Erfahrungen haben jedoch gezeigt, daß er nicht zu Recht besteht. Es muß ferner hervorgehoben werden, wie überraschend wenig die gesamte Struktur der einzelnen Gewebe durch das ausgiebige Waschen und Kochen leidet. Endlich wissen wir, daß wir einer Verbindung im allgemeinen ihre besondere Struktur und Konfiguration durch Kochen nicht nehmen können. Das Kochen kann wohl den Zustand verändern, jedoch nicht den inneren

Aufbau. Es kann nun sehr wohl der physikalische Zustand für den Fermentangriff von größter Bedeutung sein. Wir haben Beispiele genug, die zeigen, daß z. B. genuine Proteine nicht oder nur sehr schwer verdaut werden, während dieselben Proteine im koagulierten Zustand leicht zum Abbau durch Fermente kommen.

Mehr anhangsweise sei noch über eine Reihe von Versuchen berichtet, die unbedingt eines weiteren Ausbaues und einer sorgfältigen Nachprüfung bedürfen. Leider waren seit Jahren Tierversuche fast unmöglich, und auch jetzt noch liegen die Verhältnisse so, daß irgendwelche umfassenden Untersuchungen an lebenden Tieren so gut wie unmöglich sind. Das ist der Grund, weshalb die im Nachstehenden geschilderten Versuche keinen weiteren Ausbau und keine Wiederholung erfahren haben.

Zunächst wurde die Frage aufgeworfen, ob die Möglichkeit besteht, Serum, das proteolytische Wirkungen zeigt, durch Erwärmen auf 56—58 Grad zu inaktivieren. Es gelang dies in den meisten Fällen, wenn das Erwärmen auf mindestens 30 Minuten ausgedehnt wurde. Es entstand nun die Frage, ob die Möglichkeit besteht, durch Erwärmung inaktiv gemachtes Serum wieder aktiv werden zu lassen[1]). Es wurde zum inakti-

---

[1]) Vgl. Steising, Münch. med. Wochenschr., Nr. 28. 1535 (1913). — Emil Abderhalden und L. Grigorescu, Med. Klinik, Nr. 17 (1914). — N. Bettencourt und S. Menezes, Cpt. rend. de la soc. de biol. **77**. 162 (1914).

vierten Serum solches hinzugesetzt, das selbst keine abbauende Fähigkeit bei Verwendung von eiweißhaltigem Material ergab. Das Gemisch beider Sera zeigte wieder Proteolyse. In manchen Fällen baute das reaktivierte Serum beträchtlich stärker ab als das ursprüngliche, aktive Serum.

Der erwähnte Versuch wurde auch so ausgeführt, daß inaktiviertes Serum einem Kaninchen oder einem Hund, dessen Serum vorher auf abbauende Wirkung mit negativem Erfolg geprüft worden war, in die Blutbahn gebracht wurde. Nach wenigen Stunden wurde dann dem Tiere wieder Blut entnommen. Es zeigte sich, daß nunmehr das Serum proteolytische Wirkungen zeigte. Eine Erklärung für die erwähnten Beobachtungen läßt sich vorläufig noch nicht geben. Man könnte daran denken, daß bei der Wärmeinaktivierung der Zustand der Fermentteilchen sich ändert. Vor allen Dingen besteht auch die Möglichkeit, daß Proteine des Serums bei 56—58 Grad ihren Zustand ändern und vielleicht dadurch die Fermentteilchen in ihrer Wirkung mechanisch hemmen und diese schließlich ganz aufheben. Der Zusatz von nichterwärmtem Serum stellt vielleicht die notwendigen physikalisch-chemischen Bedingungen, die zur Fermentwirkung notwendig sind, wieder her. Es lohnt sich vorläufig nicht, Erklärungsversuchen nachzugehen. Die Zahl der Versuche ist dazu zu klein. Sie müssen wiederholt und unter anderen Bedingungen durchgeführt werden.

Eine weitere interessante Beobachtung ist die Übertragbarkeit der Fermente[1]). Wird Serum von einem Tier, das proteolytische Eigenschaften gezeigt hat, in die Blutbahn eines anderen Tieres gebracht, dessen Serum vor dieser Zufuhr keine Veränderungen beim Zusatz bestimmter Substrate aufwies, so wird es nunmehr befähigt, Eiweiß abzubauen. Auch dieser Versuch bedarf dringend der Wiederholung. Es sei deshalb auf eine Besprechung der Möglichkeiten, wie das Phänomen etwa zu erklären wäre, vorläufig verzichtet.

Von besonderem Interesse sind die folgenden Beobachtungen[2]): Spritzt man einem schwangeren Tiere aus Plazenta hergestelltes Pepton unter die Haut oder in die Bauchhöhle oder direkt in die Blutbahn (Meerschweinchen erhielten 2—5 ccm einer 5—10 % igen Peptonlösung, Ratten und Mäuse 1,0—2,0 ccm davon), so zeigen sich mit wenig Ausnahmen schwere Erscheinungen. Die Körpertemperatur fällt rasch ab. Es treten Krämpfe auf. Harn und Fäzes werden plötzlich entleert. Manchmal zeigt sich auch Aufblähung der Lunge. In einzelnen Fällen erfolgte

---

[1]) Emil Abderhalden und L. Grigorescu, Med. Klinik, Nr. 17 (1914). — A. E. Lampé, Dtsch. med. Wochenschr., Nr. 24 (1914). — A. Fauser, Münch. med. Wochenschr., 61. 1620 (1914).

[2]) Emil Abderhalden und L. Grigorescu, Münch. med. Wochenschr., 61. Nr. 14, 767, Nr. 22, 1209 (1914). — R. Eben, Prager med. Wochenschr., 39. 301 (1914). — D. A. de Jong, Münch. med. Wochenschr., 61. 1502 (1914). — Engelhorn und Wintz, Ebenda. Nr. 13, 689 (1914). — Vgl. auch P. Esch, Ebenda. Nr. 20, 1115 (1914).

Abort. Manche Tiere starben, andere erholten sich. Die Injektionsstellen waren bei subkutaner Zufuhr hyperämisch und ödematös geschwellt.

Weiterhin ist versucht worden, analoge Erscheinnugen durch experimentelle Zufuhr blutfremder Stoffe aus bestimmten Organen in das Blut hervorzurufen. So wurde z. B. bei Kaninchen eine Muskelquetschung herbeigeführt und nach drei bis fünf Tagen eine Einspritzung von Muskelpepton vorgenommen. Die Erscheinungen waren die gleichen, wie sie bei dem schwangeren Tier geschildert worden sind. Injektion von Thymuspepton und von Nierenpepton hatte keinen Erfolg. Endlich ist beobachtet worden, daß bei subkutaner Einspritzung von aus Karzinomgewebe dargestellten Peptonen und ferner von Serum von Pferden, die mit Karzinomgewebe vorbehandelt worden waren, bei Karzinomträgern ebenfalls wiederholt eine deutliche Hautreaktion, bestehend in Rötung und Schwellung, auftrat[1]). Der Befund war jedoch kein regelmäßiger.

Leider konnten auch diese Beobachtungen einstweilen nicht durch neue Versuche kontrolliert und auf ihre Bedeutung hin geprüft werden. Sie ermunterten mich, therapeutische Versuche in Angriff zu nehmen. Es wurde mit der Möglichkeit gerechnet, durch die Zufuhr von aus Karzinom- bzw. Sarkomgewebe gewonnenen

---

[1]) Vgl. hierzu auch Boyksen, Münch. med. Wochenschr., Nr. 4, 93 (1919).

Peptonen Einfluß auf die entsprechenden Geschwulstzellen zu erlangen. Die nach dieser Richtung ausgeführten Versuche ergaben keine eindeutigen Ergebnisse. Ferner wurde Pferden Autolysat aus Karzinomgewebe eingespritzt und geprüft, ob das Serum dieser Tiere das Wachstum der entsprechenden Geschwulstart beeinflussen kann. Diesem Versuch lag die folgende Idee zugrunde: Im Serum der vorbehandelten Pferde kreisen, wie der Versuch zeigt, Fermente, die auf Krebseiweißstoffe eingestellt sind. Sie stammen ohne Zweifel aus dem zugeführten Autolysat her und sind kaum im Organismus des gespritzten Pferdes entstanden. Ferner kreisen in dem Serum des vorbehandelten Pferdes Abbauprodukte aus Inhaltsstoffen von Krebszellen. Es bestand die Möglichkeit, daß im Organismus des gesunden Pferdes das zugeführte Autolysat von manchen schädlich wirkenden Stoffen befreit, und so ein Serum erzeugt werden kann, das Einfluß auf Tumorzellen besitzt, ohne daß allgemeine Schädigungen zu befürchten sind. Es ist für den an exakte Versuche gewohnten Forscher ein peinliches Gefühl, auf so unsicherer Grundlage Versuche aufzubauen. Nun liegen aber die Verhältnisse häufig so, daß man einen Wurf ins Ungewisse tun muß, um dann das erhaltene Ergebnis als Stützpunkt zur Aufklärung der beobachteten Phänomene zu benützen. Ein unerwarteter, zunächst unerklärbarer Befund kann der Ausgangspunkt zu ganz neuen Forschungen werden.

Das „Krebsserum" (hergestellt von den Farbenfabriken Friedrich Bayer & Cie., Elberfeld) ist in einer ganzen Reihe von Fällen verwendet worden[1]). Es ergaben sich wechselnde Resultate. Neben ganz auffallend starken Beeinflussungen von Tumoren wurden auch Fälle beobachtet, wo jeder Einfluß vermißt wurde. Seitdem nun bekannt geworden ist, daß durch parenterale Zufuhr von Serum, von Milch, von Eiweißlösungen anderer Art usw. oft erstaunliche Erfolge bei einer ganzen Reihe von Symptomenkomplexen im Gefolge von Störungen im Stoffwechselgetriebe zu erzielen sind, muß man die Ergebnisse aller Versuche, bei denen Produkte im kolloiden Zustand in die Blutbahn eingeführt werden, mit besonderer Skepsis in Hinsicht auf eine spezifische Wirkung betrachten. Ich habe dieser Versuche hier nur gedacht, weil ihre Weiterverfolgung in günstigeren Zeiten vielleicht doch Anhaltspunkte für die Wirkung von aus bestimmten Zellarten dargestellten Eiweißabbauprodukten ergeben könnten.

Die zum Nachweis der Abderhaldenschen Reaktion verwendeten Methoden.

Zum Nachweis der Abderhaldenschen Reaktion sind eine ganze Reihe von Methoden zur Anwendung gekommen. Es ist von sehr großer Bedeutung, daß

---

[1]) Vgl. hierzu Emil Abderhalden, Med. Klinik, Nr. 5 (1914). — Emil Abderhalden, Fermentforschung. 1. 99 (1915). — H. Kohlhardt, Ebenda. 76 (1915). — Rudolf Beneke, Ebenda. 1. 89 (1915). — Vgl. auch die Versuche von A. Pinkuss und Kloninger, Berl. klin. Wochenschr., Nr. 42 (1913). — Lunckenbein, Münch. med. Wochenschr., Nr. 19, 1047 (1914).

sie alle zu den gleichen Ergebnissen geführt haben. Dieser Umstand ermöglicht es nicht nur, sondern macht es darüber hinaus zur Pflicht, mindestens zwei verschiedene Methoden nebeneinander herlaufen zu lassen. Jede Methode kann zu Fehlresultaten führen. Es kann beim Dialysierverfahren eine Dialysierhülse während des Versuches undicht werden. Es kann aus einem Polarisationsrohr etwas von dem Inhalt ausfließen usw. Derartige Zufälle sind zwar sehr selten. Sie können aber vorkommen und lassen sich bei Anwendung von mindestens zwei Methoden leicht in ihrem Einfluß auf das Versuchsergebnis ausschalten. Geben zwei Methoden verschiedene Ergebnisse, dann wird man auf mögliche Fehler ohne weiteres aufmerksam.

Es seien hier die einzelnen Methoden nur kurz berührt. Es soll auf sie in einem besonderen Abschnitt näher eingegangen werden.

1. Das Dialysierverfahren.

Diese Methode ist bis jetzt wohl am meisten verwendet worden. Es liegt ihr die folgende Idee zu grunde. **Serum für sich dialysiert, gibt an die Außenflüssigkeit keine Substanzen ab, die die Biuretreaktion geben,** d. h. man erhält keine blau-roten (violetten bis rötlichen) Farbtöne, wenn man zu einer Probe der Außenflüssigkeit Natronlauge und sehr stark verdünnte Kupfersulfatlösung hinzufügt. Gibt man zu Serum eines nicht vorbehandelten, normalen Individuums Organsubstrate, die in bestimmter Weise zubereitet sind, und dialysiert man das Gemisch, dann bleibt gleichfalls die Biuretreaktion in der Außenflüssigkeit negativ. Verwendet man hingegen Serum von einem Tiere, dem zuvor Eiweiß parenteral zugeführt worden ist, bzw. benützt man z. B. Serum von einer schwangeren Person, dann treten bei Verwendung geeigneter Substrate in die Außenflüssigkeit Substanzen über, die mit Natronlauge und Kupfersulfat eine Violettfärbung geben.

Das Ergebnis dieses Versuches kann nach allen Erfahrungen, die wir über das Verhalten von Proteinen bei der Dialyse besitzen, nur so gedeutet werden, daß Eiweißteilchen in eine Form übergeführt worden sind, in der sie die Wand des Dialysierschlauches zu durchdringen vermögen. In Frage kommen die nächsten Abbaustufen des Eiweißes, die Peptone.

Der Nachweis der Biuretreaktion ist nicht leicht. Die schwach violette bis rötliche Färbung neben der blauen der Kupfersulfatlösung zu erkennen, fällt manchem Auge sehr schwer. Ich konnte auch feststellen, daß das Erkennen der Biuretreaktion stark von der Tageszeit abhängig ist. Es scheinen außerdem noch im Beobachter selbst liegende Momente in Frage zu kommen. Auf jeden Fall liegt eine Reaktion vor, die nicht allgemein verwendbar ist.

Es war außerordentlich schwer, für die Biuretreaktion einen Ersatz zu schaffen Nun hatte Ruhemann[1]) eine Verbindung von der Struktur des **Triketohydrindenhydrates**:

$$\left(\begin{array}{c} \text{CH} \\ \text{HC} \diagup \text{C} \diagdown \text{CO} \\ \text{HC} \diagdown \text{C} \diagup \text{CO} \\ \text{CH} \quad \text{CO} \end{array} \right) \cdot H_2O.$$

beschrieben, die mit α-Aminosäuren beim Kochen in wässriger Lösung zu einer Blaufärbung führt[2]). Das erwähnte Reagenz, das von den Höchster Farbwerken unter dem Namen **Ninhydrin** in den Handel gebracht worden ist, gibt nicht nur mit den Eiweißbausteinen eine Blaufärbung, sondern auch mit Peptonen und mit Eiweiß. Eine sehr starke Reaktion gibt auch das **Adrenalin** (Suprarenin) mit ihm. Auch andere Verbindungen zeigen in größerer Konzentration mit Ninhydrin ein gleiches Verhalten.

Es bedurfte eingehender Studien, um herauszubekommen, **ob das Ninhydrin für unsere Zwecke verwendbar ist**. Zunächst mußte geprüft werden, ob Serum allein bei der Dialyse an die Außenflüssigkeit Stoffe abgibt, die mit Ninhydrin unter Blaufärbung reagieren. Das ist nun in der Tat der Fall! Die Erfahrung zeigte auch bald, daß die Menge jener Stoffe, die durch die Dialysiermembran hindurch gehen und beim Kochen mit Ninhydrin zur Blaufärbung der Lösung

---

[1]) J. Siegfried Ruhemann, Transact. of the chem. soc. **97**. 1438 (1910).

[2]) Vgl. auch Emil Abderhalden und H. Schmidt, Zeitschr. f. physiol. Chem. **85**. 243 (1913).

führen, eine wechselnde ist. Dieser Umstand vermehrte die Schwierigkeiten. Es mußte der Natur dieser Stoffe in mühsamen Untersuchungen nachgegangen werden Es ergab sich, daß α-Aminosäuren vorlagen. Sie finden sich ständig in wechselnden Mengen im Blut. Sie fehlen wohl nie. Sie stammen zum Teil aus dem Darmkanal. Sie befinden sich auf dem Wege zu den Körperzellen. Zum Teil entstammen sie wohl auch den Geweben selbst. Die Zellen besitzen Umsatzeiweiß, das bei Bedarf zum Abbau kommt. Ebenso, wie der Traubenzucker im Mittelpunkt der Umsetzungen im Kohlehydratstoffwechsel steht, bilden die Aminosäuren die Umlageprodukte der Proteine. Von ihnen aus geht der Aufbau zu neuen Eiweißstoffen, und von ihnen aus vollzieht sich der weitere Abbau.

Die Feststellung, daß jedes Serum dialysierbare Verbindungen enthält, die mit Ninhydrin unter den angewandten Bedingungen reagieren, brachte zum vorneherein eine gewisse Unsicherheit in das ganze Verfahren hinein. Sie mußte möglichst ausgeschaltet werden. Durch ungezählte Versuche mußte diejenige Serummenge ausfindig gemacht werden, die bei der Dialyse im allgemeinen so wenig mit Ninhydrin reagierende Stoffe an die Außenflüssigkeit abgibt, daß jene Konzentration, bei der Blaufärbung auftritt, nicht erreicht wird. Es zeigte sich, daß für jede Tierart eine andere Menge Serum in Frage kommt, und daß es von Bedeutung ist, ob das Blut nüchtern oder mehr oder weniger unmittelbar nach erfolgter Nahrungsaufnahme entnommen ist. Es sei gleich hier vorweg genommen, daß daran gedacht wurde, die mit Ninhydrin reagierenden, dialysablen Stoffe dadurch an Menge stark herabzudrücken, daß eine Vordialyse eingeschaltet wurde[1]). Das Serum wurde gegen strömendes Wasser dialysiert und erst dann zum eigentlichen Versuch verwendet. Wir haben dieses Verfahren später nie mehr angewandt. Die Gefahr einer Infektion vergrößert sich durch die Vordialyse. Dazu kommt, daß Veränderungen im Hülseninhalt möglich sind, die störend sein können.

Es blieb nun nichts anderes übrig, als **bestimmte Forderungen an die Beschaffenheit der Dialylysierhülsen zu stellen, und ferner unter allen Umständen ständig einen Kontrollversuch mit Serum allein mit zu führen.** Die Dialysierhülsen durften Eiweiß nicht durchlassen, und gleichzeitig mußten sie für Peptone oder Aminosäuren genau gleich durchlässig sein.

Besondere Ansprüche mußten auch an die zu verwendenden Substrate gestellt werden. Sie mußten möglichst einheitlich und vor allem ganz blutfrei sein[2]). Man mußte ferner soweit als möglich

---

[1]) Vgl. Emil Abderhalden und F. Wildermuth, Münch. med. Wochenschr., 61. Nr. 16. 862 (1914).

[2]) Vgl. hierzu Emil Abderhalden, Münch. med. Wochenschr., Nr. 50 (1913). — Emil Abderhalden und A. Weil, Ebenda. 1703 (1913). — A. E. Lampé und G. Stroomann, Dtsch. med. Wochenschr., Nr. 13 (1914). — Fetzer und Nippe, Münch. med. Wochenschr., 61. 2093 (1914).

Blutgefäße und Bindegewebe entfernen. Endlich mußten die Organe so lange mit Wasser ausgekocht werden, bis sie keine mit Ninhydrin reagierenden Stoffe mehr abgaben.

Alle diese Komplikationen des Verfahrens, die so manchen Forscher, der diese Methode anwenden wollte, abschreckten, waren einzig und allein deshalb erforderlich, weil eben das Serum allein wechselnde Mengen von dialysablen, mit Ninhydrin reagierenden Stoffen enthält. Es war diesem Umstande zufolge die folgende Überlegung notwendig, die am besten an Hand einer kleinen Skizze, Abb. 10, erläutert wird. Die Linie o bedeutet die Nullkonzentration an jenen Stoffen, die im Serum vorhanden sind und mit Ninhydrin reagieren. Die Linie a soll jene Konzentration an mit Ninhydrin reagierenden Stoffen andeuten, die beim Kochen mit dem erwähnten Reagenz eben gerade eine Blaufärbung ergibt. Die senkrechten Linien 1, 2, 3, 4, 5, 6 und 7 sollen angeben, wieviel mit Ninhydrin reagierende Stoffe im Blutserum vorhanden sind. Man erkennt, daß bei 1, 2, 3, 6 und 7 jene Konzentration nicht erreicht ist, die notwendig ist, um eine positive Ninhydrinreaktion zu erzielen, d. h. der Dialysierversuch mit Serum allein würde ein negatives Ergebnis zeitigen. Kommen vom zugesetzten Substrat keine mit

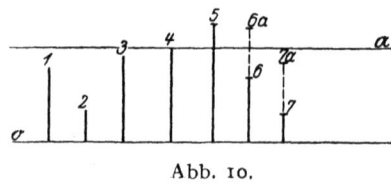

Abb. 10.

Ninhydrin reagierenden Stoffe zum Serum hinzu, dann wird die Reaktion auch beim Versuch Serum + Substrat negativ ausfallen. Entstehen aber solche Produkte bei der Einwirkung von Serum auf das Substrat, dann addieren sie sich zu den im Serum schon vorhandenen Stoffen hinzu. Es wird, wie die Abb. 10, 6a darstellt, die Konzentration a überschritten. Die Reaktion fällt positiv aus. Im Fall 7 und 7a wird gezeigt, daß, wenn das Serum an und für sich nur sehr wenig mit Ninhydrin reagierende, dialysierende Stoffe aufweist, auch dann die Konzentration a nicht erreicht wird, wenn das Substrat mit Ninhydrin reagierende Stoffe abgibt. Diese Überlegung hat dazu geführt, **nicht zu wenig Serum zum Versuche anzuwenden.** Man muß lieber jene Fälle in Kauf nehmen, in denen das Serum für sich schon so viele Stoffe, die mit Ninhydrin reagieren, durch die Dialysiermembran hindurchläßt, daß die Konzentration a erreicht oder überschritten wird (vgl. Abb. 10, 5. Glücklicherweise nimmt mit der Menge der mit Ninhydrin reagierenden Verbindungen die Intensität der Blaufärbung zu, — es bestehen jedoch keine einfachen quantitativen Beziehungen zwischen Farbintensität und Menge der mit Ninhydrin reagierenden Stoffe[1]) — so daß zumeist auch dann, wenn Serum allein eine positive Ninhydrinreaktion gegeben hat, der Versuch Serum + Substrat eine stärkere Blaufärbung gibt, falls beim Zu-

---

[1]) Die Voraussetzung von Herzfeld [Münch. med. Wochenschr., **61**. 1503 (1914)], wonach solche Beziehungen bestehen sollen, trifft nicht zu.

sammenwirken von Serum und Substrat neue mit Ninhydrin reagierende Stoffe hinzugekommen sind. Immerhin ist eine positive Reaktion mit Serum allein immer etwas Unerwünschtes.

Die Versuchsanordnung ist nach den gemachten Auseinandersetzungen eine gegebene. Man gibt in eine Dialysierhülse eine bestimmte Menge Serum (gewöhnlich 1,5 ccm) und dialysiert gegen destilliertes Wasser (20 ccm). Genau die gleiche Menge Serum wird unter Zusatz von Substrat gegen die gleiche Wassermenge dialysiert. Der Versuch umfaßt gewöhnlich 16 Stunden. Während dieser Zeit wird bei 37 Grad dialysiert. Dann gibt man zu einer bestimmten Menge (10 ccm) des Dialysates eine 1%ige Lösung von Ninhydrin (0,2 ccm) und kocht eine Minute lang energisch. Man beobachtet nun, ob Blaufärbung eintritt oder nicht. Darnach beurteilt man das erhaltene Ergebnis, wobei der Versuch mit Serum allein den Grundversuch darstellt.

Das Dialysierverfahren ist von Fritz Pregl[1]) modifiziert worden. Er verwendet an Stelle der von mir eingeführten Dialysierhülsen von Schleicher und Schüll, die leider sehr oft unbrauchbar sind, Kollodiumhülsen. Ferner schlug er vor, bei der Substratzubereitung den ausgekochten Organbrei mit Alkohol, dann mit Alkohol und Äther und schließlich mit Äther auszuschütteln, um die Lipoide zu entfernen. Wir haben diese Methode auch mit Vorteil wiederholt verwandt.

---

[1]) Fritz Pregl, Fermentforschung. 1. 7 (1914).

Anstatt in der Außenflüssigkeit dialysierbare, mit Eiweiß in Zusammenhang stehende Produkte mit Ninhydrin nachzuweisen, kann man auch in ihr den Stickstoffgehalt bestimmen. Zu diesem Zwecke wurde von Fodor und mir[1]) eine Mikrokjeldahlmethode ausgearbeitet. Endlich kann man an Stelle des Gesamtstickstoffes entweder nach der Methode von Sörensen oder nach derjenigen von van Slyke den Aminostickstoffgehalt des Dialysates feststellen. Bei beiden Bestimmungen dient der Versuch „Serum allein" als Grundversuch. Wir haben neuerdings wieder mit diesen Methoden mit bestem Erfolg gearbeitet. Die Ergebnisse stimmten mit den mit Ninhydrin erhaltenen Befunden überein.

Die kritischen Punkte bei der Anwendung des Dialysierverfahrens sind: 1. Die Dialysierhülsen. Sie müssen sorgfältig geprüft werden. Es ist kein Ruhmesblatt für die Firma Schleicher und Schüll, daß sie trotz der großen Nachfrage es nicht zu einwandfreien Hülsen gebracht hat. Sie hätte sich der Mühe unterziehen müssen, nur geprüfte Hülsen in den Handel zu bringen. Hülsen, die Eiweiß durchlassen, sind unbrauchbar. 2. Die Substrate müssen vollständig frei von mit Ninhydrin reagierenden, auskochbaren Substanzen sein. Ein Blick auf die Abb. 10, 7, S. 150, belehrt, warum diese Forderung erhoben wird. Würde das Substrat an und für sich zu den im Serum

---

[1]) Emil Abderhalden und Andor Fodor, Zeitschr. f. physiol. Chem. **98**. 190 (1917).

schon vorhandenen dialysablen, mit Ninhydrin reagierenden Stoffen Produkte, die die gleiche Reaktion geben, hinzuliefern, dann könnte eine positive Reaktion zustande kommen, ohne daß Serum und Substrat auf einander eingewirkt haben!

Es ist versucht worden, eine weitere Kontrolle dadurch einzuführen, daß inaktiv gemachtes Serum + Substrat zur Anwendung kam. Es wird das Serum 30—60 Minuten lang auf 56 Grad erwärmt und dann mit Substrat angesetzt. Würde das Serum hierbei immer absolut inaktiv werden, dann könnte dieser Kontrollversuch den Versuch mit Serum allein vollkommen ersetzen. Nun hat es sich jedoch gezeigt, daß in vereinzelten Fällen noch eine, wenn auch beschränkte Aktivität vorhanden ist.

Einwände gegen das Dialysierverfahren.

Die meisten Einwände beziehen sich auf die Schwierigkeit der Innehaltung der einzelnen Anforderungen. Sie sind, wie ich aus eigener Erfahrung weiß, nicht groß. Es ist nur notwendig, daß man bei jedem Handgriff weiß, weshalb er notwendig ist. Man muß die ganzen Verhältnisse übersehen und wissen, warum die einzelnen Bedingungen gestellt worden sind.

Der einzige sachliche Einwand, den wir uns selbst machten, ist der folgende. Es wäre denkbar, daß die Substrate dialysable, mit Ninhydrin reagierende Verbindungen adsorbieren und dadurch die Menge der in die Außenflüssigkeit übertretenden Verbindungen verringern. Die Erfahrung hat gezeigt, daß diese Möglichkeit praktisch nicht oder nur äußerst selten in Betracht kommt. Direkte Versuche haben außerdem gezeigt, daß das Adsorptionsvermögen der angewandten Substrate für Peptone und Aminosäuren ein sehr geringes ist.

Ein ganz überraschender Einwand erfolgte von seiten von Plaut[1]). Später schloß sich Ewald[2]) ihm teilweise an. Plaut fügte zu Serum Adsorbentien, wie Kaolin, Talkum, Bariumsulfat, und fand in einzelnen Fällen folgendes Resultat: das Dialysat des Versuches Serum allein ergab ein negatives Ergebnis, während dasjenige des Versuches Serum + Adsorbens ein positives Ergebnis zeitigte! Wir wollen zunächst annehmen, daß die Beobachtungen zutreffen. Sie wären theoretisch sehr schwer zu erklären. Ein Adsorbens nimmt wohl aus einer Lösung Stoffe auf und verdichtet sie in seiner Oberfläche. Es kann auch eine Abgabe von adsorbierten Verbindungen erfolgen, jedoch nur dann, wenn sie aufgenommen waren und nun in der Umgebung Bedingungen vorhanden sind, die zu einer Abgabe führen. Bei den Plautschen Versuchen haben wir Adsorbentien mit einer „leeren" Oberfläche, und diese sollen, in Serum gebracht, mehr mit Ninhydrin reagierende Stoffe durch die Dialysiermembran hindurch treiben, als es ohne

---

[1]) Plaut, Münch. med. Wochenschr., 61. 238 (1914).
[2]) G. Ewald, Die Abderhaldensche Reaktion mit besonderer Berücksichtigung ihrer Ergebnisse in der Psychiatrie. S. Karger, Berlin 1920 und Monatsschr. f. Psychiatr. u. Neurol. 49. 343 (1921).

ihre Anwesenheit der Fall ist! Ein sehr seltsamer Befund!

Er konnte von uns in hunderten von Versuchen nicht bestätigt werden. Es kam höchstens vor, daß Serum allein eine positive Reaktion ergab, während Serum + Adsorbens ein Dialysat zeitigte, das mit Ninhydrin keine Blaufärbung gab. Es hatte in diesen Fällen das Adsorbens in für das Auge indirekt erkennbarer Weise mit Ninhydrin reagierende Stoffe zurückgehalten. Nur ganz vereinzelt erhielten wir Resultate, wie sie von Plaut und Ewald beschrieben worden sind. In jedem dieser Fälle erwies sich die angewandte Hülse als für Eiweiß durchlässig. Vielleicht finden die eigenartigen Ergebnisse von Plaut und Ewald in folgendem ihre Erklärung. Bei der Hülsenprüfung gibt man in diese 1,5 ccm Serum und dialysiert gegen Wasser. Gibt man ein Adsorbens hinzu, dann nimmt das Serum einen höheren Stand in der Hülse ein. Es kommen Anteile der Hülse für die Dialyse in Verwendung, die auf ihre Eiweißdurchlässigkeit nicht geprüft sind. Es kann auch das Adsorbens an der Innenwand der Dialysierhülse emporwandern und Serum mitführen. Es kann so zu einer unkontrollierbaren Verdunstung und damit zu einer Konzentration des Serums kommen. Schließlich besteht noch die Möglichkeit, daß die Adsorbentien in ihrer Oberfläche Stoffe verändern und auf diesem Wege zu einer Vermehrung an dialysablen Produkten führen. Unter den gewählten Bedingungen kommt auch diese Möglichkeit kaum in Frage.

Wir haben mit Hilfe des Interferometers — auf dieses wichtige Instrument kommen wir gleich zurück — Studien über das Verhalten des Serums bei Zusatz verschiedener Adsorbentien gemacht. Es zeigte sich deutlich, daß eine Aufnahme von Stoffen stattfand. Die Adsorption ist jedoch geringfügig. Die folgende Tabelle gibt

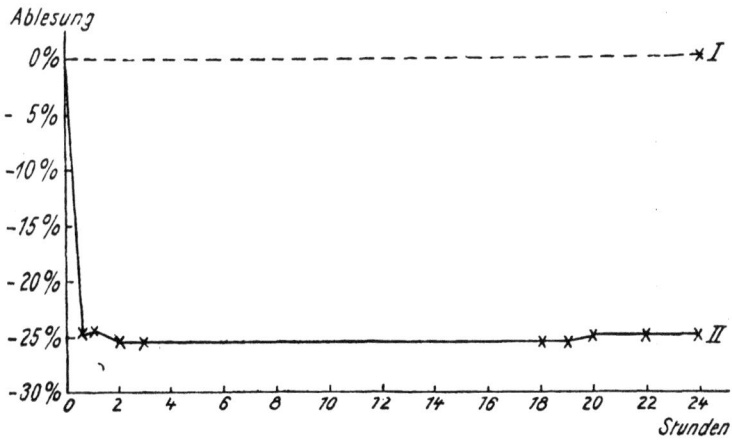

Abb. 11.

8. VIII. 21. $I = 0,005$ g Plazenta $+ 0,5$ ccm Rinderserum.
$II = 0,8$ g Kaolin $+ 4$ ccm Rinderserum.

einen Einblick in solche Adsorptionsversuche. Die Zahlen bedeuten die durch die Adsorption bedingte Veränderung in der Konzentration des Serums. Wäre es unbeeinflußt geblieben, dann würde der Nullpunkt unverändert beibehalten. Die Abweichungen, die fast durchwegs nach — gehen, beweisen die positive Adsorption[1]).

---

[1]) Emil Abderhalden, Fermentforschung. 5. 119 (1921).

Serumart 1,5 ccm	Talkum 0,1 g Proz.	Talkum 0,5 g Proz.	Kaolin 0,1 g Proz.	Kaolin 0,5 g Proz.	Kieselgur 0,1 g Proz.	Kieselgur 0,5 g Proz.	Tierkohle 0,1 g Proz.	Beobachtungszeit
Pferdeserum	— 1,42	— 4,97	— 12,07	— 21,30	— 14,20	— 18,46	— 4,26	24 Std.
,,	0	— 5,68	— 16,33	— 34,08	— 25,56	— 53,96	— 21,30	24 ,,
,,		— 4,97	— 11,36	— 31,95		— 16,33		24 ,,
,,	— 5,68	— 7,10	— 9,94	— 16,33	— 2,84	— 5,68	0	24 ,,
,,	— 2,84	— 7,81	— 3,55	+ 0,71	+ 14,91	+ 5,68	+ 13,49	24 ,,
,,	— 2,13	— 12,07	— 14,91	— 36,21	— 40,47		— 21,30	24 ,,
,,	0	0	— 5,68	— 10,65	— 9,94	— 19,88	— 8,52	24 ,,
,,	— 7,81	— 12,07	— 19,88	— 24,85	— 26,27	— 50,41	— 13,49	24 ,,
,,	— 4,26	— 7,10	— 12,07	— 18,46	— 19,88	— 26,27	— 12,07	24 ,,
Hammelserum	— 4,26	— 6,39	— 10,65	— 19,17	— 4,26	— 21,30	— 12,07	24 ,,
,,	+ 2,13	— 0,71	— 5,68	— 14,91	+ 4,26	+ 13,49	+ 42,60	24 ,,
,,	0	— 13,49	— 16,33	— 14,91	— 5,68	— 5,68	— 7,81	24 ,,
,,	+ 2,84	+ 0,71	— 12,07	— 26,27	— 5,68	— 26,98	— 7,81	24 ,,
,,	— 6,39	— 7,10	— 17,04	— 24,14	— 9,94	— 17,75	— 4,26	24 ,,
Rinderserum	— 2,13	— 2,13	— 2,13	— 4,97	— 2,84	— 7,81	— 9,94	24 ,,
,,	+ 0,71	— 4,97	— 20,59	— 33,37	— 9,94	— 39,05	— 12,07	24 ,,
,,	— 17,04	— 22,72	— 29,82	— 32,66	— 22,01	— 29,11	— 8,52	24 ,,
,,	— 1,42	— 2,84	— 12,07	— 15,62	— 0,71	— 0,71	— 2,84	24 ,,
Ziegenserum	0	— 3,55	— 7,81	— 19,17	— 11,36	— 32,66	— 7,81	24 ,,
Schweineserum	— 26,27	— 29,82	— 34,08	— 44,02	— 23,43	— 18,46	+ 3,55	24 ,,
Pferdeserum	— 4,97	— 17,75	— 6,39	— 25,56	— 12,78	— 20,59	+ 0,71	16 ,,
Hammelserum	— 7,81	— 2,84	0	— 2,13	+ 2,84	0		16 ,,

Die Abb. 11–13 machen die Ergebnisse der Adsorptionversuche noch anschaulicher. Man erkennt, daß nach erfolgtem Zusatz des Adsorbens fast unmittelbar eine Veränderung eintritt, die bestehen bleibt. Weitere Veränderungen erfolgen nicht. Zum Vergleich ist dargestellt, wie bei Verwendung von Serum von Schwangeren + Plazenta fortlaufend Veränderungen eintreten (vgl. Abb. 13). Stammte das Serum von einem nicht schwangeren Individuum, dann blieb sein optisches Verhalten während der ganzen Beobachtungszeit unverändert (vgl. Abb. 11).

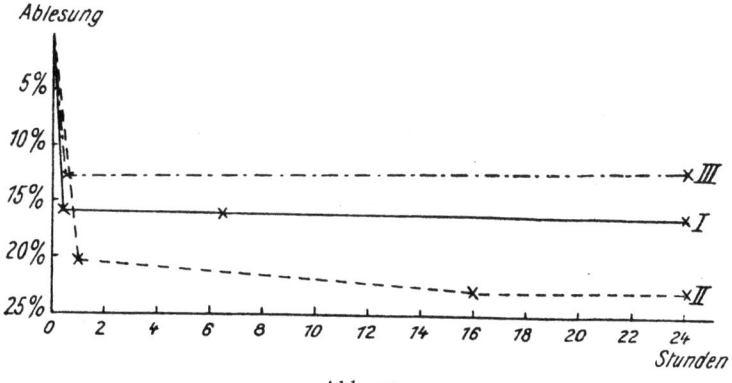

Abb. 12.

—— *I* 19. VII. 21. 5 ccm Hammelserum + 0,5 g Kaolin, abgelesen im Interferometer nach $1/_2$, $6^1/_2$ und 24 Std.
----- *II* 21. VII. 21. 5 ccm Pferdeserum + 0,5 g Kaolin, abgelesen im Interferometer nach 1,16 und 24 Std.
----- *III* 15. VII. 21. 4 ccm Rinderserum + 0,5 g Kaolin, abgelesen im Interferometer nach $1/_2$ und 24 Std.

II. Optische Methoden.

Es sind zur Feststellung der Abderhaldenschen Reaktion zwei im Prinzip verschiedene optische Methoden in Anwendung gekommen. Es ist auf der einen Seite auf Veränderungen des Drehungsvermögens des Serumsubstratgemisches mittels des Polarisationsapparates untersucht worden[1]). Auf der anderen Seite wurde auf Veränderungen des Brechungsvermögens des Serums nach Zusatz bestimmter Substrate gefahndet. Für diese Methode ist von Pregl die Refraktometrie[2]) zur Anwendung ge-

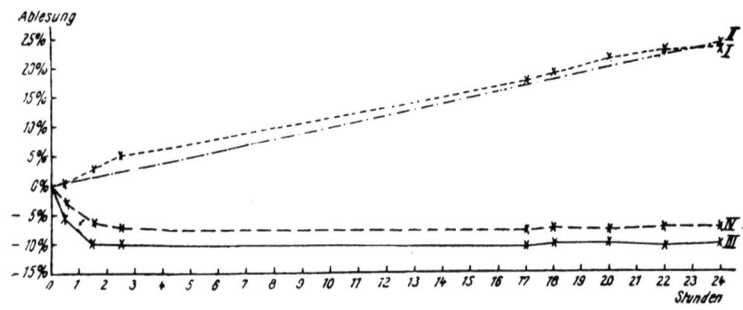

Abb. 13.

23. VIII. 21.   I 0,025 g Plazenta + 2,5 ccm Schwangerenserum.
----- II 0,005 g Kaolin + 0,5 ,,   ,,
-----III 0,1 g Kaolin + 2,5 ,,   ,,
.... IV 0,1 g Tierkohle + 2,5 ,,   ,,
Das Dialysierverfahren ergab: Plazenta +.

kommen. Auf der anderen Seite hat Paul Hirsch[3]) das von Loewe[4]) ausgearbeitete Interferometer

---

[1]) Emil Abderhalden l. c. die ersten Arbeiten über ,,Abwehrfermente". Vgl. insbesondere Zeitschr. physiol. Chem. **84**. 300 (1913).

[2]) Fritz Pregl und M. de Crinis, Fermentforschung. **2**. 58 (1917).

[3]) Paul Hirsch, Zeitschr. f. physiol. Chem. **91**. 440 (1914); Dtsch. med. Wochenschr., Nr. 31 (1914); Fermentforschung. **1**. 33 (1914). Vgl. auch Fermentstudien. Gustav Fischer. Jena 1917.

[4]) F. Loewe, Zeitschr., f. physikal. Chem. **11**. 1047 (1910).

in den Dienst des Nachweises der Abderhaldenschen Reaktion gestellt.

Es ist vielleicht nicht überflüssig hervorzuheben, daß alle Methoden, die zum Nachweis der erwähnten Reaktion zur Anwendung und Ausarbeitung gekommen sind, selbstverständlich auch zum Nachweis anderer Fermentwirkungen in Anwendung kommen können. Die erste der genannten Methoden, die Polarisation, setzt allerdings optisch-aktive Substrate voraus, bzw. es müssen bei der Einwirkung der Fermentlösungen optisch-aktive Abbaustufen entstehen. Die auf Änderung des Brechungsvermögens aufgebauten Methoden setzen natürlich voraus, daß entsprechende Veränderungen in der beobachteten Lösung vor sich gehen können. Ich darf vielleicht auch darauf hinweisen, daß durch die Anpassung bereits vorhandener Methoden an das bestimmte Problem des Nachweises von Fermentwirkungen im Serum, ein bedeutsamer Fortschritt im Nachweis von Fermentwirkungen überhaupt zutage gefördert worden ist.

Bei dieser Gelegenheit möchte ich kurz eine Frage streifen, die häufig gestellt wird, nämlich die, weshalb zu den Untersuchungen an Stelle von Plasma Serum verwendet wird. Der Umstand, daß fast alle Untersuchungen mit Serum vorgenommen worden sind, beruht nicht nur darauf, daß Serum leichter zu gewinnen ist als Plasma, vielmehr spricht für Serum, daß Plasma leichter Veränderungen erleidet. Das in ihm enthaltene Fibrinogen kommt nachträglich häufig, wenigstens zum Teil, zur Abscheidung. Bewahrt man gleichzeitig Serum und Plasma auf, dann kann man sich leicht davon überzeugen, daß im Plasma häufiger Veränderungen aufzufinden sind als im Serum. Diese Veränderlichkeit stört vor allen Dingen bei Anwendung der optischen Verfahren. Es kommt noch hinzu, daß die Befürchtung besteht, daß durch jene Zusätze (Ammonoxalat, Ammonzitrat, Fluornatrium), die die Blutgerinnung verhindern sollen, schädliche Einflüsse auf die Fermentwirkung ausgeübt werden können. Wir haben viele Untersuchungen mit Plasma angestellt und dabei ganz entsprechende Ergebnisse, wie mit Serum, erhalten. An und für sich hätten wir die Anwendung von Plasma vorgezogen, weil immerhin die Möglichkeit besteht, daß das Blutgerinnsel Ferment festhält. Ferner war denkbar, daß Plasma und Serum prinzipiell verschieden wirken.

A. Die Polarimetrie.

Die Versuche über Drehungsveränderungen des Serums beim Zusammenbringen mit bestimmten Substraten lassen sich auf zwei Arten durchführen. Man kann einmal das Serum mit eiweißhaltigen Substraten zusammenbringen, das Gemisch bei 37 Grad aufbewahren und dann von Zeit zu Zeit nach erfolgtem Zentrifugieren etwas Serum abheben und das Drehungsvermögen bestimmen. Dieses Verfahren ist nur in ganz wenigen

Fällen zur Anwendung gekommen. Es erfordert eine ganz besonders große Sorgfalt, damit nicht durch Verdunstung und Infektionen Veränderungen im Serum auftreten, die nichts mit einer Einwirkung des Serums auf die Substrate zu tun haben. Dazu kommt, daß das Serum beim Zusammensein mit Substraten in manchen Fällen sich bald trübt, wodurch eine exakte Beobachtung des Drehungsvermögens verhindert wird. Vgl. hierzu Seite 186.

Das zweite Verfahren besteht in folgendem: **Aus den Eiweißkörpern wird durch Abbau Pepton erzeugt.** Die Hydrolyse der Proteine kann durch Fermente oder Säuren herbeigeführt werden. Der Abbau darf nicht zu weit gehen. Es müssen Bruchstücke mit spezifischem Bau übrig bleiben. Leider sind unsere Kenntnisse in der Eiweißchemie noch nicht so weit, daß wir bestimmte Anhaltspunkte dafür haben, wann eine bestimmte Struktur noch vorhanden oder aber bereits zerstört ist. Aus diesem Grunde mußte die Erfahrung für das Verfahren der Darstellung der Peptone maßgebend werden. Es waren außerordentlich viele tastende Versuche notwendig, um zu Peptonen zu gelangen, die nach allen unseren Erfahrungen noch einen spezifischen Bau zeigen. Diese Peptone wurden in Wasser bzw. 0,9%iger Kochsalzlösung bzw. in einem Phosphatgemisch gelöst und mit Serum zusammengebracht. Das Gemisch wurde in ein Polarisationsrohr eingefüllt. Von Zeit zu Zeit wurde mittels eines auch geringfügigere Änderungen des Drehungsvermögens erkennen lassenden Apparates das Drehungsvermögen der Lösung bestimmt. Zur Kontrolle wurde das Serum und die Peptonlösung für sich polarisiert. Die erste Ablesung erfolgte unmittelbar, nachdem das Gemisch die Temperatur 37 Grad angenommen hatte. Das festgestellte Drehungsvermögen wird als Anfangsdrehung bezeichnet. Das Polarisationsrohr bleibt mit seinem Inhalte auf 37 Grad erwärmt. Von Zeit zu Zeit, z. B. alle 30—60 Minuten, wird das Drehungsvermögen wieder festgestellt. Es wurde beobachtet, daß es in vielen Fällen konstant blieb, d. h. während der ganzen, mindestens 24—48 Stunden umfassenden Beobachtungszeit wurde immer wieder die Anfangsdrehung abgelesen. In anderen Fällen wurde bei jeder Ablesung ein anderes Drehungsvermögen festgestellt. Es zeigte sich nun, daß die keine Änderungen des Drehungsvermögens zeigenden Fälle, auch beim Dialysierverfahren ein negatives Resultat ergaben. Umgekehrt deckten sich die beim Dialysierverfahren positiven Fälle mit denen, bei denen das Gemisch Pepton + Serum eine Veränderung der Anfangsdrehung aufwies. Selbstverständlich wurden bei den mit einander zu vergleichenden Versuchen Peptone aus denselben Organen verwendet, die in Form von Eiweißorgansubstraten beim Dialysierverfahren zur Anwendung kamen. Ich möchte auch hier betonen, daß keineswegs vorauszusehen war, daß bei Anwendung von Peptonen irgendwelche spezifischen Reaktionen feststellbar sein würden. A priori war es sogar wahrscheinlicher, daß durch die Hydrolyse der einzelnen Organeiweißstoffe der spezifische Charakter verloren geht. Es hätte mich gar nicht überrascht, wenn es sich herausgestellt hätte, daß diejenigen Sera, die eine Einwirkung auf Peptone zeigen, ohne jede Auswahl die verschiedensten Organpeptone zum Abbau bringen.

Unsere Befunde, die bei der Wirkung von Serum auf Organpeptone erhalten worden sind, decken sich sehr gut mit den auf Seite 41 erwähnten, wonach fermenthaltige Preßsäfte nicht jedes aus Organeiweißstoffen gewonnene Pepton zum Abbau bringen, vielmehr beschränkt sich die Einwirkung auf das Organpeptongemisch, das dem Organe entstammt, aus dem der Preßsaft gewonnen wurde. Auch diese Versuche beweisen, daß durch die Umwandlung zelleigener Eiweißstoffe in hochmolekulare Peptone, der spezifische Charakter der in Frage kommenden Verbindungen nicht verwischt wird. Man muß sich immerhin vor Augen halten, daß tiefere Abbaustufen ganz entschieden keine spezifischen Strukturverhältnisse mehr erkennen lassen. Es folgt daraus, daß bei der Darstellung der Peptone mit der allergrößten Sorgfalt verfahren werden muß.

In diesem Zusammenhange sei kurz gestreift, daß bei Verwendung von Verbindungen, von Emil Fischer Polypeptide genannt, die mehrere Aminosäuren in säureamidartiger Verkettung enthalten, über deren Struktur wir durch die Synthese ganz genau unterrichtet sind, Ergebnisse erhalten werden, die ganz besonders berufen sind, uns über spezifische Wirkungen von Fermenten verschiedener Herkunft zu unterrichten. Leider ist die Herstellung derartiger Substrate sehr schwierig und zeitraubend. Es müßte angestrebt werden, möglichst hochmolekulare Produkte zu erzeugen. Alle nach dieser Richtung liegenden Wünsche müssen zur Zeit zurückstehen, würde doch die Herstellung eines aus 10 Aminosäuren bestehenden Produktes unter den heutigen Verhältnissen weit über 100000 Mark kosten, wobei noch zu berücksichtigen ist, daß dann höchstens ein bis zwei Gramm des Polypeptides zur Verfügung ständen!

Es sei kurz an ein paar Beispielen ein Einblick in dieses Forschungsgebiet gegeben[1]). Man kann zum Beispiel aus den Bausteinen Glykokoll und d-Alanin zwei strukturisomere Dipeptide aufbauen, nämlich Glycyl-d-alanin und d-Alanyl-glycin. Beide Produkte sind optisch-aktiv. Man kann nun verfolgen, ob fermenthaltige Lösungen diese beiden Dipeptide zu zerlegen vermögen, indem man z. B. auf chemischem Wege die entstehenden Spaltprodukte isoliert. Einfacher gestaltet sich der Versuch, wenn man das Dipeptid in Lösung bringt und diese mit der zu untersuchenden fermenthaltigen Flüssigkeit in ein Polarisationsrohr füllt und nun ganz einfach die Anfangsdrehung bestimmt und verfolgt, ob sie sich verändert. So hat z. B. d-Alanylglycin eine spezifische Drehung von 50 Grad nach rechts. Glykokoll ist optisch inaktiv, d-Alanin dreht in wässriger Lösung 2,4 Grad nach rechts. Zerfällt d-Alanyl-glycin

---

[1]) Vgl. hierzu Emil Abderhalden und A. H. Koelker, Zeitschr. f. physiol. Chem. 51. 294 (1907); 54. 363 (1908).

in seine Bausteine, dann muß das Drehungsvermögen rasch abnehmen. Man kann zahlreiche Fragestellungen von der erwähnten Grundlage aus beantworten. Einmal kann man die Geschwindigkeit der Zerlegung des angewandten Polypeptids durch Verfolgung der Drehungsveränderungen bestimmen. Man kann ferner den Einfluß verschiedener Produkte auf den zeitlichen Verlauf der Fermentspaltung prüfen. So wurde z. B. entdeckt, daß die Abbauprodukte, vor allem die sich bildenden Aminosäuren, den weiteren Verlauf der Fermentspaltung hemmen[1]).

Ganz besonders schöne Studien kann man mit optisch-aktiven Polypeptiden machen, die mehr als zwei Bausteine enthalten.

Ein Beispiel möge diese Art des Studiums der Wirkung der Zellfermente klar machen[2]). Die folgende Übersicht gibt Auskunft über das Drehungsvermögen von drei aus drei Aminosäuren bestehenden Polypep-

---

[1]) Vgl. Emil Abderhalden und A. Gigon, Zeitschr. f. physiol. Chem. 53. 251 (1907). — Emil Abderhalden und Markus Guggenheim, ebenda. 54. 331 (1908). — Emil Abderhalden und A. Fodor, Fermentforschung. 1. 533 (1916). — Vgl. ferner Emil Abderhalden, Lehrbuch der physiologischen Chemie. 4. Aufl. Bd. I. Vortrag XVIII, Bd. II. Vortrag XVI. Urban & Schwarzenberg. Berlin und Wien 1920/21.

[2]) Es liegt hier ein gewaltiges Arbeitsgebiet, das reiche Früchte für die verschiedensten Probleme der Erforschung der Chemie des Eiweißes, der Immunitätsforschung, der Bakteriologie usw. verspricht, einzig und allein deshalb brach, weil das Geld fehlt, um ein kleines Heer ausgezeichneter, junger Chemiker zu besolden.

tiden. Gleichzeitig ist das optische Verhalten der einzelnen Spaltstücke angegeben.

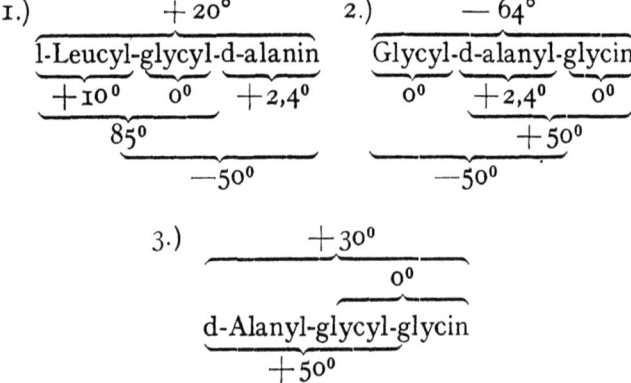

Die Erklärung des Beispiels 3 erläutert auch die anderen. Das Tripeptid d-Alanyl-glycyl-glycin dreht $+30°$. Würde von einem Ferment zuerst Glycin (=Glykokoll) abgespalten, dann entstünde das Dipeptid d-Alanyl-glycin. Das Drehungsvermögen der Lösung müßte nach rechts ansteigen, weil d-Alanyl-glycin stärker nach rechts dreht als das Ausgangsmaterial. Würde dagegen zuerst d-Alanin frei, dann müßte das Drehungsvermögen rasch auf $0°$ sinken, denn das entstehende Dipeptid Glycylglycin ist optisch inaktiv.

Man kann nunmehr z. B. Preßsäfte aus verschiedenen Organen, aus verschiedenen Zellarten, verschiedenen Lebewesen, z. B. Mikroorganismen, ferner aus Karzinomgewebe usw. auf ihre abbauende Fähigkeit gegenüber bestimmten Polypeptiden prüfen und verfolgen, ob der Angriff auf diese an der gleichen Stelle erfolgt oder nicht, d. h. ob die gleichen Abbauprodukte entstehen oder andere[1]).

Wir erkennen mehr und mehr, daß die Fermente die feinsten Reagentien zur Erkennung feinster Struktur- und Konfigurationsunterschiede sind, die wir besitzen. Man wird sie ohne jeden Zweifel in Zukunft noch viel mehr, als es jetzt schon der Fall ist, im Laboratorium verwenden.

In diesem Zusammenhang sei noch kurz erwähnt, daß man mittels Polypeptiden Studien über den Einfluß der an ihrem Aufbau beteiligten Bausteine auf ihre Spaltbarkeit durch Fermente machen und so beweisen kann, daß geringfügige Unterschiede in der Konfiguration der Bausteine genügen, um ein solches Produkt der Fermentwirkung zugänglich zu machen oder sie zu verunmöglichen[2]).

Es ergab sich, daß, wenn man von zwei optischen Antipoden einer Aminosäure die in der Natur nicht vor-

---

[1]) Vgl. über derartige Untersuchungen: Emil Abderhalden und Carl Brahm, Zeitschr. f. physiol. Chem. **57**. 342 (1908). — Emil Abderhalden und A. Fodor, Ebenda. **81**. 1 (1912). — Emil Abderhalden, Arch. wiss. Tierheilk. **36**. 1 (1910); Zeitschr. f. Krebsforsch. **9**. 2. Heft (1910). — Emil Abderhalden und Peter Rona, Zeitschr. f. physiol. Chemie. **60**. 411 (1909). — Emil Abderhalden, A. H. Koelker und Florentin Medigreceanu, Ebenda. **62**. 145 (1909). — Emil Abderhalden und Florentin Medigreceanu, Ebenda. **66**. 265 (1910). — Emil Abderhalden und Ludwig Pincussohn, Ebenda. **66**. 277 (1910).

[2]) Vgl. Emil Fischer und Emil Abderhalden, Zeitschr. f. physiol. Chem. **46**. 52 (1905); **51**. 264 (1907).

kommende in ein Polypeptid einführt, dann z. B. Pankreassaft bzw. Trypsin dieses nicht abzubauen vermag, während die Spaltung glatt erfolgt, sobald zur Synthese des Polypeptids die in der Natur vorkommende optisch-aktive Komponente der betreffenden Aminosäure zur Verwendung kommt. Diese Beobachtung wurde z. B. dazu benützt, um Razemkörper in möglichst reine optisch-aktive Hälften zu spalten[1]) Wir wollen diesen Weg an einem ganz einfachen Beispiel kurz erörtern. In der Natur kommt l-Alanin nicht vor, wohl aber d-Alanin. Stellt man aus den Komponenten Glykokoll und d, l-Alanin das entsprechende Dipeptid, z. B. d, l-Alanyl-glycin dar, und läßt man auf dieses optisch-inaktive Produkt Pankreassaft einwirken, dann wird die eine Hälfte des erwähnten Razemkörpers — er besteht aus d-Alanyl-glycin + l-Alanyl-glycin — gespalten und zwar das erste der genannten Dipeptide. Es entstehen die Bausteine Glykokoll und d-Alanin. Es bleibt das nichtspaltbare Dipeptid l-Alanyl-glycin übrig.

Man kann auf dem erwähnten Wege auch prüfen, welche optisch-aktive Form einer in der Natur noch nicht aufgefundenen Aminosäure als eventueller Baustein von Eiweiß in Frage kommen könnte[2]). Stört die Einführung der einen optisch-aktiven Komponente in ein Polypeptid, dessen Abbau durch Fermente, während die andere

---

[1]) Emil Abderhalden u. H. Geddert: Zeitschr. f. physiol. Chemie. **74.** 394 (1911).
[2]) Emil Abderhalden und H. Kürten, Fermentforschung. **4.** 327 (1921).

kein Hindernis bildet, dann spricht alles dafür, daß die letztere eine Konfiguration hat, die den Angriff durch Fermente ermöglicht.

Sehr interessant ist es, daß auch dann der Abbau von Polypeptiden ausbleibt, wenn man einen „fremden" Baustein, d. h. eine Aminosäure in jener optisch-aktiven Form zur Synthese verwendet, die in der Natur fehlt, so in das Molekül einführt, daß vor und hinter ihm sich Aminosäuren in jener Konfiguration befinden, die im Eiweiß vorkommt. Ein Beispiel möge diesen Fall erörtern[1]):

Glycyl-d-leucyl-glycyl-l-leucin wird durch Hefemazerationssaft nicht gespalten, wohl aber Glycyl-l-leucyl-glycyl-l-leucin. Das erstere Tetrapeptid enthält den Baustein d-Leucin, der in der Natur nicht vorkommt.

B. Optische Verfahren, die Konzentrationsänderungen nachweisen.

1. Interferometrie.

F. Loewe[2]) hat ein Flüssigkeitsinterferometer konstruiert, das in besonders hohem Maße geeignet ist, kleinste Unterschiede in der Konzentration von Flüssigkeiten wiederzugeben. Bei dem Interferometer wird das Wandern von Interferenzstreifen gemessen, das durch den Unterschied in der

---

[1]) Emil Abderhalden und H. Handovsky, Fermentforschung. 4. 316 (1920).
[2]) l. c.

Lichtbrechung der zu untersuchenden Probe und einer Vergleichsprobe bewirkt wird.

Die Interferometrie verlangt ein Loewe-Zeißsches Interferometer für Flüssigkeiten, seine Einrichtung ist weiter unten beschrieben. Hier sei nur kurz erwähnt[1]), daß von einem Beleuchtungsapparat, der aus einem Osramlämpchen und einem Linsensystem besteht, ein Lichtbündel durch einen Spalt auf einen im hinteren Teil des Apparates angebrachten Spiegel fällt. In oder dicht an dieser Spiegelebene befinden sich zwei Doppelblenden, welche Beugungserscheinungen hervorrufen. Der auffallende Lichtstrahl wird vom Spiegel zurückgeworfen. Die Lichtstrahlen der parallelen Strahlenbündel müssen auf ihrem Wege von der Lichtquelle zum Spiegel und von diesem zurück unter anderem durch die mit den zu vergleichenden Flüssigkeiten gefüllten Kammern hindurch. Dabei nimmt nur die obere Hälfte der Lichtstrahlen diesen Weg. Die untere Hälfte geht unter der die Flüssigkeit enthaltenden Kammer hindurch und erzeugt ein als Nullage dienendes Interferenzstreifensystem. Man beobachtet die Interferenzstreifen durch ein Fernrohr.

Befindet sich in den beiden Kammern, die zu einer Doppelkammer vereinigt sind, Flüssigkeiten von genau der gleichen Lichtbrechung, d. h. Flüssigkeiten genau derselben Konzentration der gleichen Stoffe, so erzeugt die obere Hälfte des parallelen Strahlenbündels genau dasselbe Beugungsspektrum, wie die untere Hälfte des

---
[1]) Vgl. Paul Hirsch l. c.

Strahlenbündels. Wenn jedoch die beiden Kammern mit Flüssigkeiten verschiedener Konzentration gefüllt sind, dann ist die Interferenzerscheinung verschoben. Die optische Weglänge ist in beiden Kammern verschieden. Es läßt sich nun durch eine besondere Einrichtung der optische Unterschied im Gange der beiden Hälften des Strahlenbündels ausgleichen. Eine besondere Vorrichtung gestattet das Ablesen des zu dieser Einstellung notwendigen Vorganges.

Paul Hirsch[1]), der die interferometrische Methode zum Nachweis der Abderhaldenschen Reaktion ausgearbeitet hat, hat eine besondere Methode zur Gewinnung der Substrate angegeben. Diese müssen nämlich, soll die interferometrische Methode als Nullmethode anwendbar sein, vollständig frei von Flüssigkeit sein. Es werden sogenannte Trockenorgane verwendet. Der Gang der Untersuchung ist ein einfacher. Die eine Kammer wird mit Serum beschickt, in die andere kommt Serum vom gleichen Fall, dem jedoch Substrat — Organ- oder Eiweißpulver — zugefügt war. Man zentrifugiert das im Substratserumgemisch enthaltene Substrat unter sorgfältiger Vermeidung jeder Verdunstung ab — es wird mit verschlossenen Zentrifugierröhrchen gearbeitet —, pipettiert das Serum ab und gibt es in die zweite Kammer. Ist die Konzentration des Serums im Versuche Serum + Substrat die gleiche geblieben, dann ergibt sich keine Verschiebung des Interferenzbildes. Wenn dagegen sich die Kon-

---
[1]) l. c.

zentration des Serums durch Hinzukommen neuer Moleküle geändert hat, dann tritt eine mehr oder weniger starke Veränderung des Interferenzbildes ein.

Die interferometrische Methode erfordert nach eigenen Erfahrungen ein außerordentlich **sorgfältiges Arbeiten**. Die Methode ist so sehr empfindlich, daß jede Konzentrationsänderung durch eine geringfügige Verdunstung oder durch ein Hineingelangen von Feuchtigkeit in das Serum ganz bedeutende Ausschläge ergibt. Eine große Gefahr bedeuten vor allem Infektionen. Sie müssen infolgedessen vollständig ausgeschlossen werden. **Paul Hirsch** hat vorgeschlagen, dem Serum **Vuzin** zuzusetzen, um die Entwicklung von Bakterien zu verhindern.

Man kann an Stelle des Serums Wasser oder eine Salzlösung, z. B. eine Kochsalzlösung verwenden. In diesem Falle hat man von vornherein eine Verschiebung des Interferenzbildes. Sie wird in den Fällen dieselbe bleiben, in denen der Inhalt der beiden Kammern die Anfangskonzentration beibehält. Wenn dagegen im Serum, das mit Organsubstrat bei 37° zusammen war, sich Konzentrationsunterschiede einstellen, dann wird die Verschiebung des Interferenzbildes sich verändern. Hat man nur wenig Serum, und will man mit einer Reihe von Organsubstraten arbeiten, dann ist die Verwendung der erwähnten Flüssigkeiten an Stelle von Serum unter Umständen wünschenswert.

In den Abbildungen 14—15 sind Ergebnisse, wie sie bei der interferometrischen Untersuchung erhalten wur-

den, wiedergegeben. Abb. 15 zeigt in der Kurve a den
Verlauf der optischen Veränderungen des Serums einer

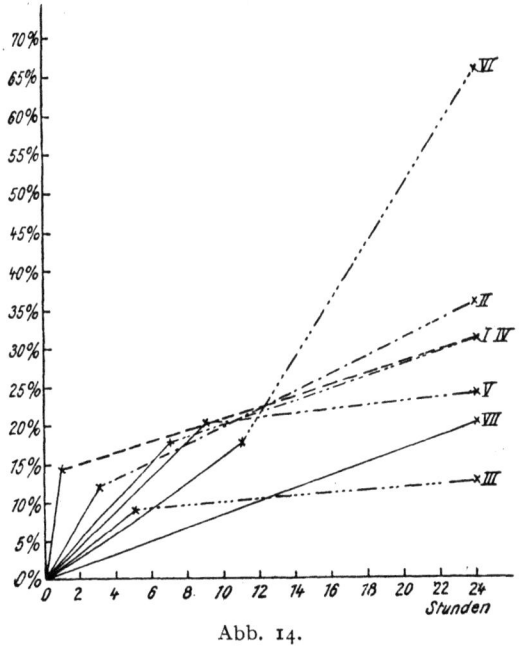

Abb. 14.

20. VI. 21. 7 Röhrchen mit je 0,005 g Plazenta und
0,5 ccm Schwangerenserum.

------ I Serum nach 1 Stunde vom Organ abgehoben.
------ II ,, ,, 3 Stunden ,, ,, ,,
----- III ,, ,, 5 ,, ,, ,, ,,
----- IV ,, ,, 7 ,, ,, ,, ,,
------ V ,, ,, 9 ,, ,, ,, ,,
..... VI ,, ,, 11 ,, ,, ,, ,,
——— VII ,, ,, 24 ,, ,, ,, ,,

Schwangeren, dem Plazentagewebe zugesetzt war
Ferner ist in Abb. 14 dargestellt, wie das Serum sich verhält, wenn es vom Substrat abgehoben (in der Abb. 14,

I—VII) und dann für sich bei 37° aufbewahrt wird. Man kennt, daß auch dann noch Veränderungen im Serum vor sich gehen. Offenbar sind höher molekulare Ab-

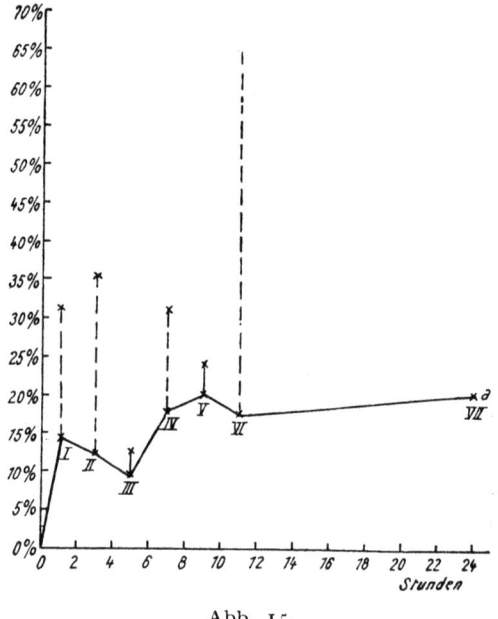

Abb. 15.

20. VI. 21. ——— a. 7 Röhrchen mit je 0,005 g Plazentaeiweiß + 0,5 ccm Schwangerenserum.
------ Nach jeder Ablesung (a) wurde das Serum vom Organ getrennt und nach 24 Stunden nochmals abgelesen.

baustufen aus Plazentastoffen im Serum zugegen, die dann weiter zum Abbau kommen. Es besteht aber auch die Möglichkeit, daß die Serumproteine unter dem Einfluß bestimmter Stoffe, z. B. Abbaustufen aus

Eiweiß, eine Änderung in ihrem physikalischen Verhalten erfahren und einen anderen Grad der Dispersität annehmen oder sonstwie verändert werden.

2. Refraktometrie.

Wir verdanken Fritz Pregl und Max de Crinis[1]) die Verwendung des Pulfrichschen Eintauchrefraktometers zur Prüfung auf die Abderhaldensche Reaktion. Pregl hat die Verwendbarkeit dieses ausgezeichneten Instrumentes aus der Zeißschen Werkstätte durch Anbringung eines Hilfsprismas sehr vervollkommnet. Es ist auf Grund der Preglschen Vorrichtung möglich, mit ganz wenig Serum auszukommen. Er selbst nennt seine Methode „Mikro-Abderhalden-Reaktion". Es handelt sich bei dieser Methode um die Bestimmung der Brechung der Lichtstrahlen, die von einem Medium in das andere übertreten. Ist das zweite Medium Serum, und bleibt dieses in seinem Brechungszustand sich gleich, dann bleibt der Grad der Brechung der einfallenden Strahlen unverändert. Wenn dagegen zu dem Serum neue Produkte hinzukommen, d. h. wenn seine Konzentration sich ändert, dann verändert sich auch die Brechkraft. Pregl hat ein besonderes Verfahren zur Herstellung der Organsubstrate (vgl. S. 152) angegeben. Wir kommen auf die ganze Methode noch eingehender zurück. Hier sei nur erwähnt, daß die Durch-

---
[1]) L. c.

führung des ganzen Verfahrens eine sehr einfache ist. Man gibt in kleine Bechergläser, die zur Bestimmung des Brechungsindexes verwendet werden, eine genau abgewogene Menge Trockenorgan und übergießt dieses mit kochender Kochsalzlösung. Nach einer Stunde saugt man die Kochsalzlösung ab, und läßt den Rest abtropfen und auf Fließpapier abfließen. Jetzt fügt man zu dem gequollenen Organ Serum, schüttelt durch und führt nunmehr nach 5 Minuten die erste Bestimmung des Brechungsindexes im Serum und die zweite nach 24 Stunden aus. Jede Konzentrationsänderung zeigt sich im veränderten Brechungsindex an. Sind Anfangs- und Endablesung sich gleich, dann beweist das, daß das Serum unverändert geblieben ist.

3. Direkte Methoden.

Unter diesem Titel seien diejenigen Methoden zusammengefaßt, die keine besonderen Einrichtungen benötigen.

a) Nachweis der Proteolyse an Hand der Zunahme der nicht koagulablen, stickstoffhaltigen Verbindungen bzw. durch Feststellung der Vermehrung der Aminogruppen.

Die Versuchsanordnung ist eine gegebene. Serum wird mit Organ- oder Eiweißsubstrat zusammengebracht und das Gemisch bei 37 Grad aufbewahrt. Zur

Kontrolle läuft ein gleicher Versuch mit Serum allein. Nach 16—24 Stunden wird der koagulable Anteil der stickstoffhaltigen Substanzen auf irgendeine Weise vollständig von dem nichtkoagulierbaren Anteil getrennt und festgestellt, ob die Menge der letzteren Substanzen zugenommen hat. Entweder wird im Filtrat des Eiweißniederschlages der Gesamtstickstoffgehalt oder aber der Gehalt an Aminostickstoff oder noch besser der Gehalt an Gesamt- und an Aminostickstoff bestimmt.[1])

So einfach, wie diese Methode aussieht, so viel Schwierigkeiten bietet sie. Es sind zwei Fehlerquellen, die das Arbeiten mit ihr zu einem schwierigen gestalten. Einmal ist es nicht leicht, das Eiweiß wirklich restlos zu entfernen. Ferner kommt hinzu, daß das ausgefällte Eiweiß stickstoffhaltige Verbindungen nichteiweißartiger Natur zurückhalten kann. Nun kann die Zunahme an nichtkoagulablen stickstoffhaltigen Verbindungen unter den gewöhnlich angewandten Bedingungen nicht groß sein. Daher kann eine Spur der Entfernung

---

[1]) Emil Abderhalden, H. Holle und H. Strauss, Wochenschr., Münch. med. Nr. 15, 804 (1914). — Emil Abderhalden und Max Paquin, Ebenda. Nr. 15, 806 (1914). — M. Paquin, Fermentforschung. 1. 58 (1914). — Slyke, Miriam Vinograd und J. B. Losee, Ebenda. 12. 166 (1915). — Emil Abderhalden und Andor Fodor, Wochenschr., Münch. med. Nr. 14, 765 (1914). B. Th. Kabanow, Fermentforschung. 1. 206 (1915). — Ernst R. Wecke, Ebenda. 1. 379 (1915). — Emil Abderhalden und Andor Fodor, Zeitschr. f. physiol. Chem. 98. 190 (1917). — Vgl. auch Donald D. van Slyke und Miriam Vinograd, Proc. of the soc. f. exp. biol. a. med. 11. 154 (1914).

entgangenen Eiweißes schon sehr ins Gewicht fallen. Ebenso kann das Untersuchungsergebnis ganz wesentlich durch Zurückhalten von nicht kolloiden stickstoffhaltigen Bestandteilen durch die kolloiden beeinflußt werden.

Im wesentlichen kommen drei Methoden zur Entfernung des Eiweißes in Frage: 1. die **Hitzekoagulation**; 2. **Fällungsmittel** und 3. die **Ultrafiltration**.

Alle diese Methoden lassen sich nur schwer in die allgemeine Praxis umsetzen. Die **Hitzekoagulation** erfordert große Erfahrung. Es muß die Reaktion der zu enteiweißenden Flüssigkeit berücksichtigt werden. Ferner muß ein bestimmter Salzgehalt (10 % NaCl) vorhanden sein. Als **Fällungsmittel** dürfen natürlich nur solche angewendet werden, die nicht auch Peptone und Aminosäuren zur Ausfällung bringen. Man kann auch eine **Ausflockung** unter Anwendung von Kolloiden herbeiführen. Am meisten angewandt worden ist das kolloidale Eisenhydroxyd (Michaelis-Rona). Die **Ultrafiltration** erfordert auch große Erfahrung. Seitdem von verschiedenen Seiten (z. B. Ostwald) einfache Methoden zur Herstellung von Ultrafiltern angegeben worden sind, dürfte sie mehr als es bisher der Fall war, zur Anwendung kommen. Allgemeine Verwendung werden die Enteiweißungsmethoden sicherlich nie finden. Erfordert doch auch die Stickstoff- und Aminostickstoffbestimmung Kenntnisse, die leider noch wenig verbreitet sind!

b) **Versuche, die angewandten Substrate in irgendeiner Weise mit Substanzen zu verbinden, die beim Abbau frei werden und leicht nachweisbar sind.**

Es tauchte beim Suchen nach einer möglichst einfachen und doch zuverlässigen Methode folgende Idee auf. Gelänge es, die Substrate mit einem Farbstoff oder sonst einer Substanz zu verbinden, die alsbald frei wird, sobald Substratbestandteile zum Abbau kommen, und die leicht erkennbar sind, dann würde sich die Versuchsanordnung sehr einfach gestalten[1]). So wurde z. B. Plazenta mit verschiedenen Farbstoffen (Karmin, Spritblau usw.) gefärbt und dann mit Wasser so lange ausgewaschen, bis die Waschflüssigkeit ganz farblos ablief. Jetzt wurde zu dem gefärbten Substrat Serum hinzugefügt und beobachtet, ob Farbstoff vom Substrat an das Serum abgegeben wird, d. h. es wurde verfolgt, ob dieses gefärbt wurde. Die ersten in dieser Richtung ausgeführten Versuche waren erfolgreich. Es zeigte sich jedoch bald, daß mehrere Fehlerquellen möglich sind. Zunächst wurde festgestellt, daß manche Farbstoffe das Eiweiß schwer oder auch ganz unangreifbar für Fermente machen. Ferner wurde beobachtet, daß in manchen Fällen das Serum den Farbstoff aus dem Substrat herauslöst, ohne daß ein Abbau stattge-

---

[1]) Emil Abderhalden, Münch. med. Wochenschr., Nr. 16. 861 (1914); Nr. 30, 970 (1917); Korrespbl. f. schweizer Ärzte. Nr. 51, (1917).

funden hatte. Es ist bis jetzt nicht geglückt, auf der erwähnten Grundlage eine Methode ausfindig zu machen, die die Probe in der Praxis mit Erfolg bestanden hätte.

Es wurde ferner versucht, das Substrat mit Metallen, z. B. Eisen zu verbinden. Serum ist absolut eisenfrei. Darauf baute sich folgendes Verfahren auf. Plazenta wurde mit Eisen beladen (Schütteln und Erwärmen mit Eisensalzen, insbesondere mit Eisenhydroxyd). Das Präparat wurde mit destilliertem Wasser so lange gewaschen, bis das Waschwasser keine Eisenreaktion mehr ergab. Nun wurde es Serum von Schwangeren und Nichtschwangeren zugefügt und beobachtet, ob im ersteren Falle Eisen frei wird und im Serum erscheint und im letzteren Falle nicht. Die Ergebnisse waren zum Teil recht gute. Der allgemeinen Durchführung der Methode ist hinderlich, daß sie eine überaus große Sorgfalt erfordert, sind doch die Methoden des Eisennachweises sehr empfindlich, und hält es außerdem schwer, zu verhindern, daß nicht von außen Spuren von Eisen in das Serum hineingelangen. Es dürfte deshalb auch dieser Weg, die Abderhaldensche Reaktion möglichst ohne besondere Hilfsmittel zur Darstellung zu bringen, kaum je praktischen Erfolg haben, es sei denn, daß ein Glückzufall eine Substanz zutage fördert, die so fest am Substrat verankert ist, daß sie nur dann in Freiheit gesetzt wird, wenn sein Träger, nämlich das Eiweiß, zum Abbau kommt. Man wird nach unseren Erfahrungen zwischen zwei Möglichkeiten stecken bleiben. Entweder sitzt der Farbstoff fest, gleichzeitig leidet aber die Abbaufähigkeit durch Fermente, oder aber die letztere ist gut, es wird aber der Farbstoff auch ohne vorausgegangenen Eiweißabbau in Freiheit gesetzt. Das letztere wird namentlich dann der Fall sein, wenn Adsorptionsverbindungen vorliegen.

c) **Verfolgung der durch Sera an Organ- bzw. Eiweißsubstraten einsetzenden Veränderungen im mikroskopischen Bild[1]).**

Die Versuchsanordnung ist eine gegebene. Entweder beobachtet man die Einwirkung von Serum auf Gefrierschnitte durch Organteile oder Eiweißflocken unter einem gewöhnlichen Mikroskop mit entsprechender Vergrößerung, oder aber man verwendet ein Ultramikroskop und wählt als Substrate feinste Gewebs- oder Eiweißteilchen. Das Mikroskop wird in beiden Fällen in einem besonders konstruierten Wärmeschrank untergebracht, so daß die Beobachtungen fortlaufend bei 37 Grad erfolgen können. Der Schnitt, bzw. das Eiweiß wird am zweckmäßigsten in einer Kammer mit Serum überschichtet. Man kann z. B. auf einem Objektträger einen Ring aus Glas festkitten oder festschmelzen und so eine Kammer herstellen. Man erkennt, wie Seite 133ff erwähnt, den eintretenden

---

[1]) Vgl. Emil Abderhalden, Fermentforschung. 4. 84 (1921).

Abbau an den eintretenden Veränderungen bestimmter Teile des Gewebes bzw. des Eiweißes. Führt man die Versuche längere Zeit unter Ausschluß von Bakterienwirkung durch, dann kann schließlich ein sehr weitgehender Zerfall des Substrates eintreten.

Besonders die Methode der direkten Betrachtung von Gewebsschnitten ist noch eines weiteren Ausbaues fähig. Man braucht zu den Versuchen nur wenig Serum. Man kann die Schnitte nach erfolgter Einwirkung des Serums färben und zum Vergleich einen möglichst gleich aussehenden, nicht mit Serum zusammengewesenen Schnitt heranziehen. Man kann so herausbekommen, welche Anteile der untersuchten Gewebe zum Abbau kommen und kann daraus wieder Fingerzeige für die Herstellung von aus Geweben isolierten Substraten gewinnen. Wir können ferner den Kreis der Prüfungsmöglichkeiten erweitern. Wir können verfolgen, ob Kernsubstanzen, Fettsubstanzen usw. zum Abbau gelangen. Es läßt sich vielleicht in manchen Fällen die Diagnose auf Abbau verschärfen. Es ist wohl möglich, daß z. B. von zwei Sera, die Schilddrüsensubstrat abbauen, das eine an ganz anderer Stelle angreift als das andere.

Von größter Bedeutung ist, und das sei hier ganz ausdrücklich hervorgehoben, daß die Organe selbst nach mehrfachem, sehr energischem Waschen und Auskochen mit Wasser in erstaunlich klarer Weise noch alle Zellstrukturen bewahren. Man erkennt die charakteristischen Gewebszellen ohne weiteres. Man sieht die Kerne usw.

Bei Verwendung des Ultramikroskops verwendet man am besten eine möglichst feine Suspension von Gewebs- bzw. Eiweißteilchen und verfolgt auch hier bei 37 Grad etwa auftretende Veränderungen. Die Beobachtungen werden häufig durch das Auftreten von Trübungen gestört und zwar gerade in den Fällen, in denen eine Veränderung zu erwarten und auch zu sehen ist.

Hier sei noch der Beobachtung gedacht, daß feinstes Gewebs- bzw. Eiweißpulver in Seren, die eine Einwirkung auf das zugesetzte Substrat haben, z. B. Schwangerenserum und Plazentagewebe bzw. aus Plazenta gewonnenem Eiweiß, Agglutinationserscheinungen zeigen. Die Erfahrungen reichen zur Zeit noch nicht aus, um entscheiden zu können, ob auf diesem Umstande sich eine Methode aufbauen läßt. Unter dem Ultramikroskop scheint die Zahl der die Brownsche Bewegung zeigenden Teilchen rasch abzunehmen, wenn z. B. Serum von Schwangeren und Plazentaciweißteilchen zusammengebracht werden. Nach dieser Richtung sind weitere Versuche im Gange. Sie müssen auf breiter Grundlage aufgebaut werden, sollen nicht Zufälligkeiten oder aber Erscheinungen, die nicht direkt mit der ganzen Reaktion zusammenhängen, irrige Schlüsse bedingen. Es wäre von fundamentaler Bedeutung, eine Methode zu haben, die in wenigen Minuten ein sicheres Ergebnis zeitigt.

d) Die direkte Beobachtung des Einflusses von Serum auf Organsubstrate und Eiweißstoffe ohne Anwendung eines optischen Instrumentes[1]).

Die Technik dieser Methode ist denkbar einfach. Man gibt steriles Serum zu ausgekochtem Organ- bzw. Eiweißsubstrat in einem sterilen Röhrchen, verschließt es mit einem sterilen Stopfen (man kann es auch zuschmelzen) und bewahrt es bei 37 Grad auf. Man beobachtet von Zeit zu Zeit das Verhalten des Organes und des Serums. Handelt es sich z. B um Serum von Schwangeren, dann tritt oft schon nach wenigen Stunden eine deutliche Trübung des Serums auf. Sie nimmt mehr und mehr zu, bis dieses schließlich vollkommen undurchsichtig wird. Das Substrat zeigt auch deutliche Veränderungen. Es wird an seiner Oberfläche durchscheinend. Es quillt auf. Ferner beobachtet man oft einen Zerfall der Substratstückchen in kleinere Teilchen. Serum von Nichtschwangeren bleibt klar, und das Substrat läßt auch keine Veränderungen erkennen, vorausgesetzt, daß es steril und ferner nicht durch Fettstoffe (Lipoide) zum vornherein getrübt ist. Einige Abbildungen mögen die Ergebnisse solcher Versuche zeigen (Abb. 16—19).

Man kann die direkte Beobachtung mit einer Stickstoff- und einer Aminostickstoffbestimmung kombinieren. Als Kontrolle dient Serum ohne jede Zugabe.

---

[1]) Emil Abderhalden, Fermentforsch. 5. 163 (1921); Mediz. Klinik. Nr. 48 (1921).

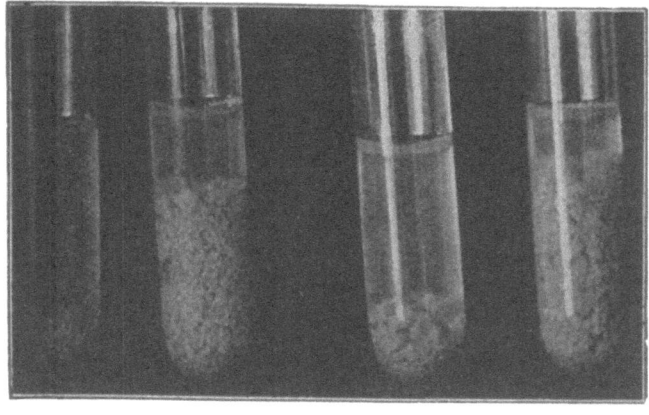

1 2 3 4
Abb. 16. Aussehen des Röhrcheninhaltes zu Beginn des Versuches.

1 2 3 4
Abb. 17. Aussehen des Röhrcheninhaltes nach 3 Tagen.

1. u. 2. Serum einer nicht schwangeren Person + Plazenta.
3. u. 4. Serum einer Schwangeren + Plazenta.

Auch sie wird bei 37 Grad aufbewahrt. Nach einer bestimmten Zeit, z. B. 24 oder 36 Stunden, entnimmt man der Kontrollprobe und dem eigentlichen Versuche 1—2 ccm Serum und stellt die erwähnten Werte fest. Die Zunahme an Gesamtstickstoff im Serum des Serum-Substratversuches gegenüber dem mit Serum allein ausgeführten Versuch beweist, daß zu den im Serum vorhandenen stickstoffhaltigen Substanzen neue hinzugekommen sind. Diese können nur dem Substrat entstammen! Auch auf diesem Wege läßt sich der Beweis erbringen, daß der Abderhaldenschen Reaktion ein Abbau von Substrateiweiß zugrunde liegt und nicht ein solcher von Serumeiweiß.

Ich möchte das Verfahren der direkten Beobachtung vorläufig mit aller Vorsicht als Methode hinstellen. Es müssen noch viel mehr Erfahrungen mit ihr gesammelt werden. Es sind Beobachtungen gemacht worden, die zeigen, daß die direkte Methode einstweilen nicht für sich allein verwendet werden sollte. So wurde festgestellt, daß bei Schwangerschaft im 9. und 10. Monat die Trübung des Serums ausbleiben kann, bzw. sehr geringfügig ausfällt. Ferner wurde bei trächtigen Pferden — das Serum anderer Tierarten ist nach dieser Methode noch nicht geprüft — beobachtet, daß ein ganz eigenartiges Verhalten auftritt. Die Plazenta zerfällt in feinste Teilchen. Das Serum bleibt dabei meistens klar, jedoch zeigt sich an der Berührungsstelle zwischen Serum und

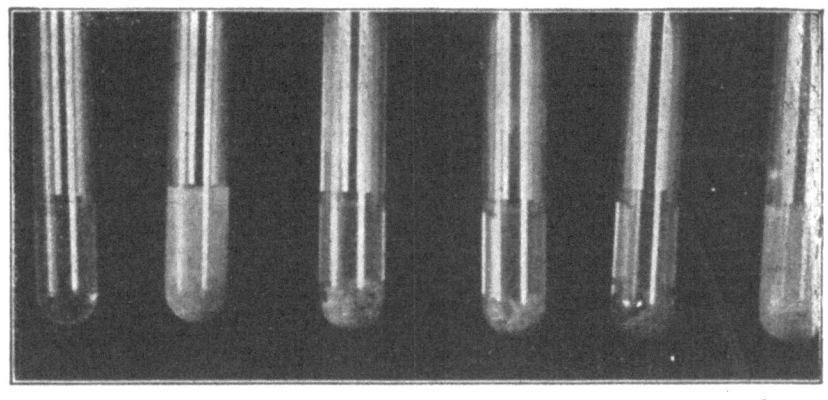

1   2   3   4   5   6

Abb. 18. Fall von Magenkarzinom. Beobachtung nach 16 Stunden.

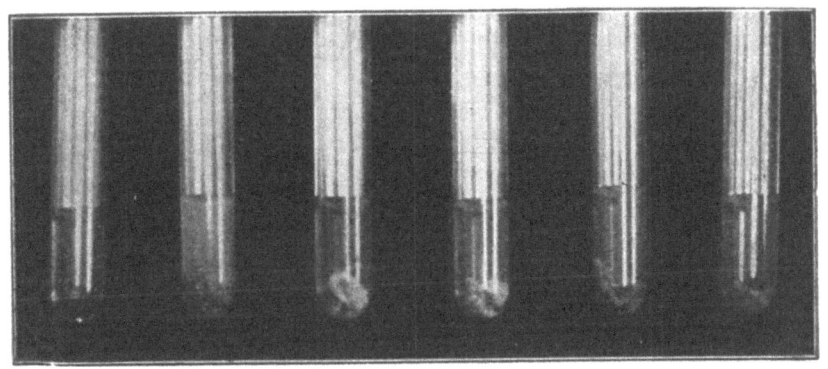

1   2   3   4   5   6

Abb. 19. Fall von Magenkarzinom. Beobachtung nach 48 Stunden.

1. Serum allein.
2. ,, und Magenkarzinom.
3. ,, ,, Uteruskarzinom.
4. Serum und Leberkarzinom.
5. ,, ,, Darmkarzinom.
6. ,, ,, Oesophagussarkom.

Substrat oft eine Fällung, die beim Umschütteln zum Teil wieder der Beobachtung entgeht. Weitere Versuche müssen zeigen, welcher Art diese Fällung ist. Vereinzelt wurde auch eine Trübung der Kontrolle festgestellt. Es steht noch nicht fest, ob eine Infektion vorlag, oder aber ob sie auf Abbauvorgänge zurückzuführen war, die an gelösten Produkten (z. B. Peptonen) vor sich gingen, die bereits im Serum ohne Zusatz von Substrat vorhanden waren.

Es unterliegt keinem Zweifel, daß die eben geschilderte Methode ganz allgemein nicht so sichere Resultate ergibt, wie das Dialysierverfahren und die optischen Methoden. Man muß a priori mit der Möglichkeit rechnen, daß nicht in jedem Falle beim Auftreten von Abbaustufen im Serum Trübungen entstehen. Es ist wohl denkbar, daß es auf die Art der Abbauprodukte ankommt, und daß ferner der Gehalt des Serums an verschiedenen Eiweißstoffen und insbesondere an Globulinen und ferner an anderen im kolloiden Zustand befindlichen Verbindungen, wie z. B. an Lipoiden, eine große Rolle spielt. Vielleicht befinden sich in bestimmten Fällen die Proteine oder einzelne davon im Serum in einem besonders labilen Zustand. Es ist wohl möglich, daß den Lipoiden auch eine Bedeutung beim ganzen Vorgang zukommt. Erst wenn ein sehr großes Material vorliegt, wird man ein Urteil über die Verwendbarkeit dieser sehr einfachen Methode in speziellen Fällen abgeben können. Vor allem müssen vergleichende Untersuchungen zeigen, inwieweit die Trübung des Serums mit

Vorgängen parallel läuft, die man mit anderen Methoden verfolgen kann. Es ist immerhin möglich, daß ein Undurchsichtigwerden des Serums unter Umständen eine ganz andere Ursache haben kann, als den Vorgängen bei der A. R. entspricht.

Die Methode kann selbstverständlich noch modifiziert und z. B. für kleinere Serum- und Substratmengen eingerichtet werden. Es ist leicht aus ihr eine Mikromethode zu schaffen. Man wird auch die Feststellung des Auftretens der Trübungen noch verfeinern können, so daß auch geringfügige Veränderungen im optischen Verhalten des Serums zur Beobachtung kommen. Man wird ferner gleichzeitig die Substratveränderungen unter dem Mikroskop studieren können.

e) Beobachtungen über die Senkungsgeschwindigkeit der roten Blutkörperchen im Serum.

Die Arbeiten von Fåhraeus[1]) haben erneut die Aufmerksamkeit auf ein Phänomen gelenkt, das in mancher Hinsicht schon seit langer Zeit bekannt war. Es zeigen die roten Blutkörperchen im Serum von Schwangeren eine bedeutend schnellere Senkungsgeschwindigkeit als im Serum von Nichtschwangeren, vorausgesetzt, daß die Personen, denen das Blut entnommen worden ist, gesund sind. Die Suspensionsstabilität des Blutes ist nämlich

---

[1]) R. Fåhraeus, The suspension stability of the blood. Stockholm 1921; Acta med. scandinav. **54**. 247 (1921).

auch bei anderen Prozessen (Entzündungen, Lues usw.) mehr oder weniger stark verändert. Es ist gewiß nicht ohne Bedeutung, daß man eine gegen die Norm veränderte Suspensionsstabilität des Blutes bei Zuständen findet, bei denen auch meine Reaktion positiv ausfällt. Es interessierte mich[1]), festzustellen, ob Eiweißabbaustufen imstande sind, die Senkungsgeschwindigkeit von roten Blutkörperchen zu beschleunigen. Die Versuchsanordnung war eine gegebene. Die gleichen roten Blutkörperchen wurden in gleicher Menge zu dem gleichen Volumen Serum zugesetzt, dem im einen Falle nichts, im anderen z. B. Pepton zugesetzt worden war. Es wurde von Zeit zu Zeit festgestellt, um wieviel die Blutkörperchensäule im Serum gefallen war.

Man kann die Methode der Prüfung der Senkungsgeschwindigkeit von roten Blutkörperchen im Serum mit der oben erwähnten direkten Methode kombinieren. Nachdem die Beobachtungszeit abgelaufen ist, d. h. nachdem man festgestellt hat, ob das Serum sich im Versuch Serum + Substrat getrübt hat oder klar geblieben ist, entnimmt man den Röhrchen des Kontrollversuches „Serum allein" und des eigentlichen Versuches „Serum + Substrat" gleiche Mengen Serum und fügt ihnen in einem engen, hohen Röhrchen die gleiche Menge roter Blutkörperchen zu. Man beobachtet, ob sich ein Unterschied in deren

---

[1]) Emil Abderhalden, Fermentforschung. 4. 230 (1920).

Senkungsgeschwindigkeit zeigt. Diese Methode hat wohl nur wissenschaftliches Interesse und kommt für die Praxis kaum in Betracht.

Zum Schlusse sei noch kurz der Bestrebungen gedacht, Unterschiede im Verhalten des Serums, das mit Substraten in Berührung gewesen war, gegenüber solchem, bei dem das nicht der Fall war, durch die Feststellung des Leitvermögens und der Oberflächenspannung, gemessen an der Tropfenzahl und der Steighöhe in Kapillaren, aufzudecken. Praktisch brauchbare Ergebnisse sind kaum zu erhoffen, weil die zu erwartenden Eiweißabbaustufen weder die Oberflächenspannung wesentlich beeinflussen, noch im Leitvermögen sich gut meßbar zum Ausdruck bringen. Man darf bei allen diesen Methoden nicht außer acht lassen, daß die Mengen der sich bildenden Produkte nicht groß sind.

Praktischer Teil.

I. Das Dialysierverfahren.

Die theoretischen Grundlagen dieser Methode sind Seite 144 ff. dargelegt. Es sei hier der Gang einer Untersuchung in allen Einzelheiten erörtert.

Zur Durchführung des Dialysierverfahrens sind folgende Gegenstände und Präparate notwendig:
1. Dialysiermembrane.
2. Gefäße, in denen die Dialyse vollzogen wird.
3. Genaue Pipetten zum Abmessen von Flüssigkeiten.
4. Pinzetten.
5. Genau gleich weite Reagenzgläser, die beim Kochen kein Alkali an das Kochwasser abgeben. Am geeignetsten sind solche aus Jenaer-Glas.
6. Siedestäbe.
7. Reagenzien zum Nachweis von Eiweiß und von Eiweißabbauprodukten:
    a) zum Eiweißnachweis Reagens nach Spiegler-Pollaci.

Das Reagens besteht aus 1 g Weinsäure, 5 g Sublimat und 15 g Kochsalz in 100 ccm destilliertem Wasser. Zu dieser Lösung fügt man 5 ccm 40%ige Formaldehydlösung. Von diesem Gemisch gibt. man zu der in einem Reagenzglas befindlichen, auf Eiweiß zu prüfenden Lösung je nach ihrer Menge einige Kubikzentimeter, z. B. zu 5 ccm Lösung 2 cm des Reagenzes. Man unterschichtet. Ist Eiweiß vorhanden, dann erkennt man einen weißen Ring an der Berührungsstelle beider Flüssigkeitsschichten. Man prüfe von Zeit zu Zeit die Brauchbarkeit des Reagenzes an Hand einer sehr verdünnten Eiweißlösung (z.B. verdünntem Serum).

b) **Zum Nachweis von Eiweißabbaustufen: Ninhydrin in 1%iger Lösung.**

Die 1%ige Ninhydrinlösung bereitet man sich, wie folgt: Das Ninhydrin wird in Packungen zu 0,1 g in den Handel gebracht. Diese Menge schüttet man aus dem Röhrchen in einen Meßkolben von 10 ccm Inhalt. Nunmehr klopft man die Substanz aus dem Röhrchen möglichst aus, indem man dieses in den Hals des Meßkolbens einführt. Es gelingt nicht, auf diese Weise die 0,1 g Ninhydrin quantitativ in den Meßkolben überzuführen. Man muß vielmehr den Rest des Ninhydrins im Röhrchen mit destilliertem und sterilisiertem Wasser zur Lösung bringen. Diese gießt man in den Meßkolben und spült noch einige Male das Röhrchen mit Wasser aus. Jetzt füllt man den Meßkolben bis fast zur Marke auf. Das Ninhydrin ist in Wasser ziemlich schwer löslich. Man muß, um rasche Lösung herbeizuführen, etwas erwärmen. Am besten stellt man den Meßkolben in den Brutschrank. Sobald Lösung eingetreten ist, läßt man abkühlen und füllt dann genau bis zur Marke auf.

Die Ninhydrinlösung ist nicht unbegrenzt haltbar. Sie kann infiziert werden. Auch ist die Lösung lichtempfindlich. Man kann sie in einem braunen Meßkolben aufbewahren. Nötig ist das nicht, denn wenn man sich jedesmal nur 10 ccm der Lösung bereitet, so wird sie stets rasch aufgebraucht sein.

8. Eine Stoppuhr.
9. Substrate (Eiweiß, Organe).
10. Eine gute Zentrifuge.

Die Dialysierhülsen.

Anforderungen: Die Dialysiermembranen müssen zwei Anforderungen entsprechen:

1. Sie müssen für Eiweiß vollständig undurchlässig und

2. für Eiweißabbaustufen vollständig und gleichmäßig durchlässig sein.

Leider gibt es keine Dialysiermembrane, die diesen Anforderungen ohne weiteres gerecht werden. Es sind die verschiedenartigsten Materialien auf ihre Verwendbarkeit geprüft worden. Es unterliegt keinem Zweifel, daß in dem Augenblicke, in dem es gelingen würde, eine Dialysiermembran allgemein zugänglich zu machen, die die oben erwähnten Anforderungen erfüllen, das Dialysierverfahren von seinem wundesten Punkte befreit wäre.

Wir sind leider immer noch auf jene Dialysierschläuche angewiesen, die die Firma Schleicher und

Schüll in Düren in den Handel bringt[1]). Die Abb. 20 zeigt ihre Gestalt. Sie lassen sich leicht handhaben und reinigen. Leider sind viele der in den Handel gebrachten Hülsen für Eiweiß durchlässig. Ferner erweisen sie sich sehr oft als für Pepton sehr verschieden durchlässig. Endlich hat die Erfahrung gezeigt, daß die Hülsen sich im Laufe der Zeit verändern. Wir müssen uns vorläufig mit diesen Dialysierhülsen abfinden. Eigene ausgedehnte Versuche, die zum Ziel hatten, die erwähnten Hülsen durch solche aus Kollodium, durch tierische Membrane usw. zu ersetzen, hatten keinen vollen Erfolg. Vor allem hätte ich es gerne gesehen, wenn ein Dialysator zur Anwendung gekommen wäre, der stets die gleiche Dialysierfläche darbietet. Es wurde an ein Gefäß gedacht, dessen Boden durch eine Dialysiermembran dargestellt wird. Diese müßte sich einspannen und leicht wieder entfernen lassen. Leider werden solche Membrane leicht verletzt.

Abb. 20.

Es bleibt vorläufig nichts anderes übrig, als die Dialysierhülsen von Schleicher und Schüll einer eingehenden Prüfung zu unterziehen, bevor sie zur Verwendung kommen.

Prüfung der Hülsen auf Undurchlässigkeit für Eiweiß.

Die Hülsen werden, bevor an die Prüfung gegangen wird, in Wasser aufgeweicht und in diesem mindestens

---
[1]) Nr. 579 A.

drei Tage aufbewahrt. Man verwendet am besten dazu eine gut verschließbare, weithalsige Flasche mit Glasstöpsel. Sie wird mit ausgekochtem, destilliertem Wasser versehen. Dann werden die Hülsen in sie hinein gegeben. Man überschichtet dann das Waser mit Toluol. Es ist zweckmäßig, noch etwas Chloroform zuzugeben. Dieses verteilt sich zum Teil im Wasser und hilft mit, Bakterienwirkung hintanzuhalten. Das Aufbewahren in Wasser hat den Zweck, die Hülsen in den Zustand zu bringen, in dem sie bei den eigentlichen Versuchen immer bleiben. Sie werden nämlich während der ganzen Zeit ihres Gebrauches feucht gehalten.

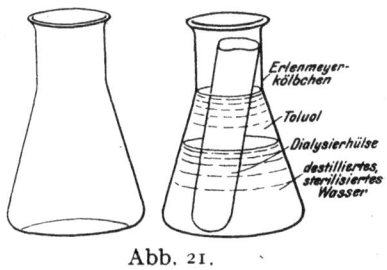

Abb. 21.

Die Aufbewahrungsart ist die eben geschilderte. Man wird die Erfahrung machen, daß die mit Wasser vorbehandelten Hülsen weniger Ausfälle bei der Prüfung auf Eiweißdurchlässigkeit ergeben.

Die Hülsen werden mit 2 ccm frischem Serum mittels einer Pipette beschickt. Man saugt das Serum mit dieser auf und führt dann ihre Spitze in das Innnere der Hülse ein und läßt nunmehr 2 ccm des Serums in diese ausfließen. Man vermeidet so, daß die Außenfläche der Hülse mit dem Serum in Berührung kommt. Nunmehr wird die Hülse mit ihrem Inhalt in ein weithalsiges, kleines Erlenmeyerkölbchen aus Jenaer Glas (vgl. Abb.21)¹), das mit 20 ccm destilliertem Wasser beschickt ist, gestellt. Inhalt der Hülse und Außenflüssigkeit werden mit einer Schicht Toluol bedeckt. Nunmehr bringt man das am besten mit einem Uhrglas oder einer kleinen Glasscheibe bedeckte Kölbchen²) in einen Brutschrank. Es ist zweckmäßig, zu dieser Prüfung 37 Grad zu wählen, weil man bei den eigentlichen Versuchen die Hülsen auch bei dieser Temperatur verwendet. Der Brutschrank muß bei allen diesen Versuchen eine grundlegende Bedingung erfüllen. Es darf zu keinen anderen Zwecken verwendet werden! Daß er konstante Temperatur halten muß, ist selbstverständlich.

Nach Ablauf von 16—24 Stunden werden die Dialysierhülsen nebst Inhalt in ein leeres Erlenmeyerkölbchen übertragen. Am besten tragen diese Nummern, damit es zu keinen Verwechslungen kommen kann. Ferner stellt man die beschickten Kölbchen in eine Reihe und stellt auch diejenigen Kölbchen in einer Reihe dahinter auf, in die die Hülsen hineingestellt werden sollen. Es ist dann leicht, jede Verwechslung zu vermeiden. Man stellt nunmehr auf einem Reagenzglasgestell die der Zahl der Kölbchen entsprechende Anzahl Reagenzgläser auf.

Nunmehr entnimmt man mit einer Pipette jedem Kölbchen mit Außenflüssigkeit je 5 ccm derselben und

---

¹) Alle Utensilien für das Dialysierverfahren mit Einschluß vorgeprüfter Hülsen liefert die Firma Schoeps, Geiststraße, Halle a. S.

²) Man kann auch Kölbchen verwenden, die sich fest verschließen lassen.

überträgt sie in eines der Reagenzgläser. Man hält sich auch hier genau an die Reihenfolge, in der die Erlenmeyerkölbchen stehen, aus denen die Dialysierhülse entfernt worden ist. Es ist ganz selbstverständlich, daß für jeden Versuch eine reine Pipette zur Anwendung kommen muß! Jetzt fügt man zu jedem Reagenzglasinhalt 2 ccm des Spiegler-Pollacischen Reagenzes und zwar so, daß eine Überschichtung eintritt. Man stellt nunmehr fest, ob das Gemisch klar bleibt oder aber, ob sich an der Stelle, an der die Flüssigkeiten ineinander diffundieren, sich eine milchige Trübung zeigt. Ist das der Fall — die leiseste Trübung genügt —, dann muß die betreffende Hülse sofort als eiweißdurchlässig verworfen werden, bzw. man bewahrt diese Hülsen unter Wasser und Toluol auf und prüft sie gelegentlich wieder. Die Hülsen werden nämlich im Laufe der Zeit oft dichter und können bei erneuter Prüfung als eiweißundurchlässig befunden werden.

Prüfung der Hülsen auf gleichmäßige Durchlässigkeit für Pepton.

Diejenigen Hülsen, die keine Spur Eiweiß hindurch gelassen haben, werden nun auf ihre Durchlässigkeit für eine Lösung von Pepton geprüft. Zuvor werden die Hülsen gereinigt. Man muß dabei sehr vorsichtig verfahren, damit sie nicht mechanisch verletzt werden. Man fasse die Hülsen nie mit Pinzetten an, die an der fassenden Fläche Rillen aufweisen. Es sind zum Anfassen der Hülsen und vor allen zum Herausholen von solchen aus der Aufbewahrungsflasche besondere Pinzetten hergestellt worden (vgl. Abb. 22). Am besten nimmt man zur Reinigung der Hülsen jede einzeln in die Hand, gießt den Inhalt (Serum) aus und spült nun

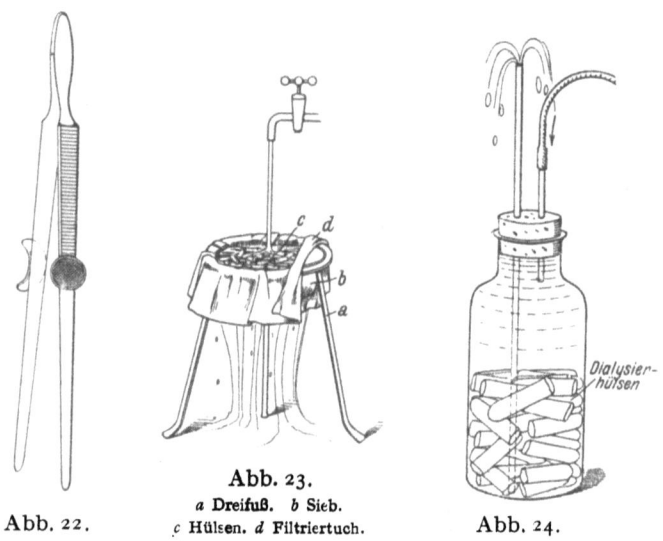

Abb. 22.

Abb. 23.
a Dreifuß. *b* Sieb.
c Hülsen. *d* Filtriertuch.

Abb. 24.

ihre Innen- und Außenfläche mit einer Spritzflasche gründlich ab. Hat man viele Hülsen zu prüfen, dann kann man die Hülsen auch, nachdem ihr Inhalt ausgegossen worden ist und eine oberflächliche Abspülung stattgefunden hat, wie in den Abb. 23 und 24 dargestellt, gründlich reinigen.

Unterdessen stellt man sich eine geeignete Peptonlösung her. Als am geeignetsten hat sich eine Lösung von

Seidenpepton erwiesen. Die Höchster Farbwerke bringen dieses in den Handel. Man geht folgendermaßen vor. Man bereitet sich eine 5%ige Seidenpeptonlösung und stellt von dieser Stammlösung ausgehend sich jene Verdünnung her, die, wie unten beschrieben, mit Ninhydrinlösung gekocht, eine noch deutlich wahrnehmbare, aber nicht zu dunkel ausfallende Blaufärbung ergibt. Bei dieser Gelegenheit übt man sich in die ganze Technik der Ninhydrinreaktion ein. Man fügt zu 10 ccm der zu prüfenden Lösung mittels einer sehr genauen, in 0,01 ccm eingeteilten Pipette (vgl. Abb. 25), 0,2 ccm einer 1%igen wäßrigen Ninhydrinlösung[1]) hinzu, und zwar verwendet man zu der Probe ein weites Reagenzrohr aus Jenaer Glas. Man gibt nun in die Lösung einen Siedestab, faßt das Reagenzglas mit einem Halter an und beginnt es zu erwärmen.

Eines der wesentlichsten Momente bei der Ausführung der Ninhydrinreaktion ist das Kochen! Man kann nicht genug Sorgfalt auf dieses verwenden. Man benütze einen Bunsenbrenner. Seine Flamme muß groß und farblos bzw. bläulich sein. Man bringe das Reagenzglas zunächst mit seiner Kuppe an die Spitze des mittleren Kegels der Flamme und beobachte scharf, wann zum ersten Male Luftblasen, die

Abb. 25.

---
[1]) Vgl. S. 147.

den Beginn des Siedens anzeigen, aufsteigen. In diesem Augenblick beginnt die Zeitbestimmung. Man kocht von diesem Moment an genau eine Minute. Damit das Kochen ganz gleichmäßig und doch stark erfolgt, hält

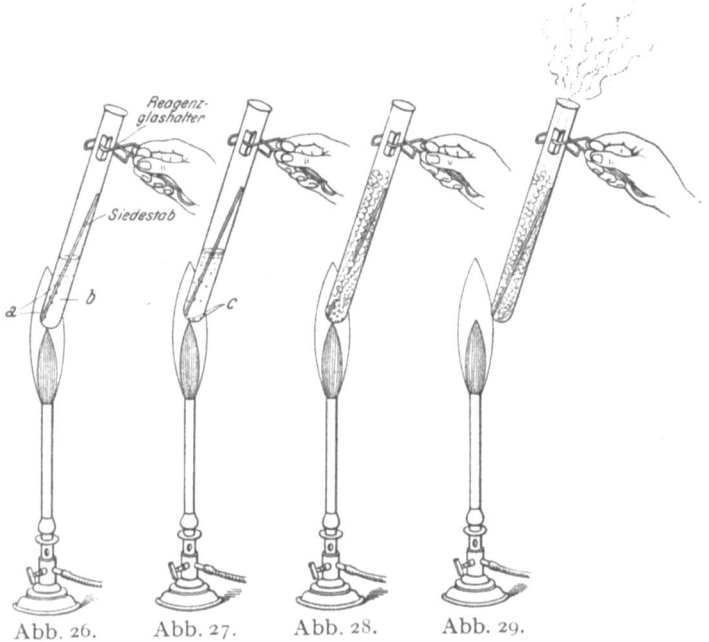

Abb. 26.   Abb. 27.   Abb. 28.   Abb. 29.

a Am Siedestab sitzende Luftblasen. *b* Peptonlösung + Ninhydrin.
c von der Reagenzglaswand sich ablösende, den Beginn des Siedens anzeigende Luftblasen.

man das Reagenzglas an den Rand der Flamme in der Mitte ihrer Höhe. In den Abbildungen 26 bis 29 sind alle Phasen des Kochens dargestellt.

Nach genau einer Minute Kochzeit (man verwende zur Zeitbestimmung eine Stoppuhr bzw. eine besonders konstruierte Uhr, die durch ein Klingelzeichen das Verstreichen einer Minute anzeigt, vgl. Abb. 30) wird das Reagenzglas auf einem Reagenzglasgestell untergebracht. Man wartet etwa fünf Minuten und stellt dann die Intensität der Färbung fest. Es ist klar, daß eine zu dunkle Färbung keine Möglichkeit eines Vergleichs der Farbenintensitäten zuläßt. Zu blaß darf die Färbung aber auch nicht ausfallen. Nun verhalten sich die im Handel befindlichen Seidenpeptone verschiedener Darstellung nicht ganz gleichmässig. Aus diesem Grund stellt man die geeignete Konzentration durch Vorversuche am besten selbst her[1]). Man muß dabei bedenken,

Abb. 30.
Stoppuhr, 5 Minuten laufend. Nach 1, 3 u. 5 Minuten ertönt ein Klingelzeichen.

daß man beim Prüfungsversuch der Hülse die Seidenpeptonlösung gegen 20 ccm destilliertes Wasser dialysieren läßt, d. h. man prüft in einer stark verdünnten Lösung.

Zur Prüfung der Hülsen auf gleichmäßige Durchlässigkeit für Pepton gibt man in entsprechende

---

[1]) Eine 1—0,5 %ige Lösung von Seidenpepton wird gewöhnlich die richtige Konzentration sein.

Erlenmeyerkölbchen, wie sie zur Prüfung der Hülsen in ihrem Verhalten gegen eine Eiweißlösung in Verwendung waren, je 20 ccm Wasser. Das Abmessen der Flüssigkeit muß peinlich genau erfolgen. Jetzt stellt man in die Kölbchen, die Nummern tragen und in einer Reihe stehen, die zu prüfenden Dialysierhülsen, nachdem man zuvor dafür gesorgt hat, daß sie nur durchfeuchtet, aber nicht naß zur Verwendung kommen. Zu diesem Zwecke legt man die, wie Seite 204 angegeben, gereinigten Hülsen für kurze Zeit auf einen doppelten Bogen Filtrierpapier. Die Hülsen dürfen deshalb nicht ganz verschieden naß zur Anwendung kommen, weil sonst mit den Hülsen die in den Erlenmeyerkölbchen befindlichen 20 ccm Wasser ganz unkontrollierbar verdünnt würden.

Jetzt gibt man mittels einer Pipette in jede Hülse 2 ccm der ausprobierten Seidenpeptonlösung. Man führt die Pipette zu diesem Zwecke tief in das Innere der Hülse ein. Sind die Hülsen beschickt, dann bringt man sie, um gleichmäßige Bedingungen zu haben, am besten auch in den Brutschrank. Zuvor hat man Hülseninhalt und Außenflüssigkeit mit Toluol bedeckt. Nach 16—24 Stunden beginnt man mit der Prüfung der Außenflüssigkeit auf diffundiertes Pepton. Zu diesem Zwecke wird, wie Seite 201/202 beschrieben, die Dialysierhülse nebst Inhalt in ein leeres Kölbchen gestellt. Aus jedem Kölbchen, aus dem die Hülse entfernt ist, pipettiert man je 10 ccm der Außenflüssigkeit in ein weites Reagenzglas aus Jenaer Glas. Alle zur Verwendung kommenden

Reagenzgläser müssen genau gleich weit sein! Man muß auch hier jede Verwechslung ausschließen, d. h. die Kölbchen und Reagenzgläser numerieren und in einer Anordnung aufstellen, daß man immer sofort erkennen kann, zu welchem Reagenzglas das entsprechende Kölbchen mit der Außenflüssigkeit und das mit der Hülse gehört.

In die Reagenzgläser hat man zuvor mit einer genauen Pipette (vgl. Seite 205) je 0,2 ccm einer 1%igen, wäßrigen Lösung von Ninhydrin eingefüllt. Es empfiehlt sich aus folgendem Grunde zuerst die Ninhydrinlösung in die Reagenzgläser zu geben und erst dann die 10 ccm Dialysat einzufüllen. Dem weniger Geübten kann es passieren, daß er nicht genau 0,2 ccm der Ninhydrinlösung abmißt, sondern etwas mehr davon zufließen läßt. Der Schaden ist klein, wenn die Zugabe in ein leeres Reagenzglas erfolgt ist. Hat man jedoch die Ninhydrinlösung zu den 10 ccm Dialysat hinzugefügt, dann ist die Probe verloren.

Man geht nun weiterhin genau so, wie Seite 205ff. geschildert, vor. Man gibt einen Siedestab in die Flüssigkeit, erhitzt zum Kochen und kocht dann genau eine Minute energisch. Alle Einzelheiten, die Seite 205ff. angeführt und in den Abbildungen 26—29 dargestellt sind, haben auch hier Gültigkeit.

Man stellt die Reagenzgläser, nachdem ihr Inhalt vorschriftsgemäß gekocht ist, auf ein Reagenzglasgestell, entfernt den Siedestab und beobachtet nun das Eintreten der blauen Färbung. Man wartet 5—10 Minuten ab und vergleicht nun den Inhalt aller Reagenzgläser auf seine Farbenintensität. Ich will noch bemerken, daß das beste Kriterium für richtiges Kochen der Stand der Flüssigkeit in den einzelnen Reagenzgläsern ist. Bei genau gleich weiten Reagenzgläsern muß der Spiegel der Flüssigkeit überall genau gleich hoch stehen. Man kann den Vergleich dadurch erleichtern, daß man eine Marke im Reagenzglas anbringt, und zwar wird sie durch Einfüllen von 10 ccm Wasser festgestellt. Die Marke bezeichnet also den Stand von 10 ccm Wasser. Beim Kochen verdunstet etwas Wasser. Infolgedessen befindet sich zwischen der Marke und dem Flüssigkeitsmeniskus ein kleiner, leicht abschätzbarer und vor allen Dingen vergleichbarer Zwischenraum. Ergeben sich beim Vergleich Unterschiede, dann ist der Versuch mißglückt. Je mehr man nämlich den Inhalt der Reagenzgläser bei der Ninhydrinprobe eindampft, um so intensiver wird die Färbung.

Gewöhnlich beobachtet man nun folgendes. Eine Reihe von Reagenzglasinhalten zeigt die gleiche Farbenintensität. Oft sind zwei bis drei Gruppen von entsprechenden Reagenzglasinhalten vorhanden. Man sucht die zugehörigen Hülsen heraus, leert ihren Inhalt aus und reinigt sie, wie Seite 204 beschrieben. Alle gleichmäßig und gleichartig durchlässigen Hülsen werden vereinigt und für sich in einer Flasche, die mit ausgekochtem, destilliertem Wasser, Chloroform und Toluol beschickt ist, aufbewahrt. Man notiert auf der Etikette, je nach dem Ausfall der Farbenintensität:

schwach, mittelstark, stark durchlässige Hülsen. Immer werden einige Hülsen ganz aus der Reihe der übrigen herausfallen. Die eine oder andere erweist sich als zu schlecht durchlässig, andere wieder als zu durchlässig. Diese Hülsen verwirft man nicht ohne weiteres. Vielmehr werden sie aufbewahrt und gelegentlich beim Prüfen neuer Hülsen nachgeprüft.

Man verwendet zu den eigentlichen Versuchen immer ausschließlich die zusammengehörenden Hülsen. Niemals darf man ganz verschieden für Pepton durchlässige Hülsen benützen.

Wiederholung der Prüfung der Hülsen auf Undurchlässigkeit gegenüber Eiweiß und gleichmäßige Durchlässigkeit für Pepton.

Wie schon Seite 203 betont, sind die Dialysierhülsen nicht unveränderlich. Im allgemeinen werden sie mit der Zeit etwas dichter. Unter allen Umständen muß man sie von Zeit zu Zeit, z. B. alle 14 Tage, einer Nachprüfung unterziehen. Man verfährt dann genau so, als ob man noch nicht verwendete Hülsen zu prüfen hätte.

Hülsen aus anderem Material.

Fritz Pregl[1]) hat in Vorschlag gebracht, an Stelle der Dialysierhülsen von Schleicher und Schüll solche aus Kollodium herzustellen. Es sei hier die Vorschrift von Pregl wörtlich wiedergegeben:

---

[1]) Fritz Pregl, Fermentforschung 1. 7 (1914).

Man stelle sich eine Kollodiumlösung von wenigstens 6 Gewichtsprozent her, die durch langsames Abdunsten aus einer halb gefüllten Flasche an Äthergehalt etwas verarmt ist. Je geringer der Äthergehalt der Kollodiumlösung ist, desto zähflüssiger ist sie, und desto dicker wird die dialysierende Schicht ausfallen.

Als Form benutze man kurze Reagenzgläser von 90 mm Länge und 16 mm Durchmesser, die mit der so hergerichteten Kollodiumlösung bis zum Rande vollgefüllt und in die Flasche ausgeleert werden. Durch eine kleine, federnde Haltevorrichtung[1]) wird das bis an den Rand vollgefüllte Reagenzglas über der Vorratsflasche in vertikaler Lage eine Minute lang austropfen gelassen. Hierauf wird es aus der Klemme genommen und mit der Mündung nach aufwärts entsprechend lange Zeit gehalten, um durch Zurückfließenlassen des Kollodiums gegen den Boden zu diesen zu verdicken und durch neuerliches Umdrehen und Rollen zwischen den Fingern die Bodenschichte gleichmäßig zu erhalten. Beim Durchblicken orientiert man sich an dem Auftreten von stärkeren Bildverzerrungen, ob größere Ungleichmäßigkeiten in der Wandstärke vorliegen oder nicht, was durch entsprechende Neigung noch korrigiert werden kann. Hat man sich von der Gleichmäßigkeit des Kollodiumausgusses überzeugt, so bringt man das Formröhrchen samt seinem Inhalt rasch in ein mit 70%igem Alkohol gefülltes Becherglas. Hat man

---

[1]) Ausgeführt vom Institutslaboranten Anton Orthofer, Graz. Institut für angewandte Chemie.

in dieser Weise eine größere Anzahl, 1—2 Dutzend Dialysatoren in 70%igen Alkohol gebracht, so bringt man diejenigen, welche gleichmäßig homogen opalisierend geworden sind, nach dem Ausgießen des Alkohols in fließendes Wasser. Bedient man sich gleichzeitig zweier Kollodiumflaschen bei der Anfertigung der Dialysatoren, so gelingt es leicht, mit einem Aufwande von rund 2 Minuten pro Dialysator, sich rasch eine größere Menge davon herzustellen. Im fließenden Wasser verbleiben die Dialysatoren mindestens eine Viertelstunde, es kann aber auch länger sein. Je früher man den Versuch macht, das Kollodiumsäckchen aus der Form zu nehmen, desto eher wird man seine Wandung verletzen. Ist die Konzentration des Kollodiums richtig getroffen worden, so hat man nach einer Viertelstunde, längstens nach einer halben Stunde, mit einem einzigen Griff das Kollodiumsäckchen herauszuziehen und hierauf in frisches Brunnenwasser zu bringen.

Die so angefertigten Dialysatoren kann man auch in Vorrat halten, und zwar in 60%igem Alkohol, wo sie steril unbegrenzt lange haltbar sind.

Für das Gelingen der später zu besprechenden Serumreaktion ist es von Wichtigkeit, daß man mit rücksichtsloser Strenge die unbrauchbaren Hülsen ausscheidet. Man lernt im Laufe der Zeit die Güte eines Dialysators ziemlich sicher beurteilen. Ein solcher besitzt innen und außen eine glatte, glänzende Oberfläche, mit Wasser gefüllt und gegen das Licht gehalten, erscheint er nur opalisierend, aber nicht milchig getrübt und außerdem darf er an keiner Stelle seiner Wände ein Bläschen zeigen. Man lernt es bald beim Vollfüllen der Formröhrchen mit Kollodiumlösung und beim Abtropfenlassen derselben, darauf zu achten, ob alle Luftbläschen mit herausgeflossen sind oder nicht. In der Regel verschwinden sie vollständig während des Ausfließens, ist jedoch das Kollodium zu stark an Äther verarmt, dann bleiben sie zurück und stellen einen verletzbaren Wandteil dar, der das Ergebnis des Versuches nachteilig beeinflußt. Ein guter Dialysator muß eine derartige Starrheit des Bodenanteiles haben, daß er, im beschickten Zustande in das Dialysiergefäß gestellt, nicht eingedrückt wird. Da das Kollodium bei 37° seine Eigenschaften ändert, müssen die Dialysierversuche bei Zimmertemperatur ausgeführt werden.

Darstellung der Substrate (Organe).

Zu den Versuchen brauchen wir als Substrat entweder isolierte Eiweißkörper oder ein Gemisch von solchen mit anderen Stoffen, z. B. ein Organ. **Die Darstellung des Substrates ist von ausschlaggebender Bedeutung für den ganzen Erfolg des Dialysierverfahrens.** Wer sich nicht peinlich genau an die Vorschriften hält, muß Mißerfolge erleben. Er wird sie mit Sicherheit vermeiden, wenn er die Präparation des Substrates mit voller Aufmerksamkeit durchführt. Im Prinzip handelt es sich darum, Substrate zu gewinnen, die koaguliertes Eiweiß enthalten und absolut frei von dialysierbaren Stoffen, die mit Ninhydrin reagieren, sind. **Ferner muß das Substrat möglichst eine Einheit darstellen!** Das Ideal wären reine Eiweißkörper! Solche kennen wir noch nicht. Dagegen können wir aus Organen Eiweißgemische gewinnen. (Vergl. S. 227).

Alle jene Produkte, die in jedem Gewebe wiederkehren, wie z. B. Blut, Lymphe, Blut- u. Lymphgefäße, Nerven usw. sind auszuschließen. Ein Tumor muß absolut frei vom Gewebe des Mutterbodens sein, und ebenso dürfen z. B. Mikroorganismen nicht mit anderen Zellarten oder sonstigen Produkten vermengt sein. Gelingt eine Trennung nicht, dann muß das fremde, nicht erwünschte Gewebe für sich präpariert und als Kontrollsubstanz in den Versuchen mitgeführt werden. Sobald neben dem Substrat, dessen Verhalten man bei Anwendung eines be-

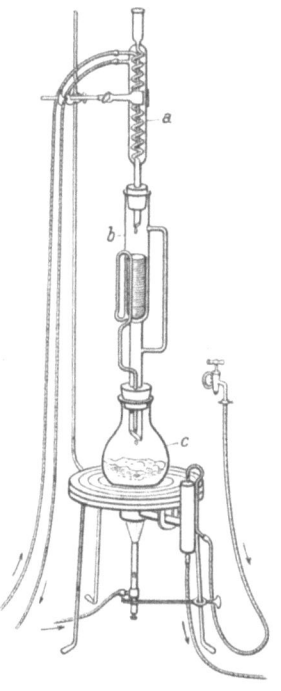

Abb. 31.
a Kühler. *b* Extraktionsgefäß. *c* Kolben mit der Extraktionsflüssigkeit.

stimmten Serums prüfen will, sich noch ein anderes befindet, kann man nicht erwarten, eindeutige Resultate zu erhalten! Man weiß dann nie, welches Substrat im einzelnen Falle zum Abbau gelangt ist.

Wir werden die Gewinnung der Gewebs- bz. Organsubstrate an Hand der Darstellung der koagulierten Plazenta schildern. Die übrigen Organe werden genau gleich behandelt, nur muß man besonders fettreiche und an sogenannten Lipoiden reiche Organe zuvor mit Tetrachlorkohlenstoff im Soxhletapparat (Abb. 31) ausziehen. Das gleiche gilt z. B. auch für Tuberkelbazillen. Plazenten wird man immer in frischem Zustande erhalten können. Bei den übrigen Organen ist man auf Leichenorgane angewiesen. In diesem Falle soll die Sektion möglichst frühzeitig vorgenommen werden. Am besten eignen sich Leichen von Verunglückten. Ist dem Tode eine lange Agonie vorausgegangen, dann sind die Organe meist ganz unbrauchbar. Sehr wichtig ist die Untersuchung des Organes auf pathologische Veränderungen. Man muß unbedingt angeben, in welchem Zustande das angewandte Organ sich befand. Es können leicht verschiedene Resultate erhalten werden, wenn der eine Forscher normale Organe und der andere pathologisch veränderte zu seinen Versuchen benutzt. Man vergesse nie, auch das fertige Substrat mikroskopisch zu prüfen![1]

---

[1] Es ist schon vorgekommen, daß Substrate, die mir zur Prüfung zugesandt wurden, bei der histologischen Untersuchung sich als

Ein Gefrierschnitt genügt meistens. Ohne genaue histologische Prüfung sollte kein Gewebe zur Verwendung kommen. Auf die Frage, ob man Organe von Tieren an Stelle von solchen von Menschen verwenden kann, kommen wir noch zurück.

a) **Befreiung der Substrate von Blut, Lymphe, Bindegewebe, Gefäßen und Nerven.**

Das Organ muß absolut blut- und lymphfrei sein. Diese Bedingung läßt sich bei den einzelnen Organen verschieden leicht erfüllen. Plazenta und die Lungen lassen sich z. B. leicht blutleer waschen oder von den großen Blutgefäßen aus blutfrei spülen, während z. B. die Leber, die Nieren und vor allem die Uvea sehr schwer frei von Blut zu erhalten sind. Bei der letzteren gibt es kaum eine andere Möglichkeit, ihre Brauchbarkeit zu erweisen, als vergleichende Versuche mit Serum von Individuen mit gesunder und erkrankter Uvea. Das Pigment verhindert das Auffinden von Blutresten.

Die ganz frische Plazenta wird zur Entblutung zunächst mechanisch von anhaftenden Blutgerinnseln befreit. Gleichzeitig entfernt man die Eihäute und die Nabelschnur. Jetzt entblutet man die Plazenta entweder durch Durchleiten von kalter 0,9%iger Kochsalzlösung und Nachspülen mit destilliertem Wasser, nachdem das Blut bis auf kleine Reste entfernt ist, von den Nabel-

---
etwas ganz anderes herausstellten, als ihrer Bezeichnung entsprach. So erwies sich ein „Karzinom" als ein Spindelzellensarkom!

gefäßen aus. Oder man zerschneidet die Plazenta in etwa markgroße Stücke und quetscht diese in fließendem, möglichst kaltem Leitungswasser aus. Am besten bringt man die Stücke auf ein mit einem Filtriertuch bedecktes Sieb. Vgl. Abb. 32. Man läßt unaufhörlich Wasser auf die Plazentastücke strömen und drückt jedes einzelne Stück mit der Hand aus. Von Zeit zu Zeit preßt man die Plazentastücke in einem Tuch, in das man sie einschlägt, ab. Das Waschen der Plazenta wird nie unterbrochen. Stücke, die geronnenes Blut enthalten, das nur schwer abgegeben wird, werden fortgeworfen. Schließlich zerzupft man die Stücke und entfernt Gefäße, Nerven und Bindegewebe, bringt dann, falls dies nicht ohne weiteres gelingt, das Gewebe in eine Reibschale und zerdrückt es mit dem Pistill. Hierbei lassen sich auch noch die letzten Spuren von Blut entfernen. Sehr gut bewährt hat sich das schließliche Hindurchpressen des Gewebes durch ein Sieb. Es verbleiben dann auch noch feinere Bindegewebsanteile usw. auf diesem, während die Zellen durch seine Maschen resp. Löcher getrieben werden. Man hat nunmehr ein schneeweißes Gewebe. Dieses wird sofort gekocht.

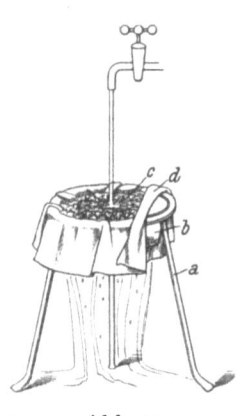

Abb. 32.

a Dreifuß.
b Sieb.
c Organstückchen.
d Filtriertuch.

Der ganze Vorgang soll je nach der Art des Gewebes eine bis höchstens drei Stunden dauern. Die Erfahrung hat gezeigt, daß meistens mehr Zeit zur Darstellung der Substrate verwendet wird. Es ist dies sicher nicht von Vorteil für die Gewinnung eines brauchbaren Gewebes. Je rascher man mit der Entblutung und der Entfernung des Bindegewebes und der Gefäße fertig wird, um so besser sind die Aussichten, viel Zelleiweiß zu erhalten. Gewöhnlich wird der Fehler gemacht, daß die Organstücke in zu großen Stücken zur Bearbeitung gelangen. Ferner wird oft stundenlang ein Wasserstrom über die Organstücke fließen gelassen. Das Wasser dringt kaum in das Gewebe ein, sondern fließt, ohne eine Wirkung entfaltet zu haben, ab. Man muß die Gewebsstücke kneten und pressen, um sie immer wieder vom aufgenommenen Wasser und den in diesem gelösten Substanzen zu befreien. Nun kann beim Bespülen wieder von neuem Wasser in das Substrat eindringen. Es wird nach kurzer Zeit wieder entfernt. Man darf dem Organ und sich keine Minute Ruhe gönnen! Die aufgewandte Mühe lohnt sich reichlich! Ein tadelloses, an Eiweiß reiches, sich nie mehr veränderndes Substrat ist der großen Mühe Preis! Sind die Substrate zum vornherein in ungenügender Weise bereitet worden, dann folgt ein Mißerfolg dem anderen[1]).

---

[1]) Es gibt kein Küchengerät, das zum Zerkleinern von Kartoffeln, Karotten usw. erfunden worden ist, und das nicht schon zur Zer-

Die Entblutung kann auch, wie bereits erwähnt, mit einer Durchspülung des Organes von den Gefäßen aus eingeleitet werden. Immer muß aber dann noch das Auswaschen im zerkleinerten Zustande folgen. Will man Organe von Tieren verwenden, dann kann man diese eventuell unter Anwendung eines Durchblutungsapparates von der Carotis oder der Aorta aus vollständig entbluten und mit physiologischer Kochsalzlösung und schließlich mit destilliertem Wasser ausspülen. Dann werden noch die einzelnen Organe für sich blutfrei gewaschen. Bereitet die Entblutung Schwierigkeiten, dann kommt man oft auch zum Ziel, wenn man das Gewebe im feuchten Zustande mit viel festem Kochsalz überschichtet. Man läßt das Gemisch 2—6 Stunden im Eisschranke stehen, löst dann das Kochsalz mit destilliertem Wasser auf und wäscht nunmehr in der üblichen Weise weiter. Durch wiederholtes Gefrieren- und Auffrierenlassen erreicht man in schwierigen Fällen ebenfalls oft leicht das Ziel.

b) Koagulation der Eiweißkörper durch Kochen und Entfernung jeder Spur von Substanzen, die auskochbar sind und mit Ninhydrin eine Farbreaktion geben.

Ist das Substrat absolut blutfrei, so beginnt nun die Hitzekoagulation der Ei-

---

kleinerung von Organen herangezogen worden wäre! Ebenso sind Fruchtpressen aller Art usw. in meinem Institut von findigen Köpfen zum Auspressen von Geweben verwendet worden.

weißkörper. Man gibt in einen Emailletopf zirka die hundertfache Menge des Gewebes an destilliertem Wasser und bringt dieses zum Sieden (Abb. 33). Niemals verwende man Leitungswasser. Es enthält oft Eisen, das sich auf die Gewebe niederschlägt und ihnen ein unansehnliches Aussehen gibt. Ferner reagiert es oft sauer oder alkalisch und ist für die Eiweißstoffe der Substrate nicht gleichgültig. In das kochende Wasser gibt man das absolut blutfreie Gewebe. Es empfiehlt sich, etwa 1—2 Tropfen Eisessig auf einen Liter Wasser zuzufügen. Man kocht 30 Minuten lang und gießt dann das Kochwasser durch ein Sieb, spült das Gewebe unter Ausdrücken zirka fünf Minuten lang gründlich mit destilliertem Wasser und wiederholt das Kochen mit neuem Wasser, dem man keine Essigsäure mehr zufügt.

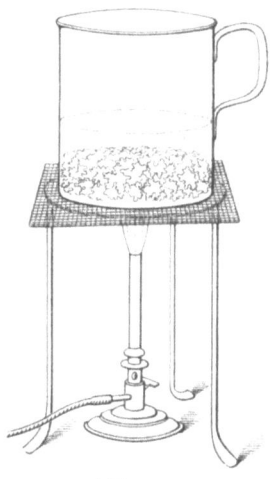

Abb. 33.
Emailletopf mit Organstückchen in destilliertem Wasser.

Die Kochdauer beträgt nun nur noch 10 Minuten. Das Kochen, Abgießen des Kochwassers, das Abspülen des Gewebes und das erneute Kochen führt man am besten ohne jede Unterbrechung etwa sechsmal durch. Ist man gezwungen, das Kochen zu unterbrechen, dann versäume man nie, sofort Toluol auf das das Gewebe enthaltende ausgekochte Wasser zu geben.

Unterläßt man das, so erfolgt Infektion des Gewebes. Man muß dann oft stundenlang auskochen, bis das Organ wieder von auskochbaren Substanzen befreit ist, die mit Ninhydrin reagieren. Es ist nicht ratsam, das Auskochen in einem gewöhnlichen Glasgefäß vorzunehmen, weil das Alkali des Glases störend wirken kann.

Verfügt man über eine Zentrifuge, so wird das Kochwasser zweckmäßig abzentrifugiert. Besonders wenn man mit fein zerkleinerten Organen oder mit Bakterienkulturen und dergl. arbeitet, ist eine Zentrifuge unerläßlich, man würde sonst zu viel Material beim Abgießen des Wassers verlieren.

Nach der sechsten Auskochung wird das Substrat auf ein Sieb und von diesem in eine Schale gebracht. Man zerzupfe alle gröberen Stücke und sorge dafür, daß keine Stückchen mehr bleiben, die mehr als Linsengröße haben. Je feiner das Substrat verteilt ist, um so sicherer ist das Ergebnis des Auskochens. Jetzt setzt man dieses fort. Man nimmt jedoch nunmehr höchstens die fünffache Menge Wasser. **Je weniger Wasser man verwendet, um so schärfer fällt die Prüfung auf auskochbare, mit Ninhydrin reagierende Stoffe aus.** Auf alle Fälle muß so viel Wasser vorhanden sein, daß man fünf Minuten[1]) lang energisch kochen kann, ohne daß An-

---

[1]) Die Zeit wird vom ersten richtigen Kochen an gerechnet und nicht etwa vom Moment des Erwärmens an! Es schadet natürlich nichts, wenn die vorgeschriebene Zeit etwas überschritten wird. Dagegen ist unnötiges Kochen ganz zu vermeiden.

brennen zu befürchten ist. Man verwende daher möglichst kleine Kochgefäße! (Vgl. Abb. 34). Nunmehr filtriert man vom Kochwasser etwas durch ein gehärtetes Filter ab. Seine Entnahme erfolgt am besten mittels einer reinen Pipette. Das Filterchen darf nicht vorher angefeuchtet werden! Zu 5 ccm des Filtrates gibt man mindestens 1 ccm der 1%igen wässerigen Ninhydrinlösung und kocht, wie Seite 205 ff. angegeben, eine Minute. Nur dann, wenn auch nicht die geringste Blauviolettfärbung nach einer halben Stunde wahrnehmbar ist, darf das Organ als soweit fertiggestellt betrachtet werden, daß es reif zum Aufbewahren ist. Es muß auch jetzt noch schneeweiß sein. Nur die Leber, die Milz, die Niere

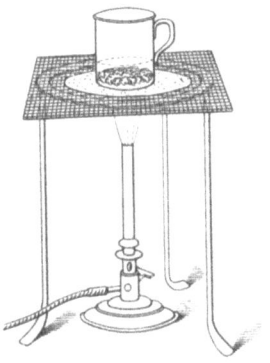

Abb. 34.

und die Geschlechtsdrüsen lassen sich nicht ganz weiß erhalten. Ist ein Organ während des Kochens grau oder gar braun geworden, dann war es nicht blutfrei, oder aber man hat das Kochen nicht richtig durchgeführt[1]). Fällt die erwähnte Probe positiv aus, dann kocht man weiter, d. h. man gießt das Kochwasser ab, spült gründlich mit destilliertem Wasser aus und kocht wieder mit nicht mehr als der fünffachen Menge Wasser fünf Minuten. Es wird wieder durch ein gehärtetes Filter filtriert und

---

[1]) Vgl. Anmerkung Seite 222.

zu 5 ccm des Filtrates mindestens 1 ccm Ninhydrinlösung gegeben und eine Minute gekocht.

Bevor man das Organ aufbewahrt, breite man es auf einer weißen Glasplatte oder einem Blatt weißen Papieres aus und betrachte jedes einzelne Stück. Zeigen sich braune Punkte oder sonstige des Gehaltes an koagulierten Blutbestandteilen verdächtige Stellen, dann verwerfe man diese Stücke. Nur bei gewissenhaftester und peinlichster Durchführung dieser Vorschriften sind einwandfreie Resultate zu erwarten. Ein Organ, das ganze Reihen richtiger Resultate ergab, kann dann versagen, wenn auch nur ein Stückchen davon bluthaltig ist, wenn gerade dieses zur Anwendung kommt.

Ist das Organ in der erwähnten Weise auf Abwesenheit von bluthaltigen Teilen geprüft, und hat es sich als absolut frei von auskochbaren, mit Ninhydrin reagierenden Stoffen erwiesen, dann wird es sofort in eine Flasche mit eingeschliffenem Stopfen gebracht. Die Flasche wird vorher sterilisiert. Nun gießt man sterilisiertes, destilliertes Wasser und Toluol nach. Die Flasche muß so gefüllt sein, daß der Stopfen in die Toluolschicht taucht. Abb. 35, S. 225 zeigt die richtige Art der Aufbewahrung von Organen. Ein sorgfältig zubereitetes Organ muß unbegrenzt haltbar sein. Das Organ wird offenbar nur dadurch wieder unbrauchbar, daß es infiziert wird. Es sind verschiedene Möglichkeiten vorhanden, um ein tadelloses Organ zu verderben. Einmal darf man es nur mit sterilisierter Pinzette aus der Flasche entnehmen. Man darf nichts von dem entnommenen Substrat in die Flasche zurückgeben, wenn es durch Liegenlassen ohne Toluolzusatz usw. der Gefahr einer Infektion ausgesetzt war. Die Flasche muß deshalb vollständig angefüllt sein, weil es sonst leicht vorkommen kann, daß etwas Gewebe an der Wand des Gefäßes kleben bleibt. Sitzen

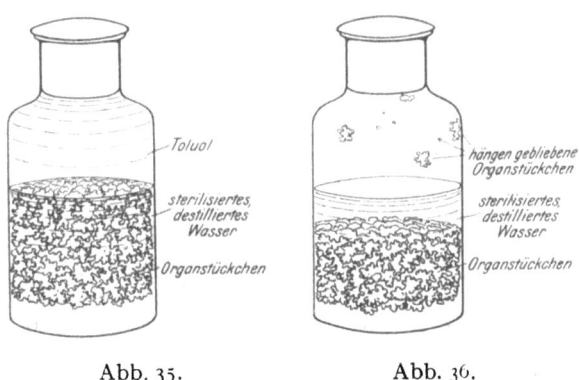

Abb. 35.   Abb. 36.

Gewebspartikel über dem Toluol, dann faulen sie und fallen später zum übrigen Gewebe hinunter. Abb. 36 zeigt die unrichtige Art der Aufbewahrung der Substrate. Die Flaschen mit den Organen bewahrt man am besten im Eisschrank auf.

Genau so, wie Gewebe vorbereitet werden, kann man Bakterien und andere Lebewesen präparieren. Auch hier wird ausgekocht. Es gelten die gleichen Regeln. Selbstverständlich kann man auch Organe in Zellarten trennen. Je spezieller die Fragestellungen werden, um so mehr wird man sich auf ganz bestimmte Zellen mit besonderer Funktion beschränken.

Eine ganz besondere Behandlung erfordern alle jene Organe, die sehr dicht sind und beim Kochen fest werden. Karzinome, Myome usw. können schneeweiß aussehen und doch noch Blut beherbergen. Hier hilft nur Zerhacken in feinste Teile vor Mißerfolgen.

Hervorgehoben sei noch, daß die Substrate mit keinen Desinfizienten — Alkohol, Sublimat, Lysol usw. — in Berührung gekommen sein dürfen. Diese Agenzien verändern die Eiweißstoffe immer mehr oder weniger und machen sie für die Fermente schwer oder ganz unangreifbar.

Fritz Pregl[1]) hat vorgeschlagen, dem entbluteten und koagulierten Organbrei die Lipoide zu entziehen. Er bringt ihn zu diesem Zwecke in eine weithalsige Stöpselflasche und übergießt ihn in dieser mit dem mehrfachen Volumen 90%igen Alkohols. Mit diesem wird der Organbrei 5 Minuten auf der Schüttelmaschine oder von Hand geschüttelt. Vom alkoholischen Extrakt wird abkoliert und nunmehr mit einer Mischung von Alkohol und Äther weitergeschüttelt. Auch dieses Extrakt wird durch Abkolieren entfernt. Man gibt nunmehr Äther hinzu und schüttelt den Organbrei damit. Man kann nun das Gewebe auf einer Nutsche absaugen. Das auf dem Filter verbleibende Produkt wird kurze Zeit an der Luft getrocknet und dann mit

---

[1]) Fritz Pregl, Fermentforschung 1, 10 (1914).

Wasser ausgekocht, bis das Kochwasser mit Ninhydrin keine Blaufärbung mehr gibt. Nun wird das Organprotein wieder in der Reihenfolge Alkohol, Alkohol-Äther, Äther geschüttelt und dann am besten im Faust-Heimschen Apparat oder in einem Exsikkator getrocknet. Man erhält auf diesem Wege gelblich-weiße, trockene Pulver.

Darstellung von Eiweißstoffen aus Organen.

Wie schon mehrfach hervorgehoben worden ist, bedeutet die Verwendung von Organsubstraten einen Notbehelf. Sie können trotz gleicher Herstellungsweise in wesentlichen Punkten infolge verschiedener Zusammensetzung des Ausgangsmateriales von einander verschieden sein. Es ist gewiß kein Zufall, daß die Plazenta als Substrat zu den eindeutigsten Resultaten geführt hat. Sie ist wohl immer gleichartig in ihrem Bau, wenn nicht ganz besondere Verhältnisse vorliegen. Sobald man aber bestimmte Organe, wie Leber, Niere, Schilddrüse usw. verwendet, so kann schon der verschiedene Gehalt an Fettsubstanzen störend wirken. Es kann ferner das eine Organ reicher an Bindegewebe sein als das andere. Zu leicht werden auch Gewebsanteile zugegen sein, die keine organspezifischen Eigenschaften zeigen. Es läßt sich schwer ganz vermeiden, daß z. B. Blutgefäße in einzelnen Organteilchen verbleiben. Ob das Bindegewebe von Organ zu Organ wechselnde Eigenschaften in seinem chemischen Bau zeigt, ist auch sehr zweifelhaft. Es ist durchaus nicht ausgeschlossen, daß mancher überraschende Befund darauf beruht, daß eine Reaktion mit einem Substrat beobachtet wird, die gar nicht auf einer Wechselbeziehung zwischen Serum- und Zellinhaltsstoffen des angewandten Substrates beruht, die den spezifischen Charakter der eigentlichen Organzellen haben, vielmehr sind vielleicht Eiweißstoffe einer Zellart zum Abbau gelangt, die jenem Organ gar nicht eigen sind. Es kann z. B. Bindegewebseiweiß zum Abbau gekommen sein.

Es würde einen großen Schritt vorwärts bedeuten, wenn die Organsubstrate ganz ausscheiden könnten und an ihrer Stelle Proteine aus solchen zur Verwendung kämen. Ebenso müßte man zelleigene Nukleoproteide usw. zu den Versuchen verwenden.

Mit der Frage der Verwendung von Organeiweißstoffen hängt eng diejenige nach der Möglichkeit, an Stelle von Organen des Menschen solche von Tieren zu verwenden, zusammen. Eine Reihe von Beobachtungen spricht dafür, daß man mit dem gleichen Erfolge die entsprechenden Organsubstrate von Tieren verwenden kann[1]). Es würde in gewissem Sinne nicht der Art-, sondern der Funktionscharakter entscheidend sein. Sobald es feststeht, daß man allgemein Tierorgane benützen kann, ist die Frage der Herstellung von Eiweißstoffen aus bestimmten Organen viel leichter zu lösen. Es ist außerordentlich viel vorteilhafter, frische Tierorgane als Ausgangsmaterial zu verwenden als Gewebe

---

[1]) Vgl. bringen u. a. H. Schlimpert und E. Issel, Münch. med. Wochenschr. S. 1759 (1913). — A. Fuchs, ebenda, Nr. 40, S. 2230 (1913).

von immerhin meistens 24 Stunden alten Leichen von Menschen!

Wir haben zur Darstellung von Organeiweißstoffen den folgenden Weg eingeschlagen. Als Beispiel sei die Plazenta gewählt. Sie wird in der gewohnten Weise (vgl. Seite 217) entblutet und zerkleinert. Alle nicht ganz blutfreien Stückchen, ferner alle erreichbaren Blutgefäße, werden entfernt. Die verbleibenden, schneeweißen Flocken werden in dünner Schicht auf eine Glasplatte aufgetragen. Man bringt diese in einen Faust-Heimschen Apparat. Er gestattet ein rasches Trocknen bei niederer Temperatur. Es wird vorgewärmte Luft (35 bis höchstens 40 Grad) mittels eines Ventilators über die zu trocknende Substanz gejagt. Von Zeit zu Zeit werden die Gewebsflocken mittels eines Spatels auf der Glasplatte gewendet, damit nicht nur die oberflächlichen, dem Luftstrom zugewandten Schichten eintrocknen.

Jetzt bringt man die Gewebsstückchen von der Glasplatte in eine Reibschale. Man übergießt sie mit gewaschenem, ausgeglühtem Quarzsand und mengt diesen mit den Gewebsstückchen mittels eines Pistills zusammen. Es soll nun mittels der scharfkantigen Quarzkörnchen das Gewebe mit seinen Zellen möglichst weitgehend zerschnitten und zerrissen werden, damit möglichst aller Zellinhalt freigelegt wird. Zu diesem Zwecke muß man nun mit dem Pistill Quarzsand und Gewebsteile energisch unter Anwendung von möglichst viel Kraft zerreiben. Dieses ganze Verfahren ist dasselbe, das seinerzeit von Buchner angewandt worden ist, um Hefezellen zu zerstören. Bekanntlich hat Buchner auf diesem Wege die zellfreie Gärung nachgewiesen, bzw. nach unseren heutigen Kenntnissen gezeigt, daß Zellinhaltsstoffe, solange sie auch außerhalb der Zellen ihren besonderen Zustand bewahren, ähnliche und zum Teil gleiche Wirkungen entfalten können, wie wenn sie noch in der Zelle enthalten sind.

Die Menge des Quarzsandes läßt sich nicht vorschreiben, sie muß mehrfach größer sein, als die zu zerreibende Substratmenge. Man darf mit dem Zerreiben erst dann aufhören, wenn eine sehr weitgehende Zerkleinerung des ganzen Substrates stattgefunden hat. Jetzt wird die ganze Masse in eine weithalsige Pulverflasche gebracht. Man übergießt diese mit 0,9%iger Kochsalzlösung (ob eine andere Konzentration der Kochsalzlösung bessere Ausbeuten gibt, muß noch nachgeprüft werden), und zwar verwendet man etwa die zehnfache Menge der gesamten Masse. Man gibt sofort Chloroform und Toluol zu, und beide in so großer Menge, daß das Chloroform unten und das Toluol oben eine deutlich sichtbare Schicht bilden. Nunmehr schüttelt man nach Verschluß der Flasche tüchtig durch. Dabei bilden sich die folgenden Schichten: Am Boden der Flasche sammelt sich der Sand an, dann folgt die Chloroformschicht, die sich meistens unter Aufnahme von Lipoiden bald gelb bis braun färbt. Es folgt dann die Kochsalzlösung. Unmittelbar über dem Chloroform schwimmen die schneeweißen

Gewebsflocken. Über der Kochsalzlösung sammelt sich das Toluol an.

Man bewahrt nun die Flasche mit ihrem Inhalt 12 Stunden im Brutschrank bei 37° auf. Von Zeit zu Zeit schüttelt man energisch durch. Man gießt dann die Flüssigkeit in einen Scheidetrichter. Den Quarzsand läßt man in der Flasche zurück. Man gibt ferner in die Flasche hinein die Chloroformschicht, die im Scheidetrichter die unterste Schicht darstellt.

Die meistens undurchsichtige, weiße, opaleszierende Kochsalzlösung, in der Gewebspartikelchen suspendiert sind, filtriert man durch ein Faltenfilter in ein Erlenmeyerkölbchen hinein. Die Gewebsteilchen werden in die Flasche zurückgegeben, ebenfalls die Toluolschicht. Man gießt nun sofort neue Kochsalzlösung in die Flasche und läßt von neuem 12 Stunden lang mazerieren. Von Zeit zu Zeit wird kräftig umgeschüttelt. Der Quarzsand hilft bei der Herbeiführung einer feineren Verteilung mit. Das Mazerieren und die Gewinnung des Mazerats werden so lange wiederholt, als das letztere sich noch als eiweißhaltig erweist.

Zu der Kochsalzlösung, die das Gewebseiweiß gelöst enthält, gibt man vorsichtig ein paar Tropfen einer sehr stark verdünnten Essigsäure (1 : 2000) und kocht dann auf dem Drahtnetz. Es folgt bald eine flockige Abscheidung von Eiweiß. Man läßt abkühlen und zentrifugiert dann die Eiweißflocken ab. Sie werden nunmehr in ein Reagenzglas übergeführt und mit Wasser gekocht. Man verwendet nur gerade so viel davon, als unbedingt notwendig ist, um ein Anbrennen zu vermeiden. Man kocht etwa 2 Minuten lang, läßt die Eiweißflocken sich absetzen und filtriert dann etwas von der Flüssigkeit durch ein gehärtetes Filter. Zum Filtrat gibt man einen ccm einer $1^0/_0$igen Ninhydrinlösung, und kocht wie üblich minutenlang energisch, d. h. man führt die auf Seite 222 geschilderte strenge Probe auf Anwesenheit bzw. Abwesenheit von löslichen, mit Ninhydrin unter Blaufärbung reagierenden Stoffen durch. Sie fällt sofort negativ aus, wenn die Darstellung des Eiweißes richtig durchgeführt worden ist.

Die Eiweißflocken werden nun entweder feucht oder trocken aufbewahrt. In dem ersteren Falle gibt man sie in ein steriles Röhrchen, oder in eine sterile Flasche, man unterschichtet mit Chloroform und überschichtet mit Toluol. Selbstverständlich muß die Flüssigkeit, in der das Eiweiß aufbewahrt wird, auch steril sein. Will man Trockeneiweiß herstellen, dann bringt man die Eiweißflocken auf eine Glasplatte und trocknet sie im Faust-Heimschen Apparat. Das Eiweiß wird dann von der Platte herunter geschabt, und in einem Mörser in ein feines Pulver verwandelt. Man sterilisiert dann das Pulver im Aufbewahrungsgefäß bis 100^0.

Das Hauptaugenwerk muß bei der Herstellung von Organeiweißstoffen darauf gerichtet sein, daß möglichst alle fremdartigen Gewebe und Zellen ausgeschlossen bleiben. Man wird namentlich bei der Herstellung von Tumoreneiweiß streng darauf achten müssen, daß nur Tumorengewebe als Ausgangsmaterial dient. Ferner muß mit größter Sorgfalt Infektionen vorgebeugt werden. Man muß endlich so rasch als nur irgend möglich arbeiten, damit nicht eine weitgehende Zellfermentwirkung zuviel Eiweiß zum Abbau bringt. Besondere Aufmerksamkeit erfordern Gewebe, die reich an Lipoiden sind. Bei diesen ist es notwendig Lösungsmittel anzuwenden, die jene entfernen. Man muß dabei verhüten, daß das Zelleiweiß denaturiert wird, weil es sonst nicht mehr in Lösung zu bringen ist. Das Ausschütteln der Gewebsflocken mit Alkohol, Äther, Chloroform, Azeton usw. in der Kälte genügt, um die Lipoide abzutrennen. Während des Vorganges der Mazeration können Chloroform und Toluol noch Reste von Lipoiden aufnehmen. Diese besondere Behandlungsmethode muß unter allen Umständen bei der Herstellung von Eiweißstoffen aus Nervengewebe und aus Nebennieren vorgenommen werden.

Der Weg zu weiteren Fortschritten ist klar vorgezeichnet. Man wird, nachdem man mit den aus bestimmten Gewebsarten gewonnenen Proteinen Erfahrungen gesammelt hat, dazu übergehen, die Summe der aus Organen und Zellen ausziehbaren und nicht in Lösung gehenden Eiweißstoffe in einzelne Fraktionen zu trennen. Man wird durch Aussalzen mit Neutralsalzen in verschiedener Konzentration Albumine und Globuline trennen und versuchen, noch weiterer gut charakterisierter Proteine habhaft zu werden. Man wird in jedem Einzelfall nicht nur das Verhalten von Serum gegenüber bestimmten, mit einzelnen Lösungsmitteln ausziehbaren Proteinen prüfen, sondern auch die unlöslichen Proteine mit in die Untersuchung einbeziehen.

Man wird auf diesem Wege zu neuen Einblicken in den Bau der verschiedenartigen Zellen kommen und allmählich die engen Beziehungen zwischen Zellfermenten und charakteristischen Zellbausteinen aufdecken können. Die ganzen Forschungen über Fermentwirkungen im Blutplasma bzw. -serum unter bestimmten Bedingungen haben nicht nur den Zweck, in das Wesen von mancherlei pathologischen Erscheinungen tiefer einzudringen, vielmehr ist beabsichtigt, durch den Ausbau der Methoden zum Nachweis von Fermentwirkungen zu immer tiefer gehenden Einblicken in den Zellstoffwechsel und das ganze Zellgetriebe zu kommen.

Prüfung der Substrate auf Bakteriengehalt.

Es ist von größter Bedeutung, von Zeit zu Zeit die einzelnen Substrate auf die Anwesenheit von Bakterien zu prüfen. Man zerreibt Substratteilchen auf einem Objektträger bzw. zwischen zwei Objektträgern und färbt in bekannter Weise. Ferner bringe man dem Aufbewahrungsgefäße entnommene Substratteilchen auf Agar oder in eine Kulturflüssigkeit. Diese wichtige Prüfung auf Keimfreiheit der in Verwendung befindlichen Substrate klärt manche „rätselhafte" Resultate ohne weiteres auf. Infizierte Substrate zeigen in Serum gebracht bald eine mächtige Entwicklung der Mikroorganismen. Es kommt zum Abbau von Substrat-

und Serumproteinen. Dadurch wird ein Abbau durch Serumfermente vorgetäuscht. Eigene Erfahrungen haben gezeigt, daß diese Fehlerquelle nicht als eine seltene zu veranschlagen ist, besonders, wenn die Substrate nicht sorgfältig vor Gebrauch ausgekocht werden.

Gewinnung des Blutserums.

Für das Dialysierverfahren und auch für die übrigen Methoden kommt im wesentlichen nur Serum in Frage. Plasma zeigt sehr leicht Veränderungen. Vor allen Dingen treten oft schon nach kurzer Zeit Abscheidungen von Fibrin auf. Es ist das Fibrinogen sehr empfindlich und erleidet leicht Zustandsänderungen. Die Gewinnung des Blutes und die daran anschließende des Serums bedarf kaum einer eingehenden Besprechung, denn die Technik der Blutentnahme ist durch ihre Häufigkeit so bekannt geworden, daß jeder praktische Arzt und Tierarzt imstande sein muß, Blut zu

Abb. 37.

entnehmen und ferner Serum zu gewinnen. Hervorgehoben sei, daß selbstverständlich die Blutentnahme mit sterilen Instrumenten erfolgen muß. Ferner müssen alle in Anwendung kommenden Instrumente und Gefäße vollständig trocken sein. Als Auffanggefäß benützt man am besten ein kleines Spitzglas (vergleiche Abbildung 37). Die Punktionsnadel muß selbstverständlich auch vollkommen trocken sein. Sie darf vor allen Dingen auch nicht kurz vorher mit Alkohol und Äther behandelt sein, ohne daß für vollständige Verdunstung dieser Stoffe gesorgt ist.

Man entzieht dem Patienten bzw. Tier 25—30 ccm Blut und läßt nunmehr das bedeckte Spitzglas in einem kühlen Raume stehen. Es muß unter allen Umständen vermieden werden, daß das Blut während oder kurz nach der Mahlzeit entnommen wird. Das Serum enthält sonst leicht Fett und sieht dann ganz trübe aus. Es können dadurch speziell bei der Anwendung der optischen Methoden unliebsame Störungen entstehen. Unter keinen Umständen darf das Blut im Eisschrank oder in einem warmen Zimmer aufbewahrt bleiben. Man suche auf keine Weise das Auspressen des Serums aus dem Blutkuchen zu beschleunigen. Vielmehr warte man geduldig ab, bis das Serum sich abgeschieden hat. Dieses wird vom Blutkuchen abgegossen und dann mit einer guten Zentrifuge zentrifugiert. Es gibt jetzt auch Handzentrifugen, die für den genannten Zweck verwendbar sind. **Unter allen Umständen müssen die Gläser, in denen zentrifugiert wird, sterilisiert werden!**

Das Serum muß vollständig frei von Blutfarbstoff sein. Ist das nicht der Fall, dann muß es verworfen werden. Es gelingt jedoch ausnahmslos hämoglobinfreies Serum zu erhalten, wenn man die oben angegebenen Maßnahmen befolgt, d. h. absolut trockene Nadeln und Gefäße verwendet, und das Blut spontan gerinnen und das Serum ohne irgendwelche Eingriffe sich auspressen läßt.

Soll das Serum versandt werden, so muß es unter allen Umständen zuvor zentrifugiert und dadurch von Formelementen befreit sein. Die Versendung muß in einem mit sterilem Stopfen verschlossenen Röhrchen vorgenommen werden. Es empfiehlt sich nach dem Vorschlage von Paul Hirsch, dem Serum Vucinum dihydrochloricum zuzusetzen. Man stellt sich zu diesem Zwecke eine Vuzinstammlösung von 1 : 500 her. Es werden 0,2 g Vucinum dihydrochloricum in 100 ccm siedendem destillierten Wasser gelöst. Die Lösung wird in einer braunen Flasche aus Jenaer Glas wohlverschlossen aufbewahrt. Sie ist nach dem Abkühlen gebrauchsfertig und fünf Tage haltbar. Dem Serum soll von dieser Lösung so viel zugesetzt werden, daß es diese in einer Konzentration von 1 : 10000 enthält. Um diese zu erreichen, muß man zu:

10 ccm Serum	... 0,50 ccm Vuzinlösung	1 : 500
9 ,, ,,	... 0,45 ,, ,,	1 : 500
8 ,, ,,	... 0,40 ,, ,,	1 : 500
7 ,, ,,	... 0,35 ,, ,,	1 : 500
6 ,, ,,	... 0,30 ,, ,,	1 : 500
5 ,, ,,	... 0,25 ,, ,,	1 : 500
4 ,, ,,	... 0,20 ,, ,,	1 : 500
3 ,, ,,	... 0,15 ,, ,,	1 : 500
2 ,, ,,	... 0,10 ,, ,,	1 : 500
1 ,, ,,	... 0,05 ,, ,,	1 : 500

zusetzen.

Das Serum wird nach Zusatz der nötigen Vuzinstammlösung umgeschüttelt.

Ausführung eines Dialysierversuches.

a) Anwendung von Ninhydrin zum Nachweis des Auftretens von Eiweißabbaustufen im Dialysat.

Die Aus- und Durchführung eines Dialysierversuches ist im Prinzip außerordentlich einfach. Es ist nur notwendig, daß man sich aller Fehlerquellen bewußt ist, die ein einwandfreies Ergebnis verhindern können. Es seien in aller Kürze die Hauptbedingungen für das Gelingen des Dialysierversuches zusammengefaßt.

Wir benötigen Dialysierhülsen, die für Eiweiß absolut undurchlässig und für Eiweißabbaustufen leicht und gleichmäßig durchlässig sind.

Erforderlich ist ferner, daß wir über Eiweiß- bzw. Organsubstrate verfügen, die vollständig frei von wasserlöslichen Substanzen sind, die beim Kochen mit Ninhydrin eine Blaufärbung ergeben.

Zum guten Gelingen des Versuches gehört endlich einwandfreies Serum, d. h. es muß vollständig frei von Blutfarbstoff und von Formelementen sein. Es muß vor allen Dingen auch vollständig steril sein[1]).

Es sei nun im folgenden die Durchführung eines Versuches wiedergegeben. Man beginnt mit der Vor-

---

[1]) Eigene reiche Erfahrungen haben gezeigt, daß gegen diese Regel sehr oft verstoßen wird.

bereitung der zu verwendenden Substrate. Sie werden einer Prüfung auf Abgabe bzw. Nichtabgabe von in Wasser löslichen, mit Ninhydrin unter Blaufärbung reagierenden Substanzen unterzogen. Man kann diese Probe nicht scharf genug durchführen. Das einzelne Substrat wird in der Menge, in der man es zu verwenden gedenkt (etwa 0,5 g feuchte oder 0,1 g trockene Substrate) in ein Reagenzglas aus Jenaer Glas gebracht. Dann gibt man möglichst wenig Wasser hinzu, zum Beispiel einen Kubikzentimeter. Eine bestimmte Vorschrift läßt sich nicht geben, weil die verschiedenen Substrate verschieden

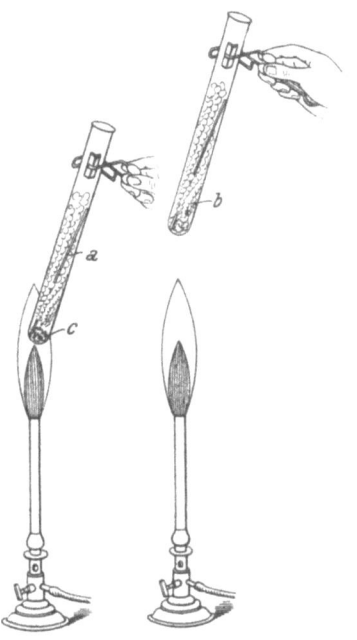

Abb. 38.

a Siedestab. *b* Kochwasser. *c* Organstückchen.

voluminös sind. Es muß so viel Wasser vorhanden sein, daß man 1—2 Minuten energisch kochen kann, ohne daß ein Anbrennen des Substrates zu befürchten ist. Man kann auch von etwas mehr Wasser ausgehen und während des Kochens die Flüssigkeit etwas eindampfen. Zunächst erhitzt man, wie Abb. 38 zeigt, direkt in der Flamme und wenn Kochen eingetreten ist über ihr. Man sucht sich den Abstand von der Flamme aus, in dem noch lebhaftes Sieden stattfindet. Man vermeidet so am besten das Überhitzen von Substratteilchen. Man filtriert nunmehr durch ein kleines gehärtetes Filterchen ab, wobei man dafür sorgt, daß das Substrat mit dem Kochwasser auf das Filterchen gelangt. Das Filtrat muß vollständig klar sein.

Man gibt nunmehr 1 ccm einer 1%igen wäßrigen Ninhydrinlösung hinzu und kocht eine Minute lang energisch. Es muß unter allen Umständen die Lösung vollständig farblos bleiben. Es darf auch nicht ein Schimmer einer Blaufärbung auftreten. Man kann die Probe dadurch verschärfen, daß man das Kochen ausdehnt und dabei die Lösung stark eindampft. Zeigt das erwähnte Filtrat beim Kochen mit Ninhydrin auch nur eine Spur einer Blaufärbung, dann muß das Auskochen des Substrates mit Wasser unter den gleichen Bedingungen wiederholt werden. **Man verwende unter keinen Umständen Substrate, die die oben erwähnte Bedingung nicht erfüllen.**

Der Sinn der erwähnten Prüfung des Substrates ist der folgende: Auf Seite 150 ist bereits ausführlich hervorgehoben worden, daß im Serum immer in Wasser lösliche, dialysierbare, mit Ninhydrin unter Blaufärbung reagierende Stoffe vorhanden sind. Ihre Menge schwankt sehr. Im allgemeinen enthalten 1,5 ccm Serum vom Menschen so wenig von diesen Substanzen, daß beim Dialysieren gegen 20 ccm Wasser ihre Konzentration im Dialysat so gering ausfällt, daß es beim Kochen mit Ninhydrin unter den unten mitgeteilten Bedingungen keine Blaufärbung ergibt. Kommen jedoch neue dialysierbare, mit Ninhydrin unter Blaufärbung reagierende Stoffe hinzu, dann kann jene Konzentration leicht erreicht werden, die notwendig ist, um eine wahrnehmbare Blaufärbung beim Kochen mit Ninhydrin hervorzubringen. Dieser Zufluß an den erwähnten Stoffen darf nur eintreten, wenn nicht dialysierbare Produkte zum Abbau kommen. Unter keinen Umständen darf ein Substrat, ohne zerlegt zu werden, Verbindungen der erwähnten Art abgeben.

Der Gang der erwähnten Prüfung baut sich auf folgendem Gedanken auf: Sie muß so streng als nur möglich durchgeführt werden. Deshalb wird möglichst wenig Wasser zum Auskochen angewandt. Ferner gibt man eine relativ große Menge der Ninhydrinlösung hinzu, um selbst sehr geringe Mengen von mit dem angewandten Reagens reagierenden Stoffen aufzufinden.

Hat das Substrat der Probe standgehalten, was übrigens bei richtiger Herstellung der Substrate fast immer der Fall ist, dann wird es vom Filterchen heruntergenommen und auf gewöhnliches Filtrierpapier gebracht, damit das anhaftende Wasser weggesaugt wird.

Unterdessen hat man folgende Vorbereitungen getroffen: Es sind weithalsige Erlenmeyerkölbchen aus Jenaer Glas mit Etiketten versehen worden. Diese tragen fortlaufende Nummern. Noch zweckmäßiger

verwendet man Kölbchen mit eingravierten Nummern.
Ferner ist das Datum vermerkt und endlich auch der zu
vergleichende Fall notiert, bzw. eine Protokollnummer
angeführt. In die Kölbchen gibt man genau 20 ccm
destillierten Wassers. Man vergewissere sich durch Zusatz eines Indikators zu einer Probe des destilliertenWassers, daß es einwandfrei ist! In die Flüssigkeit stellt man
nunmehr die Dialysierhülsen. Man beschickt sie mit
1,5 ccm Serum (ausnahmsweise 1 ccm). Auch hier muß
die Abmessung genau sein. Man führt die Pipette mit
dem Serum tief in die Hülse hinein und läßt es dann einfließen. Jetzt fügt man mittels einer Pinzette das Substrat zum Serum derjenigen Versuche, bei denen die
Einwirkung von Serum auf das entsprechende Substrat
geprüft werden soll. Beim Kontrollversuch bleibt das Serum ohne Zusatz. Man kann auch zuerst die Substrate in
die Hülsen hineingeben und dann das Serum hinzufügen. Jetzt überschichtet man das Serum und die
Außenflüssigkeit mit einer dünnen Schicht Toluol,
bedeckt die Kölbchen mit einem passenden Uhrglas
oder einer kleinen Glasplatte und stellt sie alle in einen
Brutschrank, der konstant 37° warm und ausschließlich
für die Dialysierversuche vorbehalten sein muß. Abb. 39
und 40 zeigen, wie ein Versuch, Serum allein und Serum
+Substrat aussieht.

Nach 16—24 Stunden werden die Kölbchen aus dem
Brutschrank herausgenommen. Hinter jedes Kölbchen
stellt man ein leeres der gleichen Art auf. Nun führt man
mittels einer Pinzette den Dialysierschlauch nebst In-

halt in das hinter dem zum eigentlichen Versuch in Verwendung gewesene Kölbchen stehende Gefäß. Man darf hierbei niemals den Überblick über die einzelnen Versuche verlieren, d. h. man muß stets bis zum Abschluß der ganzen Untersuchung wissen, zu welchem Dialysat die einzelne Dialysierhülse gehört. Diese Forderung ist, wie folgt, begründet: Es kann ein Versuchsergebnis Zweifel erregen. Es kann

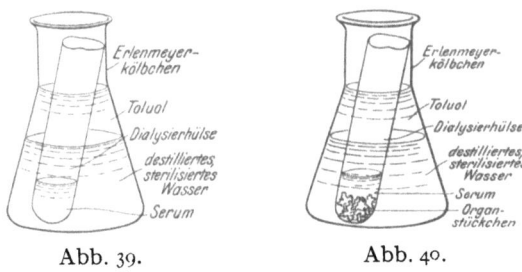

Abb. 39.   Abb. 40.

z. B. das Dialysat nicht ganz klar sein. Beim Kochen schäumt es vielleicht und verrät schon dadurch, das es eiweißhaltig ist. Man prüft in diesem Fall die entsprechende Hülse genau auf ihre Beschaffenheit. Finden sich keine Anhaltspunkte für die Eiweißdurchlässigkeit, dann unterwirft man die betreffende Hülse, wie auf Seite 200ff. beschrieben, einer eingehenden Prüfung auf ihr Verhalten gegenüber Serum, d. h. man prüft die Eiweißdurchlässigkeit mittels eines Versuches.

Nunmehr saugt man mit Hilfe einer genau 10 ccm fassenden Pipette 10 ccm Dialysat auf und führt dieses in ein weites Reagenzglas aus Jenaer Glas über. Man hat auf einem Reagenzglasgestell die entsprechende Anzahl genau gleich weiter Reagenzgläser aufgestellt und mit je 0,2 ccm einer 1%igen, wässrigen Ninhydrinlösung beschickt (vgl. Seite 198). Für jedes Dialysat verwendet man eine neue, absolut trockene Pipette. Die Pipetten müssen genau geeicht sein. Man verlasse sich nicht ohne weiteres auf die Handelsware, sondern prüfe, ob die angebrachte Marke genau dem angegebenen Inhalt der Pipette entspricht. Es empfiehlt sich nicht nur eine einzige Pipette zu verwenden und diese nach der Überführung eines Dialysates zu reinigen und zu trocknen. Es geht dadurch zuviel Zeit verloren, und zu leicht kann die Pipette nicht ganz trocken zur Verwendung kommen.

Jetzt gibt man in jedes Reagenzglas einen Siedestab und kocht genau so, wie es Seite 205 ff. eingehend beschrieben worden ist und zwar vom Beginn des Auftretens von Luftblasen an eine volle Minute lang. Es erfordert einige Übung, ein vollständig gleichmäßiges Sieden bei allen Proben herbeizuführen. Es ist absolut notwendig, daß jede Probe genau gleich lang und gleich stark kocht. Verwendet man, wie vorgeschrieben, genau gleich weite Reagenzgläser, dann ist das gleichmäßige Kochen wesentlich erleichtert.

Man läßt nun die Proben sich abkühlen und stellt nach fünf Minuten fest, ob Blaufärbungen vorhanden sind. Die Ablesung wird nach einer Viertelstunde, evtl. nach einer halben Stunde wiederholt. Die Färbung nimmt an Intensität zuerst zu. Sie blaßt dann mehr oder weniger rasch ab. Treten rötliche oder braune Farbtöne auf, dann ist der Versuch nicht zu verwerten. Sie weisen darauf hin, daß auf irgendeine Weise Säure oder Alkali in das Serum oder in das Dialysat gelangt ist. Man muß in dieser Beziehung ganz rigoros vorgehen. Charakteristisch für die Reaktion sind blaue bis blau-violette Farbtöne. Die Färbung kann auch noch so gering sein, es gilt die Reaktion als eingetreten, wenn eine solche auftritt, vorausgesetzt, daß der Versuch mit Serum allein ein vollständig negatives Ergebnis gezeitigt hat.

In den meisten Fällen wird man finden, daß das Dialysat des Serums allein vollständig ungefärbt bleibt. In diesem Falle ist die Beurteilung des Ausfalles des ganzen Versuches sehr einfach, immer vorausgesetzt, daß sämtliche Proben genau gleichmäßig gekocht worden sind. Man erkennt das auf den ersten Blick an Hand der Flüssigkeitshöhe im Reagenzglas. Die Flüssigkeitsspiegel müssen in allen Reagenzgläsern sich in einer Höhe befinden. In der Tafel, Abb. I—IV sind Versuche dargestellt, bei denen das Serum allein ein Dialysat ergab, das mit Ninhydrin nicht reagierte. *a* bedeutet in allen vier Versuchen „Serum allein". In *b* ist das Ergebnis der Ninhydrinreaktion mit dem Dialysat des Versuches „Serum + Substrat" dargestellt. Bei Versuch I ist die Reaktion am stärksten, bei IV am schwächsten ausgefallen.

Hat das Serum allein ein negatives Ergebnis gezeitigt und sind auch die übrigen Dialysate ungefärbt geblieben, dann wird das Gesamtergebnis als ein negatives gebucht. Man bringt das durch ein —-Zeichen zum Ausdruck. Man schließt aus einem solchen Resultat, daß das Serum keine feststellbare Einwirkung auf das zugesetzte Substrat gezeigt hat. Ein solches Versuchsergebnis wird, wie folgt, angegeben:

    Serum allein —
    Serum + Plazenta —
    Serum + Schilddrüse —
    Serum + Gehirn —

Befinden sich jedoch unter den Proben solche, deren Dialysat sich beim Kochen mit Ninhydrin blau gefärbt hat, so wird in diesem Falle angenommen, daß Serum und Substrat aufeinander eingewirkt haben und zwar im Sinne eines fermentativen Abbaus. Ein solches Ergebnis wird ganz allgemein als positiv bezeichnet. Ein +-Zeichen bringt das zum Ausdruck. Man kann sehr schwache Färbungen durch Anbringung von zwei Klammern um das Pluszeichen zum Ausdruck bringen ((+)). Ein Kreuz mit einer Klammer (+) bedeutet eine schwache Reaktion. Ein + ohne Klammer bringt eine Reaktion zur Darstellung, die als mittelstark zu bezeichnen ist. 2 Kreuze, ++, bedeuten starke Reaktion. Drei Kreuze, +++, endlich besagen, daß eine tiefe Blaufärbung aufgetreten ist. Selbstverständlich bedarf es zur Anwendung dieser Zeichen einer sehr großen Erfahrung. Da einstweilen nur die Frage in Betracht kommt, ob eine Reaktion stattgefunden hat oder nicht, spielen die Unterschiede in der Stärke des Ausfalles der Ninhydrinreaktion im allgemeinen noch keine praktische Rolle. Nur dann, wenn man einen bestimmten Fall wiederholt untersucht, kann es von großem Interesse sein, wenn der Ausfall der Reaktion allmählich abklingt oder sich im entgegengesetzten Sinne ändert.

Das Ergebnis eines Versuches, bei dem Serum allein negativ blieb und das eine oder andere Substrat + Serum ein Dialysat ergab, das mit Ninhydrin eine Blaufärbung ergab, zeigt in der Art der Mitteilung etwa folgendes Aussehen:

   Serum allein —
   Serum + Schilddrüse +
   Serum + Thymus + +
   Serum + Ovarien —
   Serum + Nebenniere —
   Serum + Hypophyse (+)
   Serum + Gehirn —

Dem Nichterfahrenen können eigentlich nur jene Fälle Schwierigkeiten bereiten, in denen das Serum allein an die Außenflüssigkeit soviel dialysierbare, mit Ninhydrin unter Blaufärbung reagierende Stoffe abgegeben hat, daß deren Konzentration ausreicht, um beim Kochen des Dialysates mit Ninhydrinlösung eine mehr oder weniger starke Blaufärbung zu geben. Fälle, in denen das Serum allein eine positive Reaktion gibt, sind unter allen Umständen unangenehm. Es bleibt in diesem Falle nichts anderes übrig, als die Farbenintensität des Versuches „Serum allein" als Nullwert zu betrachten, d. h. man nimmt nun ein Reagenzglas nach dem anderen und vergleicht die Intensität der Färbung seines Inhalts mit derjenigen der Probe des Versuchs „Serum allein". Ergibt sich kein Unterschied, oder ist, was unter Umständen auch einmal der Fall sein kann (vgl. Seite 154 ff.), die Farbenintensität beim Versuch Serum + Substrat sogar schwächer als beim Kontrollversuch „Serum allein", dann werden alle diese Fälle als negativ gebucht, denn es muß sich ein Hinzutreten von im Serum zunächst nicht vorhandener, durch Abbau sich bildender Verbindungen, die dialysieren und mit Ninhydrin reagieren, daran zu erkennen geben, daß die Färbung des Dialysates eine intensivere, als beim Versuch „Serum allein" ist. Man muß also in gewissem Sinne die Färbung des Kontrollversuches Serum allein von derjenigen in jeder einzelnen Probe, die eine Blaufärbung aufweist, abziehen. Bei genau gleich intensiver Färbung bleibt dann eine Nullfärbung übrig. Ergibt sich nach dem erwähnten Abzug noch eine Färbung, dann wird der Fall als ein positiver gebucht. Am besten teilt man ein solches Ergebnis wie folgt mit:

Serum allein [+] gleich —.

Dann folgen die Befunde mit den einzelnen Substraten, wobei nicht die festgestellte Farbenintensität für die Mitteilung des Ergebnisses maßgebend ist, sondern nur die überschießende Färbung, d. h. man reduziert die

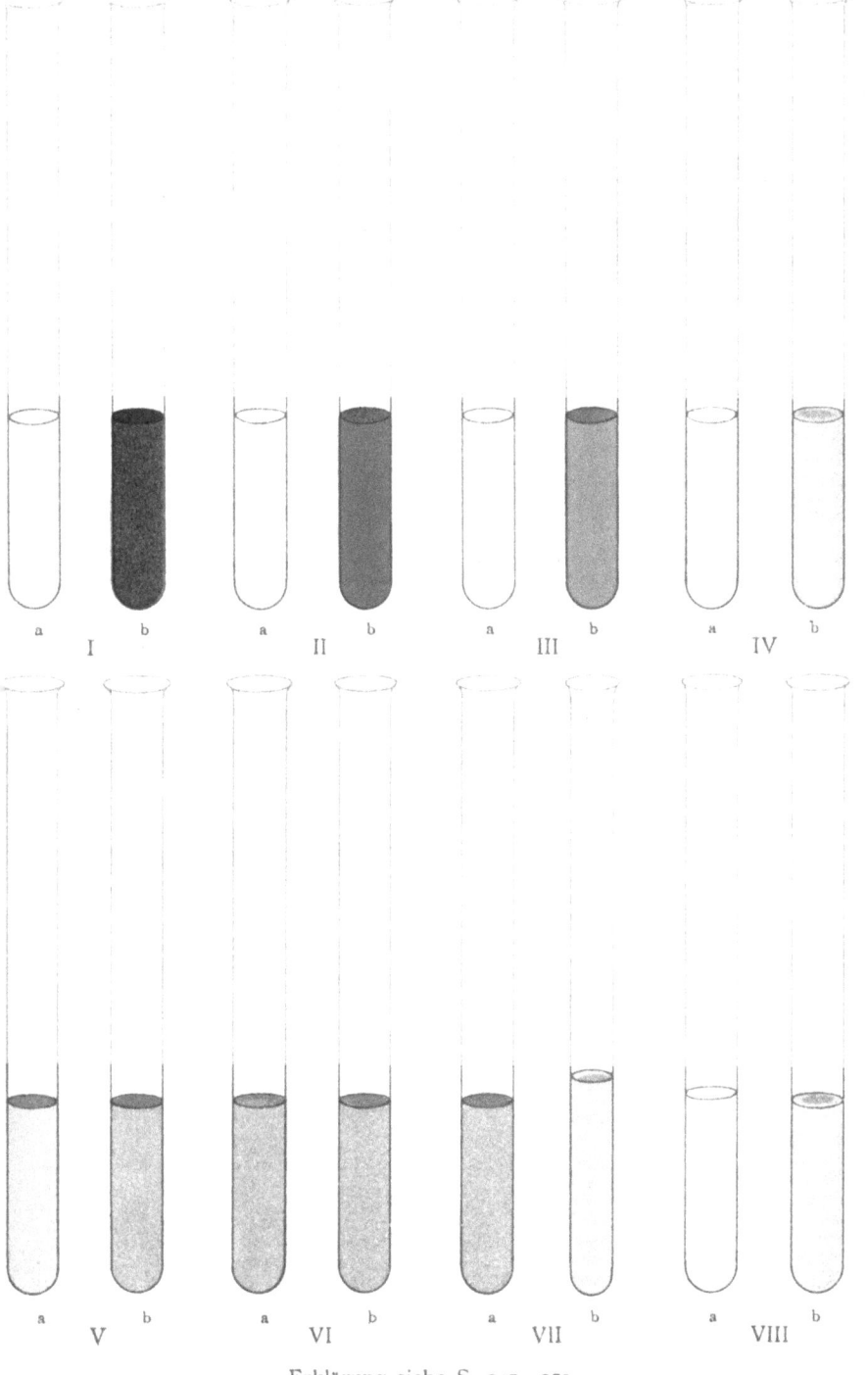

Erklärung siehe S. 245—250.

beobachteten Blaufärbungen unter Berücksichtigung der entsprechenden Färbung des Versuchs „Serum allein". Besitzt eine Probe die gleiche Farbenintensität, wie der Versuch „Serum allein", dann erscheint in der Mitteilung das Ergebnis mit einem —-Zeichen. Man könnte die Mitteilung des Ergebnisses des Versuches „Serum allein" auch so fassen, daß man einfach ein —-Zeichen angibt. Es wäre dies jedoch nicht richtig, denn es ist für die Beurteilung des Ausfalles eines Versuches von größter Bedeutung, zu wissen, ob er glatt verlaufen ist, oder ob eine Störung dadurch aufgetreten ist, daß das Dialysat des Versuches „Serum allein" eine Blaufärbung ergeben hat. Wenn immer möglich sollen dann solche Fälle nachgeprüft werden, und zwar verwendet man am besten nur 1,0 ccm Serum, sowohl zum Versuch „Serum allein" als zu dem Versuch Serum + Substrat. Es erübrigt sich hervorzuheben, daß selbstverständlich nur Versuche unter sich vergleichbar sind, bei denen gleiche Serummengen zur Verwendung gekommen sind.

In den Abbildungen V und VI der Tafel sind die Ergebnisse von Versuchen dargestellt, bei denen das Dialysat des Versuches „Serum allein" eine Blaufärbung mit Ninhydrin ergab. Bei jedem Versuch bedeutet *a* „Serum allein" und *b* „Serum + Substrat". Bei V erkennt man ohne weiteres, daß *b* dunkler blau gefärbt ist als *a*. Somit ist das Ergebnis als ein positives zu bewerten. Bei Versuch VI sind *a* und *b* genau gleich stark blau gefärbt. Somit ist die Reaktion als negativ ausgefallen zu bezeichnen.

Man kann sich sehr leicht davon überzeugen, daß in der Beurteilung der Intensität der Farbenreaktion sich große Unsicherheiten ergeben, wenn man eine gefärbte Lösung in verschieden weite Reagenzgläser einfüllt. Die Dicke der Schicht macht sich selbstverständlich stark bemerkbar. Das ist ein Grund mehr, weshalb gleich weite Reagenzgläser gefordert werden müssen. Bei schwachen Färbungen kann man dadurch, daß man die Flüssigkeit im Reagenzglas von oben betrachtet, ohne weiteres ein sicheres Urteil über das Bestehen einer solchen erhalten, jedoch auch nur dann, wenn die zu vergleichenden Lösungen bei gleich weiten Reagenzgläsern eine genau gleich hohe Flüssigkeitssäule darstellen. In Abb. VII der Tafel ist der Einfluß der Weite der Reagenzgläser dargestellt. Bei Versuch VII sieht *a* dunkler aus als *b*, obwohl beide Lösungen in Wirklichkeit gleich intensiv blau gefärbt waren, weil Ragenzglas *b* bedeutend enger als *a* ist.

In Abb. VIII der Tafel ist ein weiterer Fehler dargestellt. Bei Versuch *b* ist beim Kochen das Dialysat etwas stärker eingedampft worden, als bei *a*. Infolgedessen ist Blaufärbung zufolge der stärkeren Konzentration der Lösung eingetreten.

Ist ein Reagenzglas gesprungen oder hat sich sonst ein Unfall ereignet, dann kann man die verbliebenen Reste der Dialysate in gleicher Menge verwenden, und zwar benützt man zum Beispiel 5 ccm davon und gibt

0,1 ccm 1%iger Ninhydrinlösung hinzu. Dann kocht man unter Anwendung eines Siedestabes wie üblich. Nur im allergrößten Notfalle wird man zu diesem Ausweg greifen. Man kann sich leicht davon überzeugen, daß es bei 10 ccm Dialysat ganz bedeutend leichter ist, das Eindampfen während des Kochens gleichmäßig zu gestalten, als bei Verwendung von 5 ccm Flüssigkeit. Am besten überzeugt man sich durch einen besonderen Versuch von der Bedeutung der Eindunstung auf den Ausfall der Ninhydrinreaktion. Man stelle sich z. B. eine Seidenpeptonlösung her und verdünne diese so stark, daß 10 ccm der Lösung mit 0,2 ccm Ninhydrinlösung gekocht, keine Blaufärbung ergeben. Nun dampft man durch weiteres Kochen die Lösung ein. Hat sie eine bestimmte Konzentration erreicht, dann tritt Blaufärbung auf. Kocht man dann weiter ein, dann wird diese immer dunkler.

Es empfiehlt sich in jedem Falle, den Inhalt der Dialysierhülsen in ein Reagenzglas überzuführen, das Aussehen des Serums zu betrachten und ferner festzustellen, ob das Substrat irgendwelche Besonderheiten zeigt. Man kann bei diesem Verfahren manche Beobachtung, die für einen weiteren Ausbau der Methode von Wert ist, machen.

b) **Feststellung der Menge der dialysierten stickstoffhaltigen Verbindungen mittels der Mikrostickstoffbestimmung im Dialysat.**

Jedes Serum gibt, wie wiederholt hervorgehoben, an das Dialysat stickstoffhaltige Substanzen ab. Einmal enthält es stickstoffhaltige Stoffwechselprodukte, wie z. B. **Harnstoff**, **Ammoniak**, **Harnsäure** usw. Ferner sind wohl immer **Aminosäuren** und verwandte Verbindungen auf dem Transporte — sei es nun vom Darm zu den Körperzellen oder von Organ zu Organ — zugegen. Die Menge an diesen Stoffen ist stets Schwankungen unterworfen. So findet man während der Verdauung von Eiweiß besonders viel Aminosäuren im Blute. Im Hungerzustand ist die Menge der stickstoffhaltigen dialysablen Stoffe im Blute am Anfang sehr gering, um später stark anzusteigen. **Es folgt aus diesen Bemerkungen, daß auch dann, wenn die Stickstoffbestimmung des Dialysates als Maßstab für den Gehalt des untersuchten Serums an proteolytischen Fermenten gewählt wird, unbedingt ein Kontrollversuch mit Serum allein notwendig ist,** denn nur der Vergleich des Stickstoffgehaltes des Dialysates des Versuches „**Serum allein**" mit demjenigen des Versuches „**Serum + Organ bzw. Substrat**", kann eine Entscheidung bringen.

Die Versuchsanordnung ist zunächst genau die gleiche, wie sie Seite 241 ff. geschildert worden ist. Man setzt Serum allein und Serum + Substrat an. Da jedoch die zu erwartenden Stickstoffwerte keine großen sein können, ist es meistens notwendig, jeden einzelnen Versuch mehrfach auszuführen. Es wird mindestens zweimal der Versuch „Serum allein" und ebenso oft jener mit Serum + Substrat angesetzt. Wenn es irgendwie geht, soll man je drei Parallelversuche zur Ausführung bringen.

Es werden 1—1,5 ccm Serum verwendet, ferner 20 ccm Dialysat. Nach 16stündigem Stehen im Brutschrank kann man entweder einerseits alle Dialysate der Versuche ,,Serum allein" und ferner jene der Versuche ,,Serum + Substrat" vereinigen. Selbstverständlich gibt man im letzteren Falle nur Dialysate von Versuchen zusammen, bei denen das gleiche Substrat zur Anwendung gekommen ist. Man mißt dann gleiche Mengen von den beiden gut gemischten Lösungen ab und bestimmt in den gleichen Volumina den Stickstoffgehalt. Oder aber man verwendet einen Teil des Dialysates zur Feststellung der Ninhydrinreaktion und benützt den verbliebenen Rest zur Stickstoffbestimmung. Diese letztere Methode hat den Nachteil, daß man eine größere Anzahl von Versuchen mit Serum allein und Serum + Substrat ansetzen muß. Dagegen ergibt sich als Vorteil, daß man zwei Ergebnisse zur Verfügung hat, die man unter sich vergleichen kann. Man wird sicher durch vergleichende Untersuchungen dieser Art in manchen Fällen eine Aufklärung über scheinbar paradoxe Resultate erhalten.

Es sei die Ausführung des Versuches geschildert, wenn zugleich die Ninhydrinprobe und die Stickstoffbestimmung im Dialysat ausgeführt werden soll. Es ergibt sich aus der Durchführung eines solchen Versuches ohne weiteres das Verfahren, wenn man sich mit der Stickstoffbestimmung allein begnügen will.

Der Gang der Untersuchung sei an Hand eines Beispieles geschildert. Es sei dreimal der Versuch Serum allein angesetzt worden: Versuch A, B und C. Selbstverständlich wird ein und dasselbe Serum benützt. Die Menge des Serums sei 1,0 ccm. Nun gibt man zu weiteren dreimal je 1 ccm Serum je 0,25—0,5 g des gleichen Substrates (Versuch D, E und F). Nun wird in der gewohnten Weise 16 Stunden lang bei 37 Grad dialysiert. Man entnimmt dann jedem Dialysat, wie gewohnt, 10 ccm und führt nach Zusatz von 0,2 ccm einer 1%igen Ninhydrinlösung die Ninhydrinprobe aus. Man kann in allen sechs Versuchen die Probe anstellen oder auch nur z. B. bei Versuch A und D 10 ccm zu diesem Versuch entnehmen. Man vereinigt nunmehr die Reste der Dialysate von Versuch A, B und C und ferner von D, E und F, mischt gut und entnimmt dann jeder Flüssigkeit je 25 ccm mittels einer Pipette.

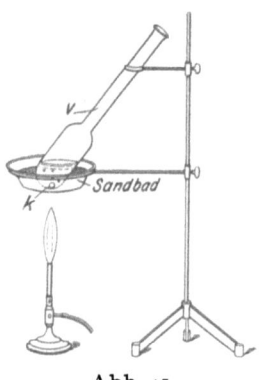

Abb. 41.
V Verbrennungskölbchen aus Jenaer Glas. K Glasperle.

Nunmehr beginnt die **Mikrostickstoffbestimmung**[1]). Die 25 ccm Dialysat der Versuche A, B und C werden in ein etwa 75 ccm fassendes Kölbchen aus Jenaer Glas eingefüllt. Vgl. Abb. 41. Genau so verfährt man mit den 25 ccm des Dialysates der Versuche

---

[1]) Vgl. Emil Abderhalden und Andor Fodor: Zeitschr. f. physiol. Chem. **98**. 190 (1917). — Vgl. ferner Emil Abderhalden und A. Fodor, Münch. med. Wochenschr. **61** Nr. 14, S. 765 (1914).

D, E und F. Zu jeder Lösung gibt man nunmehr je einen Tropfen 5%iger Kupfersulfatlösung, 1,5 ccm konzentrierte stickstofffreie Schwefelsäure und ca. 1 g stickstofffreies Kaliumsulfat. Zur Erleichterung des Siedens werden dem Gemisch 1—2 Glasperlen zugefügt. Man erhitzt nun, wie die Abbildung es zeigt, auf einem

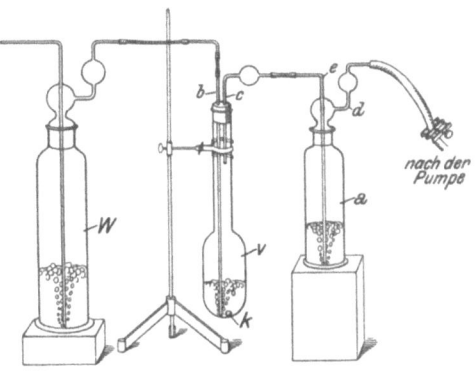

Abb. 42.
a Auffanggefäß.   *V* Verbrennungskölbchen.
K Glasperle.   *W* Waschflasche.

Sandbad und schließt die organischen Bestandteile des Dialysates auf und führt gleichzeitig den vorhandenen Stickstoff in Ammoniak über. Man darf nicht zu stark erhitzen. Die Verbrennung nimmt etwa 35—40 Minuten in Anspruch. Man beobachtet zunächst Dunkelfärbung der Lösung. Es verkohlt die organische Substanz. Dann hellt sich die Flüssigkeit mehr und mehr auf und schließlich verbleibt eine ganz klare, grüngefärbte (Kupfer-) Lösung. Sie darf keine Spur von Kohlenpartikelchen mehr enthalten.

Nunmehr geht man zur Gewinnung des gebildeten Ammoniaks über. Es ist als schwefelsaures Ammoniak zugegen. Man läßt die heiße Flüssigkeit allmählich erkalten. Dabei tritt oft Abscheidung von Salzen ein. Man gibt nunmehr 5—6 ccm destilliertes Wasser hinzu. Hierbei tritt wiederum Erwärmung ein. Man wartet ab, bis die Lösung sich abgekühlt hat. Unterdessen hat man in die Flasche *a* (vgl. Abb. 42) 10 ccm $^1/_{100}$-normal Schwefelsäure und 10 ccm Leitfähigkeitswasser oder mit dem gleichen Indikator, der zur Titration der nicht gebundenen Schwefelsäure benutzt wird, eingestelltes gewöhnliches destilliertes Wasser gebracht. Ferner beschickt man die Flasche W mit verdünnter, z. B. 25%iger Schwefelsäure. Nunmehr ist die ganze Apparatur zur Destillation des Ammoniaks zusammengestellt. Man versieht nunmehr das Aufschließungskölbchen *V* mit einem genau passenden, doppelt durchbohrten Stopfen. Durch die eine Öffnung führt man ein bis zum Boden des Gefäßes reichendes Glasrohr *(b)* und durch die andere ein kürzeres, mit einer Auftreibung versehenes Rohr *(c)*. Dieses letztere verbindet man mit dem Gefäß *a*. Man muß hierbei genau darauf achten, daß Glas mit Glas zusammenstößt. Das Gefäß *a* wird mit einer Wasserstrahlpumpe in Verbindung gebracht. Diese wird in Betrieb gesetzt und damit ein Luftstrom durch die beiden Flaschen gesaugt. Am besten reguliert man ihn mittels eines Quetschhahnes.

Jetzt nimmt man mittels einer spitz zulaufenden Pipette 5 ccm stickstofffreier Kjeldahlnatronlauge auf und läßt sie durch das Rohr *b* zu der in der Flasche V befindlichen Flüssigkeit langsam hinzufließen. Die Natronlauge wird durch die Saugwirkung der Luftpumpe hineingetrieben. Man muß die Natronlauge langsam zufließen lassen, damit nicht etwa durch die bei ihrem Zusammentreffen mit der Schwefelsäure entstehende plötzliche starke Erwärmung die Flüssigkeit aus dem Kölbchen geschleudert wird. Sobald die gesamten 5 ccm Natronlauge zugefügt sind, verbindet man rasch das Rohr *b* mit der vorgelegten Waschflasche *W*. Diese hat den folgenden Zweck. Es könnte sein, daß in der Luft des Raumes, in dem man die Destillation des Ammoniaks vornimmt, solches enthalten ist. Es würde dann beim Durchsaugen der Luft auch in der Schwefelsäure der Flasche *a* gebunden. Dadurch würde natürlich das Ergebnis der Untersuchung beeinflußt und gestört. Da es sich bei diesen Versuchen um sehr geringe Mengen von Ammoniak handelt, so muß selbstverständlich jede Möglichkeit einer Zufuhr von solchem von außen ausgeschlossen bleiben. Es würde schon genügen, um das Resultat zu stören, wenn in der Nähe des Apparates eine Flasche mit Ammoniak rasch geöffnet und wieder geschlossen würde. Die vorgelegte Schwefelsäure befreit die durchgesaugte Luft von jeder Spur von Ammoniak.

Durch die Zugabe der Natronlauge ist aus dem schwefelsauren Ammon das Ammoniak in Freiheit gesetzt worden. Es wird mit dem Luftstrom in die Flasche *a* übergeführt und von der in dieser enthaltenen

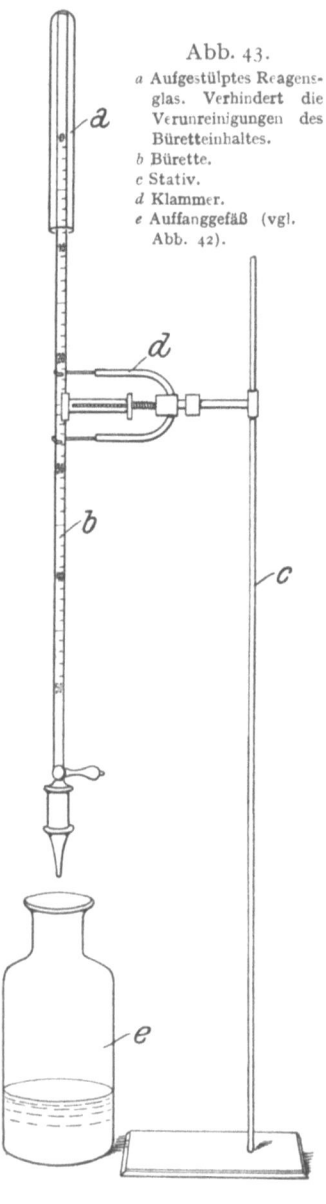

Abb. 43.
a Aufgestülptes Reagensglas. Verhindert die Verunreinigungen des Büretteinhaltes.
b Bürette.
c Stativ.
d Klammer.
e Auffanggefäß (vgl. Abb. 42).

Schwefelsäure gebunden. Man reguliert die Luftzufuhr so, daß zunächst die Luftblasen in recht lebhafter Folge durch die Flüssigkeit streichen. Gegen Schluß der Destillation wird das Tempo noch mehr erhöht. In etwa 20 Minuten ist die Destillation beendet. Man kann zum Schlusse mittels einer klein gestellten Bunsenflamme das Gefäß V etwas erwärmen, doch muß man dabei vorsichtig verfahren.

Nunmehr wird der Glasschliffeinsatz d des Gefäßes a gelüftet, nachdem man vorher die Verbindung mit dem Gefäß V und der Luftpumpe gelöst hat. Jetzt spült man mit destilliertem Wasser das Rohr e gründlich innen und außen ab und zwar so, daß die Spülflüssigkeit zu dem Inhalt der Flasche a quantitativ zufließt.

Es beginnt nun das Zurücktitrieren der nicht durch

Ammoniak gebundenen Säure. Man gibt zu der Flüssigkeit in der Flasche *a* einen Indikator — am besten alizarinsulfosaures Natrium — und läßt aus einer Bürette (Abb. 43) $^1/_{100}$-normal Natronlauge zufließen, bis der Farbenumschlag eintritt.

Die Berechnung des Stickstoffgehaltes des verwendeten Dialysates sei an einem Beispiel erläutert. Vorgelegt wurden 10 ccm $^1/_{100}$-normal Schwefelsäure. Zur Zurücktitration der nicht durch Ammoniak gebundenen Säure seien 2,5 ccm $^1/_{100}$-normal Natronlauge gebraucht worden. Somit sind 10—2,5 ccm $^1/_{100}$-n-Schwefelsäure durch überdestilliertes Ammoniak gebunden worden. 1 ccm $^1/_{100}$-n-Schwefelsäure entspricht 0,0001402 g Stickstoff, 7,5 ccm entsprechen $7,5 \times 0,0001402 = 0,00105150$ g N.

Mit Hilfe dieser Methode sind von Fodor und mir Sera von Schwangeren und Nichtschwangeren untersucht worden. Es zeigte sich, daß die Ergebnisse der Ninhydrinprobe sich mit denen der Stickstoffbestimmung des Dialysates decken. Es sind auch die Dialysate von Versuchen, bei denen andere Substrate in Anwendung kamen, in gleicher Weise und mit gleichem Erfolge untersucht worden. Die Methode bietet keine besonderen Schwierigkeiten. Die Resultate sind sehr scharfe. Daß auf diesem Wege nicht nur vergleichbare, sondern absolute Werte gewonnen werden, lehrt der direkte Versuch mit Lösungen von bekanntem Gehalt an Aminosäuren. Somit kann man mittels der Stickstoffbestimmung im Dialysat auch quantitative Untersuchungen vornehmen.

Einige Beispiele mögen zeigen, wie groß die Unterschiede im Stickstoffgehalt des Dialysates sind, je nachdem man Serum von schwangeren oder nicht schwangeren Individuen auf Plazenta einwirken läßt.

Klinische Diagnose	Ergebnis der Ninhydrinreaktion		Ergebnis der Stickstoffbestimmung. 100 ccm Dialysat enthalten N in mg	
	Serum	Serum + Plazenta	Serum	Serum + Plazenta.
Gravida	−	+	0,438	1,110
Gravida	−	+	0,771	1,054
Gravida	−	+	1,821	3,643
Nongravida (normal)	−	−	1,065	1,071
Nongravida (normal)	−	−	1,132	1,064
Nongravida (Karzinom)	−	−	1,092	1,126
Nongravida (Kystom)	−	−	1,339	0,969
Nongravida (Karzinom)	−	−	1,233	1,244
Gravida	−	+	0,061	1,070
Gravida	−	++	0,465	1,446

c) Feststellung der im Dialysat auftretenden, Aminogruppen enthaltenden Verbindungen.

Das Ideal einer Methode wäre es, wenn sie die bei der Einwirkung von Serum auf Substrate sich bildenden Produkte charakterisieren würde. Es ist bei jenen Verfahren der Fall, die nicht den Gesamtstickstoff als solchen quantitativ zum Nachweis bringen, sondern zugleich die Art der Stickstoffbindung zu verfolgen gestatten. Nun wissen wir, daß beim Abbau von Eiweiß, Peptonen und Polypeptiden sich säureamidartig verknüpfte Aminosäuren voneinander lösen, wobei jedesmal neue Aminogruppen in Erscheinung treten. Es zeigt somit die Zunahme der Aminogruppen in einer Lösung an, daß Eiweiß, Peptone oder Polypeptide zum Abbau gelangt sind.

Wir verfügen über zwei vortreffliche Methoden zur Bestimmung des Aminostickstoffs. Die eine stammt von Soerensen[1]), die andere von van Slyke[2]). Es würde zu weit führen, diese beiden Methoden eingehend darzustellen. Es sei deshalb auf sie verwiesen. Kann man schon bei der Einwirkung von wenig Serum auf wenig Substrat keine große Vermehrung der dialysierenden stickstoffhaltigen Verbindungen in ihrer Gesamtheit erwarten, so ist das erst recht beim Aminostickstoff der Fall. Seine Menge beträgt nur einen Bruchteil des Gesamtstickstoffes. Die ideale Bestimmung ist, nebeneinander Gesamt- und Aminostickstoff im Dialysat festzustellen. Man wird wohl nur ausnahmsweise zu diesem Verfahren greifen können, weil gewöhnlich nur wenig Serum zu den Untersuchungen zur Verfügung steht. Ferner ist zumeist die Aufgabe gestellt, das Verhalten des Serums gegenüber mehreren Substraten zu prüfen.

Die folgende Tabelle gibt einige Resultate des Dialysierverfahrens, die mittels der Mikroaminostickstoff-

---

[1]) Vgl. Hans Jessen-Hansen im Handbuch der biologischen Arbeitsmethoden, herausgegeben von Emil Abderhalden. Verlag Urban & Schwarzenberg, Berlin u. Wien. Abt. I, Teil 7, S. 245 (1922).

[2]) Donald D. van Slyke, ebenda, S. 263.

bestimmung von van Slyke gewonnen worden sind, wieder[1]).

Die einzelnen Versuche sind, wie folgt, angestellt worden. Serum wurde mit Plazentapepton angesetzt — 5 ccm Serum + 1 ccm Peptonlösung — und dann das Gemisch 16 Stunden in den Brutschrank gestellt. Gleichzeitig wurde die gleiche Menge Serum und

Versuche mit Plazentapepton.

Art des Serums	Ausfall der Ninhydrinreaktion	Angewandte Mengen in ccm	Aminostickstoff in mg in 100 ccm Ser.	
			Zugabe des Peptons	
			nach Bebrütung	vor Bebrütung
Hammel mit Plazenta	positiv	5,0	77,8	93,0
Hammel vorbehandelt	positiv	2,5	173,2	182,0
Rind, männlich	negativ	5,0	64,2	64,2
Hammel mit Plazenta	positiv	5,0	119,0	131,0
Hammel vorbehandelt	positiv	5,0	101,6	136,8
Schwangeren-Serum . .	positiv	2,5	172,4	208,8
Rind, männlich	—	5,0	95,6	82,8
Rind, männlich	—	5,0	77,8	78,8
Rind, männlich	—	5,0	74,0	75,6
Rind, männlich	—	5,0	75,4	76,8
Rind, männlich	—	5,0	25,4	25,8
Rind, männlich	—	5,0	21,4	21,6
Rind, männlich	negativ	5,0	56,7	55,2
Kuh, tragend	positiv	5,0	52,8	75,4
Mensch, gravid, 3. Mon.	positiv	5,0	68,4	89,2
Mensch, gravid, 9. Mon.	positiv	5,0	71,3	89,7
Mensch, gravid, 9. Mon.	positiv	5,0	62,8	91,4
Extrauteringravidität. .	positiv	5,0	58,3	82,5
Myom	negativ	5,0	77,8	76,5
Salpingitis.	negativ	5,0	76,2	76,3
Portiokarzinom	negativ	5,0	63,8	62,6
Myom	negativ	5,0	64,8	61,5
Infantilismus	negativ	5,0	71,8	69,9
Portiokarzinom	negativ	5,0	78,8	78,7
Myom	negativ	5,0	68,2	68,5

[1]) H. Strauß, Fermentforschungen 1. 55 (1914).

Versuche mit Plazenta.

Art des Serums	Ausfall der Ninhydrinreaktion	Angewandte Mengen in ccm	Aminostickstoff in mg in 100 ccm Serum	
			bebrütet ohne Plazenta	mit Plazenta
Rind, männlich	—	3,0	23,0	22,7
Non gravida	—	3,0	22,3	21,7
Salpingitis.	negativ	5,0	19,8	19,6
Myom	negativ	3,0	25,8	24,7
Gravidität, 9. Monat . .	positiv	3,0	22,8	27,8
Gravidität, 6. Monat . .	positiv	3,0	21,5	28,4
Gravidität, 3. Monat . .	positiv	3,0	18,5	21,8
Extrauteringravidität .	positiv	3,0	17,8	23,8
Myom	negativ	3,0	24,5	24,4
Portiokarzinom	negativ	3,0	22,8	21,7
Myom	negativ	3,0	17,8	16,9
Gravidität, 6. Monat . .	positiv	3,0	24,8	29,2
Gravidität, 8. Monat . .	positiv	3,0	19,5	26,5
Gravidität, 9. Monat . .	positiv	3,0	18,5	23,8
Gravidität, 9. Monat . .	positiv	3,0	26,5	30,9

Plazentapeptonlösung getrennt in den Brutschrank gebracht. Nach Ablauf von 16 Stunden wurden dann Serum und Peptonlösung vereinigt. In beiden Proben erfolgte dann gleichzeitig die Bestimmung des Aminostickstoffs. In anderen Versuchen wurde einesteils Serum allein und ferner Serum + Plazentagewebe angesetzt.

Wir sind oft auch in folgender Weise vorgegangen. Es wurden von jedem Dialysat 5 ccm in eine Flasche eingefüllt, und zwar wurden in einer Flasche alle mit Ninhydrin negativ reagierenden Dialysate von den Versuchen „Serum allein" gesammelt. In eine andere Flasche wurden die Dialysate von „Serum + Substrat-

Versuchen" gesammelt, die mit Ninhydrin auch eine negative Reaktion ergeben hatten. Endlich wurden in einer dritten Flasche alle Dialysate von ,,Serum + Substrat-Versuchen" vereinigt, deren Dialysate eine positive Ninhydrinreaktion gezeigt hatten. Die Dialysatproben wurden mit Chloroform und Toluol versetzt aufbewahrt. Waren 50 und mehr Kubikzentimeter Dialysate gesammelt, dann wurde in gleichen Teilen der Gesamtstickstoffgehalt und ferner wiederholt auch der Aminostickstoffgehalt festgestellt. In manchen Fällen wurde die gesamte Flüssigkeit mit Schwefelsäure versetzt und auf etwa 20 ccm eingedampft. Dann wurde die Flüssigkeit in einen Kjeldahlkolben übergeführt und nunmehr der Gesamtstickstoffgehalt bestimmt. Ohne jede Ausnahme wurde gefunden, daß der Gesamtstickstoffgehalt der Dialysate, die mit Ninhydrin positiv reagiert hatten, bedeutend größer war, als derjenige der negativ reagierenden Dialysate der Versuche ,,Serum allein" und ,,Serum + Substrat".

Anhangweise sei erwähnt, daß noch mancherlei Möglichkeiten bestehen, um das Wesen der Abderhaldenschen Reaktion durch Untersuchung der Dialysate aufzuklären. Man könnte bei Vorhandensein von genügenden Mengen Dialysat Derivate der vorhandenen Aminosäuren herstellen und sie als solche abscheiden und identifizieren. Man könnte auch die Aminosäuren in ihre Ester überführen und sie durch Destillation trennen. Man könnte ferner durch Fällungsmittel, wie Phosphorwolframsäure usw., festzustellen versuchen, ob die mit Ninhydrin reagierenden Dialysate eine stärkere Fällung ergeben. Allerdings müßte eine Entfernung etwa vorhandenen Ammoniaks vorausgehen, falls man z. B. mit Phosphorwolframsäure fällen wollte. Man könnte die gebildeten Niederschläge in Röhrchen zentrifugieren, die eine Einteilung besitzen und auf diesem Wege Vergleiche durchführen. Alle diese Wege müssen noch versucht werden. Man könnte die Frage aufwerfen, weshalb das nicht schon längst in umfangreichem Maße geschehen ist, ist doch die Aufklärung des Wesens der Abderhaldenschen Reaktion zunächst viel bedeutsamer als ihre Anwendung auf möglichst viele klinische Fragestellungen. Es liegt ausschließlich daran, daß leider von Sera, die eine positive Abderhaldensche Reaktion ergeben, immer nur geringe Mengen zur Verfügung stehen.

Schließlich sei noch darauf hingewiesen, daß es sich auch lohnen würde, mit den Dialysaten biologische Versuche anzustellen. Es wäre von Interesse in jedem Einzelfall zu erfahren, wie die Dialysate auf den tierischen Organismus wirken. Es ist ganz gut denkbar, daß in bestimmten Fällen Wirkungen erzielt werden, die uns Hinweise auf die Entstehungsweise von bestimmten Erscheinungen bei bestimmten Krankheiten ergeben.

Diese Andeutungen sollen nur zeigen, daß noch ein weiterer Ausbau des ganzen Forschungsgebietes nach den verschiedensten Richtungen möglich ist.

2. Anwendung der Ultrafiltration an Stelle der Dialyse zur Trennung der im kolloiden Zustand befindlichen Verbindungen von den nicht kolloiden Produkten.

Man kann im kolloiden und im nichtkolloiden Zustande befindliche Stoffe anstatt durch Dialysatoren auch durch sogenannte Ultrafilter trennen[1]). Es ist das große Verdienst Bechholds, die Ultrafiltrationsmethode ausgebaut und allgemein zugänglich gemacht zu haben. Im Laufe der Zeit ist sie mehr und mehr vereinfacht worden. Eine besonders gut geeignete Form der Ultrafiltration, die in gewissem Sinne eine Kombination von Dialyse und Ultrafiltration darstellt, verdanken wir Wegelin[2]). Der wesentliche Punkt beim Wegelinschen Verfahren ist, daß die kolloiden Teilchen mit dem Dispersionsmittel nicht in der Richtung der Schwerkraft auf das Ultrafilter gepreßt werden, sondern entgegen dieser. Es wird so ein Verstopfen des Ultrafilters vermieden.

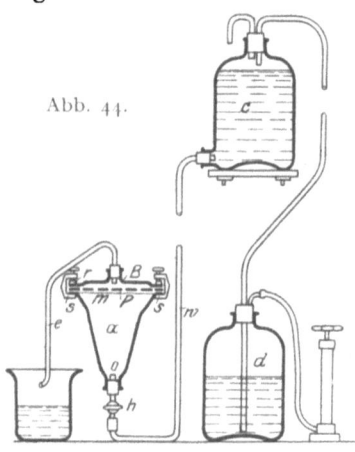

Abb. 44.

---

[1]) Vgl. über Ultrafiltrationsmethoden: H. Bechhold, Handbuch der biologischen Arbeitsmethoden. Herausgegeben von Emil Abderhalden. Verlag Urban & Schwarzenberg, Berlin u. Wien. Abteilung 3. Teil B. 1922.

[2]) G. Wegelin, Kolloidzeitschr. 18. 225 (1919).

In Abb. 44 ist der Wegelinsche Apparat abgebildet[1]). Die zu filtrierende Flüssigkeit wird in den Behälter a gefüllt. Er wird oben mittels einer siebartig durchbohrten Glasplatte P abgeschlossen. Sie ruht auf einem mit einem Schliff versehenen, breiten Rand des Behälters a. Das Ultrafilter m wird zwischen diesen Rand und die Glasplatte gelegt, nachdem man zuvor auf der letzteren ein gewöhnliches Filter angebracht hat. Beide Filter werden durch die unter Druck stehende Flüssigkeit an die Glasplatte angedrückt. Der über der Glasplatte P befindliche Raum dient zum Ansammeln des Ultrafiltrates. Er wird durch ein glocken- bzw. trichterartiges Gefäß B abgeschlossen, das mittels eines geschliffenen Randes der Glasplatte P anliegt. Gefäß a und B werden mittels Klammern (s) zusammengehalten. Zwei Metall- (r) und Gummiringe sorgen für eine gleichmäßige Verteilung des Druckes.

Bei O in Gefäß a tritt die Flüssigkeit ein, die die molekular- bzw. ionaldispersen Produkte durch das Ultrafilter mit fortführen soll. Sie strömt von unten nach oben. Das Filtrat fließt durch das Rohr e ab. C dient zur Herstellung eines bestimmten Druckes. Mittels einer Automobilpumpe läßt sich der nötige Druck erzeugen.

Das Ultrafiltrat muß quantitativ aufgefangen und dann zur Gesamtstickstoff- und zur Aminostickstoffbestimmung eingeengt werden.

Ostwald[2]) hat in neuerer Zeit gelehrt, durch Überziehen gewöhnlicher Filter mit Kollodium Ultrafilter

---

[1]) G. Wegelin, l. c.
[2]) W. Ostwald, Kolloidzeitschr. **22**. 72 (1918).

herzustellen. Sie werden in einem gewöhnlichen Glastrichter oder in einer Nutsche befestigt.

Die Durchführung eines Versuches unter Anwendung der Ultrafiltration ist eine gegebene. Man setzt einen Versuch mit Serum allein an und solche mit Serum + Substrat. Man kann die Versuche in Reagenzgläsern oder Erlenmeyerkölbchen aus Jenaer Glas durchführen. Zur Vermeidung von Fäulnis gibt man Toluol hinzu. Nach 16—24 stündigem Verweilen der Proben bei 37 Grad wird nunmehr das Serum bzw. das Serum + Substrat zur Ultrafiltration verwendet. Das Ultrafiltrat kann nach verschiedenen Methoden untersucht werden. Man kann die Ninhydrinreaktion anwenden oder Gesamtstickstoff- oder Aminostickstoffbestimmungen oder alle diese Verfahren zugleich durchführen. Selbstverständlich sind die Anforderungen an das Serum und an die Substrate die gleichen, wie Seite 235 ff. und Seite 238 ff. beschrieben.

Größere Erfahrungen liegen mit der Ultrafiltrationsmethode noch nicht vor. Sie erfordert viel Sorgfalt vor allem in der Auswahl der Ultrafilter. In den zu vergleichenden Versuchen müssen selbstverständlich Ultrafilter genau der gleichen Porengröße angewandt werden.

3. Versuch, die nicht koagulierbaren Verbindungen im Serum von den koagulierbaren durch Fällungs- bzw. Koagulationsmethoden zu trennen.

Die einfachste Methode zur Feststellung, ob Eiweiß abgebaut worden ist oder nicht, ist ohne Zweifel die quantitative Trennung des ersteren von den Abbauprodukten. Die Dialyse ergibt uns immer nur einen Teil von diesen. Würde ein Verfahren bekannt sein, das erstens die restlose Beseitigung von Proteinen gestattet und zweitens bewirkt, daß in der verbleibenden Lösung die Eiweißabkömmlinge quantitativ enthalten sind, dann wäre die einfachste und sicherste Methode zum Nachweis der Wirkung proteolytischer Fermente im Blutserum bei Anwesenheit bestimmter Substrate geschaffen.

Ein solcher Versuch würde sich, wie folgt, gestalten. Es würde Serum allein in einem passenden Gefäße — Erlenmeyerkölbchen oder Reagenzglas — angesetzt und ferner Serum + Substrat. Dann würden beide Gefäße nach erfolgter Überschichtung des Serums mit Toluol in den Brutschrank gebracht. Nach 16 bis 24 Stunden könnte zur Enteiweißung geschritten werden.

Es sind verschiedene Methoden zur Enteiweißung bekannt. Von manchen davon wissen wir ohne weiteres, daß sie für die vorliegende Fragestellung nicht verwendbar sind. Man wird in erster Linie von der Enteiweißungs-Methode verlangen müssen, daß sie zu vergleichbaren Werten führt. Aus diesem Grunde ist z. B. die Fällung mit Phosphorwolframsäure nicht anwendbar. Es könnte sein, daß Abbaustufen aus Eiweiß gebildet werden, die mit ihr fallen. In einem anderen Falle könnten Eiweißabkömmlinge entstehen, die diese Eigenschaft nicht zeigen. Die Ergebnisse würden in diesem Falle nicht vergleichbar sein.

Ein Enteiweißungsverfahren, das eindeutige Resultate liefert, muß den folgenden Ansprüchen gerecht werden:

1. **Die Enteiweißung muß in jedem einzelnnen Falle eine absolute sein.** Dieser Forderung entsprechen die wenigsten der bekannten sog. Enteiweißungsmethoden. Es gibt manche, die im einen Falle gute Resultate ergeben, um im anderen zu versagen. In der Hand des auf diesem Gebiete erfahrenen Forschers werden auch solche Methoden brauchbar sein, weil er sofort erkennt, ob im gegebenen Fall die Enteiweißung eine vollständige ist oder nicht. Es genügen geringe Modifikationen der betreffenden Methoden — z. B. bei der Enteiweißung mit Essigsäure und einem Salz —, um in jedem Falle ein eiweißfreies Filtrat zu erhalten. Selbstverständlich sind derartige Verfahren, die eine sehr reiche Erfahrung voraussetzen, nicht geeignet, um zur allgemeinen Verwendung empfohlen zu werden.

2. **Die Methode der Enteiweißung darf nicht so beschaffen sein, daß durch sie Eiweiß zum Abbau kommt.** Die in wechselnder Menge entstehenden Abbauprodukte würden das Ergebnis der ganzen Untersuchung vieldeutig machen.

3. **Es darf das ausfallende Eiweiß nicht wechselnde Mengen von Eiweißabbaustufen adsorbieren und einschließen.** Ist dies der Fall,

dann muß das Eiweißkoagulum unbedingt ausgekocht werden.

4. Will man zur Erkennung von Eiweißabbaustufen im eiweißfreien Filtrat eine Farbreaktion anwenden, dann dürfen durch das Verfahren der Enteiweißung keine Bedingungen geschaffen werden, die diese beeinflussen.

5. Will man im Filtrat des Eiweißkoagulums vergleichende Stickstoffbestimmungen durchführen, dann dürfen durch das Verfahren der Enteiweißung keine unbekannten Mengen stickstoffhaltiger Substanzen zugeführt werden.

Die Erfahrung hat ergeben, daß einzig und allein die Stickstoffbestimmung (Gesamtstickstoff- oder Aminostickstoffbestimmung) im Filtrat des Eiweißkoagulums zu brauchbaren Resultaten führt. Die Ninhydrinreaktion ist nicht verwendbar, weil es unmöglich ist, die oft erwähnten Bedingungen zum Vergleich des Versuches „Serum allein" und „Serum und Substrat" innezuhalten.

Es liegen noch nicht sehr viele Erfahrungen mit Enteiweißungsverfahren vor. Es ist der folgende Weg eingeschlagen worden[1]).

1,5 ccm Serum werden für sich bzw. mit Substrat in möglichst weiten Reagenzgläsern (ca. 20 mm) mit 1 ccm Toluol überschichtet und 16 Stunden im Brutschrank gelassen. Dann fügt man $2^1/_2$ ccm physiologische Koch-

---

[1]) Vgl. M. Paquin, Fermentforschung 1. 58 (1914).

salzlösung hinzu und 10 ccm einer $^1/_{100}$ normalen Oxalsäurelösung (die im Liter 2 g neutrales Kaliumoxalat enthält). Durch Schwenken werden die Flüssigkeiten gemischt und dann 3—4 Minuten in kochendem Wasser koaguliert. Sofort versetzt man die heiße Flüssigkeit mit 1 ccm $^1/_{10}$ normaler Natriumbikarbonatlösung und vermischt durch lebhaftes Schütteln das Toluol mit dem Koagulum. Nun wird die Lösung $^1/_2$ Stunde in kaltem Wasser gekühlt und dann nach erneutem Schütteln durch ein trockenes, gehärtetes Filter filtriert. Wird erst die Natriumbikarbonatlösung zu der erkalteten Lösung zugegeben, oder wird diese erst mit dem Toluol geschüttelt, so erhält man im ersten Fall ein trübes Filtrat, welches erst nach oftmaligem Filtrieren klar wird, im zweiten Fall dagegen ein klares Filtrat, welches aber mit Sulfosalizylsäure eine starke Trübung gibt. In 10 ccm des Filtrats wurde der Stickstoff mittels der Mikrokjeldahl-Methode bestimmt.

4. Die optischen Methoden.

A. Die Beobachtung des Verhaltens des Drehungsvermögens des Serum-Substratgemisches mittels des Polarisationsapparates.

Wir benötigen zur Durchführung dieser Methode steriles, absolut haemoglobinfreies Serum (vgl. Seite 235), ferner ein Substrat aus Eiweiß, das sich in Wasser bzw. in 0,9%iger Kochsalzlösung oder einem Phosphatgemisch (zur Aufrechterhaltung einer bestimmten Reaktion) ganz klar löst. Ein solches Produkt muß aus den Organsubstraten durch vorsichtigen Abbau (Hydrolyse) gewonnen werden. Man gewinnt hochmolekulare Peptone. Endlich muß man einen sehr guten Polarisationsapparat zur Verfügung haben und endlich geeignete Polarisationsröhren. Diese müssen so beschaffen sein, daß sie die Temperatur ihres Inhaltes während den Ablesungen des Drehungsvermögens innerhalb enger Grenzen beibehalten. Wir werden die Maßnahmen, die zu diesem Zwecke getroffen worden sind, weiter unten kennen lernen.

Wenden wir uns zunächst zu der Darstellung der Peptone.

Darstellung von Peptonen zur Anwendung bei der Polarisationsmethode.

Organe werden zunächst genau so entblutet, wie es Seite 214 ff. beschrieben worden ist. Sie können dann direkt zur Hydrolyse angesetzt werden, nachdem man die Gewebsstücke zwischen Filtrierpapier möglichst von Wasser befreit hat. Will man eine größere Menge des gleichen Gewebes — z. B. Hypophyse, Nebennieren usw. — sich ansammeln lassen, dann kocht man das blutfreie Gewebe 10 Minuten lang in Wasser und bewahrt es hierauf in sterilisiertem Wasser unter Toluol auf. Es ist in diesem Falle natürlich nicht notwendig, das Organ so lange zu kochen, bis sein Kochwasser keine mit Ninhydrin reagierenden Stoffe mehr enthält. Das Kochen hat hier nur den Zweck, die etwa noch vorhandenen Zellfermente zu vernichten, es könnte sonst Autolyse eintreten. Gleichzeitig wird das Substrat sterilisiert. Hat man genügend Substrat beisammen, dann wird es ebenfalls vor dem Eintragen in die Schwefelsäure, das unter Eiskühlung zu erfolgen hat, möglichst von Wasser befreit. Nervengewebe muß man zunächst nach erfolgtem Entbluten und Aufkochen mit Tetrachlorkohlenstoff ausziehen, weil sonst der Abbau durch die Lipoidhülle sehr erschwert ist. Auch die Tuberkelbazillen muß man von sog. Lipoiden befreien. Vgl. hierzu S. 216.

Zur Hydrolyse verwendet man 70%ige (Gewichtsprozent) Schwefelsäure. Sie muß kalt sein. Man benutzt von ihr die drei- bis fünffache Menge des zu spaltenden Gewebes. Man schüttelt nach Zugabe des Gewebes energisch um und verschließt das Gefäß sorgfältig. Von Zeit zu Zeit wird umgeschüttelt. Bald löst sich das Gewebe auf. Die Lösung färbt sich mehr oder weniger stark braun. Nach genau dreitägigem Stehen bei Zimmertemperatur (höchstens 20 Grad) stellt man das das Hydrolysat enthaltende Gefäß in Eiswasser und verdünnt mit der zehn- bis zwanzigfachen Menge destillierten Wassers. Der Zusatz des Wassers muß ganz allmählich erfolgen. Man kontrolliere mittels eines Thermometers die Temperatur der Lösung. Sie darf nie mehr als 20 Grad warm werden. Ist das Gefäß zu klein, dann führt man die Lösung in ein größeres über und benützt das Verdünnungswasser zum Ausspülen des ersten Gefäßes.

Nunmehr beginnt man mit dem Ausfällen der Schwefelsäure mit Bariumhydroxyd. Man verwendet dazu reines, kristallisiertes Bariumhydroxyd und gibt von ihm so viel zu, bis die Lösung weder mit Bariumhydroxydlösung noch mit Schwefelsäure einen Niederschlag gibt. Bei der Prüfung mit Bariumhydroxyd kann es vorkommen, daß ein Niederschlag entsteht, trotzdem keine Schwefelsäure mehr zugegen ist. Es sind Bariumsalze von Peptonen, die ausfallen. Sie sind in Salpetersäure löslich, während schwefelsaures Barium darin unlöslich ist.

Bei der Neutralisation geht man so vor, daß man die Menge des notwendigen Bariumhydroxyds auf Grund der angewandten Schwefelsäuremenge berechnet. Man gibt das Bariumhydroxyd am besten in Substanz zu und rührt so lange durch, bis die Umsetzung vollständig ist. Zunächst verfolgt man die Neutralisation der Schwefelsäure mittels Lackmuspapiers. Schließlich filtriert man kleine Proben durch einen kleinen Trichter mit Filter ab[1]) und prüft eine Probe mit Bariumhydroxyd[2]) und eine andere mit Schwefelsäure. Tritt

---

[1]) Verfügt man über eine Zentrifuge, dann empfiehlt es sich, Proben des Gemisches abzuzentrifugieren. Man erhält so auf alle Fälle ohne jeden Verlust sofort klare Lösungen.

[2]) Man verwendet zur Prüfung zweckmäßig eine wässerige Bariumchloridlösung, weil das Barytwasser sich durch Anziehen von Kohlensäure unter Bildung von Bariumkarbonat trübt. Bei Verwendung der genannten Lösung gebe man nie die angestellte Probe zur ursprünglichen Lösung zurück! Sie wird weggegossen!

im ersteren Falle eine Trübung oder Fällung ein, dann versetzt man die Probe mit Salpetersäure und erwärmt eventuell etwas. Bleibt der Niederschlag bestehen, dann ist das ein Zeichen, daß man zur ursprünglichen Lösung noch Bariumhydroxyd zugeben muß. Man arbeite mit ganz verdünnten Lösungen von Schwefelsäure und Bariumhydroxyd, sonst schießt man zu leicht weit über das Ziel hinaus. Ist man der vollständigen Entfernung der Schwefelsäure bzw. des Bariums sehr nahe, dann verwende man abgemessene Mengen von $1/_{100}$-n-Lösungen von Schwefelsäure bzw. Bariumhydrat.

Bei der Darstellung der Peptone wird sehr oft der Fehler begangen, daß die Entfernung der Schwefelsäure bzw. des im Überschuß zugegebenen Bariumhydroxyds zu langsam erfolgt. Bald wird viel zuviel Baryt, bald ein großer Überschuß an Schwefelsäure zugefügt. Es bleibt dann das Peptongemisch stundenlang mit der Schwefelsäure bzw. dem Bariumhydroxyd zusammen. Der Überschuß an H- bzw. OH-Ionen kann weiter auf die Peptone einwirken. Sie werden gespalten und schließlich verbleiben nur noch ganz einfach molekulare Produkte übrig. Es ist von größter Wichtigkeit, daß die Lösung in möglichst kurzer Frist von der Schwefelsäure quantitativ befreit wird, und ebenso muß im Überschuß zugesetztes Bariumhydroxyd sofort entfernt werden. Es soll das Gemisch der Peptonlösung weder längere Zeit mit Säure noch mit Alkali in Berührung bleiben, nachdem die Entfernung der Schwefelsäure in die Wege geleitet ist.

Es sei gleich hier bemerkt, daß die Peptonlösung sich leicht infizieren kann. Dauert die Filtration des Bariumsulfates längere Zeit, dann gebe man zum ganzen Gemisch Toluol. Auch das Filtrat muß mit Toluol überschichtet werden.

Ist die Lösung frei von Schwefelsäure und Baryt, dann beginnt man mit der Filtration des Niederschlages durch ein doppeltes Faltenfilter, oder man nutscht durch ein mit Tierkohle gedichtetes, gehärtetes Filter ab. Endlich kann man auch einfach dekantieren. Am raschesten kommt man zum Ziel, wenn man eine Zentrifuge zur Verfügung hat. Der von der Flüssigkeit abgetrennte Bariumsulfatniederschlag wird mit destilliertem Wasser aufgerührt, im Mörser mit Wasser durchgeknetet und dann wieder filtriert. Es ist im Interesse einer guten Ausbeute an Pepton notwendig, das Auswaschen mit kaltem Wasser mehrmals zu wiederholen. Man kann dabei die Ninhydrinprobe als Prüfstein für das gute Auswaschen des Niederschlages nehmen. Man gibt zu einer Probe des eventl. eingeengten Filtrates etwas Ninhydrin, z. B. 1 ccm, und kocht eine Minute lang. Ist die Färbung schwach oder gar negativ, dann hört man mit dem Auswaschen auf. Ist das Bariumsulfatgemisch absolut frei von Bariumhydrat, so kann man zum Schluß den Niederschlag auch in einem Emailletopf (Abb. 45 b) auskochen. Man gießt ihn dann heiß mittels eines Schöpfers (Abb. 45 a) mit dem Kochwasser auf das Filter. Vgl. Abb. 45.

Unterdessen hat man schon mit dem Einengen der Filtrate begonnen. Da Peptonlösungen stark schäumen, so benützt man den in der Abb. 46 dargestellten Apparat. Er gestattet die Peptonlösung bei ca. 40 Grad unter stark vermindertem Druck zur Trockene einzudampfen. Der Tropftrichter hat den Zweck, dem Destillierkolben die Peptonlösung in Tropfen zuzuführen. Diese verdampfen beim Hineinfallen in den Kolben sofort. Es kommt bei genauer Regulation des Zuflusses der Lösung nicht zur Schaumbildung. Sollte versehentlich zuviel Peptonlösung in den Destillationskolben gelangt sein und Schäumen auftreten, so gebe man etwas Äthylalkohol zum Inhalt des Kolbens. Am besten läßt man ihn im Saugrohr herabsteigen (vgl. Abb. 46) und durch den Tropftrichter in den Destillationskolben gelangen. Man unterlasse nie, wenn die Destillation unterbrochen wird, die Vorlage zu entleeren. Wenn der vorgelegte Destillationskolben mit Destillat erfüllt ist, und infolge einer un-

Abb. 45.

vorsichtigen Manipulation was von der Peptonlösung überschäumt, dann muß man die gesamte destillierte Flüssigkeit zurückgießen und erneut der Destillation

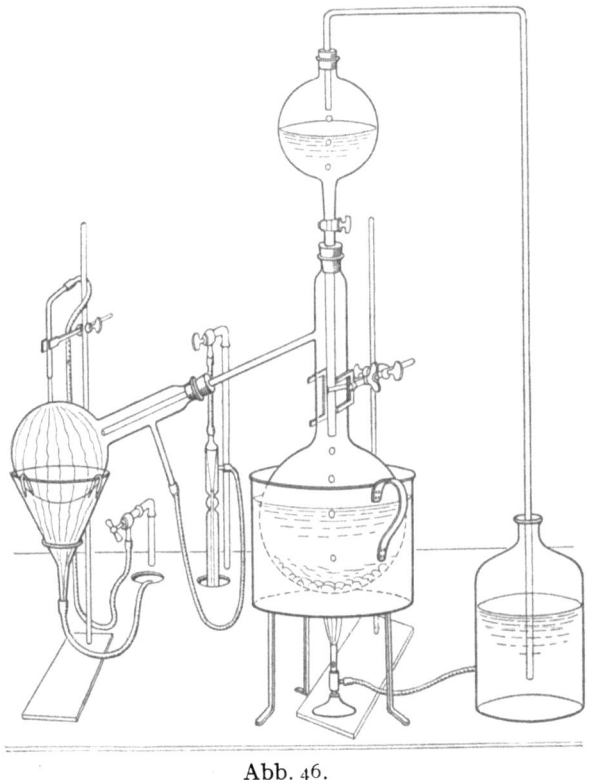

Abb. 46.

unterwerfen! Versäumt man hingegen nie, bei jeder Gelegenheit die Vorlage zu entleeren, dann bleiben einem solche schlimmen Erfahrungen erspart! Während der

Destillation muß die Peptonlösung im Gefäß, aus dem sie in den Tropftrichter überführt wird, mit Toluol überschichtet sein, damit keine Fäulnis eintritt. Vgl. auch S. 277.

Niemals dampfe man die Peptonlösung stark ein, ohne mehrmals nachgesehen zu haben, ob die Lösung auch wirklich frei von Schwefelsäure und Barium ist. In der großen Verdünnung können Spuren dieser Verbindungen dem Nachweis entgehen. Bei der Konzentration der Lösung nimmt natürlich auch diejenige der Schwefelsäure bzw. des Bariumhydroxydes zu. Es könnte so nachträglich zu einer Hydrolyse des Peptongemisches kommen.

Es verbleibt schließlich ein hellgelb gefärbter, sirupöser Rückstand. Er darf nicht zu stark eingedampft werden, weil sonst die Ausbeute an Pepton eine geringe wird. Er wird mit ca. der 100 fachen Menge Methylalkohol übergossen und mit diesem gekocht. Die siedend heiße Lösung filtriert man durch ein Faltenfilter in etwa die fünffache Menge kalten Äthylalkohols hinein. Man stellt diesen zweckmäßig in Eiswasser. Die Fällung läßt sich durch Zusatz von Äther vervollständigen. Es wird sofort filtriert, sobald der Niederschlag sich zusammenzuflocken beginnt. Man muß bei der Filtration darauf achten, daß während des Filtrierens das Filter nie leer läuft. Am besten benützt man eine Nutsche. Vgl. Abb. 47. Erst zum Schluß läßt man die Mutterlauge ganz ablaufen und bringt das Filter mit dem Niederschlag sofort in einen Vakuum-Exsikkator. Nach ein bis zwei Tagen ist das Pepton ganz trocken und läßt sich zur Wägung bringen. Man bereitet zunächst eine 10%ige Lösung davon in 0,9%iger Kochsalzlösung und bestimmt das Drehungsvermögen der Lösung im 2,5 cm-Rohr. Beträgt es mehr als 1 Grad, dann verdünnt man die Lösung, bis sie eine Drehung von ca. 0,75 Grad aufweist. Die höhere Drehung würde nichts schaden. Die Verdünnung erfolgt nur, um das kostbare Material möglichst gut auszunützen. Oft verbleibt beim Auskochen des Verdampfungsrückstandes mit Methylalkohol ein erheblicher Rück-

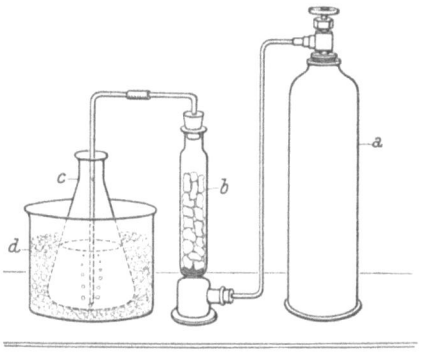

Abb. 47.
Nutsche mit Saugflasche.

stand. Er enthält noch viel Pepton. Man kann dieses noch gewinnen, indem man zu dem Rückstand ganz wenig Wasser zufügt (10—50 ccm je nach seiner Menge). Dann wird erhitzt. Es geht der Rückstand in Lösung. Nun fügt man Methylalkohol zu, kocht und verfährt, wie oben geschildert. Das so gewonnene Pepton bewahrt man für sich auf und prüft seine Brauchbarkeit ebenfalls für sich. Endlich kann man noch ein drittes, oft sehr brauchbares Pepton gewinnen, indem man das methyl-äthylalkoholische Filtrat des ausgefällten Peptons unter vermindertem Druck zur Trockene verdampft und den verbleibenden Rückstand in soviel 0,9%iger Kochsalzlösung löst, daß eine ca. 10%ige Lösung des Peptons entsteht. Sie soll etwa 0,75° im 2,5 cm-Rohr drehen. Es wird seine Brauchbarkeit durch besondere Versuche festgetellt. Vgl. den folgenden Abschnitt.

Eichung des Peptons.

Wir wollen annehmen, daß wir Plazentapepton dargestellt haben. Dieses wird mit Serum von sicher nicht schwangeren Individuen zusammengebracht. Es darf die Anfangsdrehung sich nicht ändern. Ist dies dennoch der Fall, dann ist das Pepton vielleicht nicht frei von Schwefelsäure bzw. Barium, oder aber es enthält einfachere Abbaustufen! Mit Serum von Schwangeren muß ein Abbau eintreten. Man liest zunächst alle Stunden ab und prüft mit vielen Sera. Man konstruiert sich aus den einzelnen Ablesungen eine Normalkurve für das Pepton, indem man auf der Abszisse den Drehungswinkel und auf der Ordinate die Zeit einträgt (vgl. die auf S. 61, 62 und 63 mitgeteilten Kurven). Kennt man einmal die Art der „normalen" Änderung der Drehung des Serum-Pepton-Gemisches, dann braucht man bei der Diagnosenstellung normaler Fälle nur alle 2 bis 4 Stunden abzulesen. Verfolgt man besondere Zwecke, dann wird man häufiger beobachten. Um der Zuverlässigkeit der Peptonlösung ganz sicher zu sein, fülle man ferner ein Polarisationsrohr mit ihr und beobachte, ob die Anfangsdrehung 48 Stunden bei 37° unverändert bleibt.

Apparative Einrichtung.

Die Polarisationsmethode ergänzt das Dialysierverfahren nach mancher Richtung. Einmal kann man quantitative Unterschiede in der Rasch-

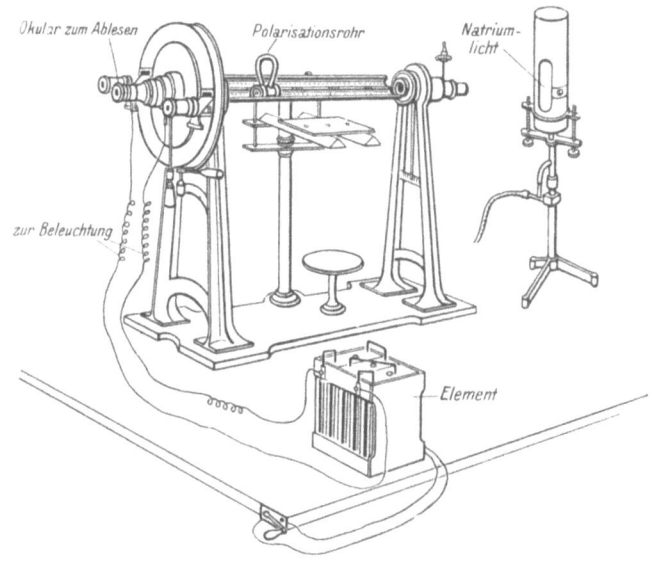

Abb. 48.

heit der Spaltung feststellen. Ferner lassen sich qualitative Unterschiede beobachten. Beim Dialysierverfahren dagegen kann man das Dialysat zu Tierversuchen verwenden und es zum Beispiel nach erfolgtem Einengen Tieren einspritzen, um festzustellen, ob die erhaltenen Abbauprodukte toxisch wirken.

Um das Drehungsvermögen zu bestimmen, bedarf man eines vorzüglichen Instrumentes. Allen Anforderungen genügt nur der Polarisationsapparat von Schmidt & Hänsch, Berlin (Abb. 48, S. 283). Er gestattet, Hundertstel-Grade abzulesen. Da jedermann beim Ablesen individuelle Fehler macht, d. h. das Drehungsvermögen ein und derselben Lösung verschieden bestimmt, so mußte festgestellt werden, wie groß diese Fehlergrenze im Durchschnitt ist. Es zeigte sich, daß die meisten Untersucher auf 0,01 Grad genau einstellen können. Um ganz sicher zu gehen, wurde auch ein Unterschied von 0,04 Grad noch als Fehlergrenze bezeichnet. Erst bei einer Drehungsänderung von 0,5 Grad und mehr wird eine Spaltung angenommen. Man konnte die Grenze ohne Gefahr hinausrücken, weil dann, wenn eine Hydrolyse des Peptons erfolgt, die Drehungsänderung sicher über 0,04 Grad hinausgeht.

Die Methode als solche hat kaum Fehlerquellen. Höchstens könnten Trübungen, Ausflockungen usw. Täuschungen veranlassen. Da jedoch glücklicherweise durch derartige, übrigens bei richtigem Arbeiten höchst seltene Vorkommnisse sofort die Ablesung der Drehung unmöglich wird, schaltet sich diese Fehlerquelle von selbst aus. Es wäre natürlich ganz verfehlt, wollte man versuchen, eine trübe Lösung zu polarisieren.

Eine große Fehlerquelle würde zustandekommen, wenn man das Drehungsvermögen der kalten Lösung als Anfangswert betrachten würde. Man darf die Drehung erst ablesen, nachdem der Rohrinhalt 37 Grad warm geworden ist. Am besten liest man nach einstündigem Verweilen des Rohres im Brutschrank ab und wiederholt die Ablesung nach der zweiten Stunde. Die so gewonnenen Werte dürfen im allgemeinen nicht weit auseinander stehen, weil die Spaltung sich gewöhnlich erst nach etwa vier bis sechs Stunden sicher bemerkbar macht. Länger als 36—48 Stunden soll man im allgemeinen das Drehungsvermögen nicht verfolgen.

Eine weitere Fehlerquelle würde dadurch zustandekommen, daß man entgegen der Vorschrift, Serum und Peptonlösung direkt nach einander — ohne beide Lösungen im Reagenzglas gemischt zu haben — in das Polarisationsrohr einfüllen würde. Bis die Mischung eine gleichmäßige wäre, würden die Ablesungen vieldeutig sein.

Man erkennt übrigens Fehler, die bei der Anwendung der optischen Methode begangen werden, bei einiger Erfahrung sofort. Wenn z. B. das Drehungsvermögen sich ganz plötzlich ändert, um dann stehen zu bleiben, dann kann man fast immer sicher sein, daß irgendeine Unregelmäßigkeit vorgekommen ist. Nie versäume man, am Schluß des Versuches, das Polarisationsrohr mit Inhalt zu schütteln und dann rasch nochmals die Drehung abzulesen. Es kann sich ereignen, daß im Laufe des Ver-

suches ein Präzipitat sich bildet. Es setzt sich zu
Boden und wird, namentlich wenn man selten abliest,
nicht beobachtet. Beim Umschütteln des Polarisationsrohres wird ein solcher Fall rasch entdeckt.

Selbstverständlich muß man das Polarisationsrohr peinlich genau sauber halten und
es vor dem Gebrauche sterilisieren — Auskochen in Wasser oder eine trockene Sterilisation.
Es sind zwei Arten von Polarisationsröhren im Ge-

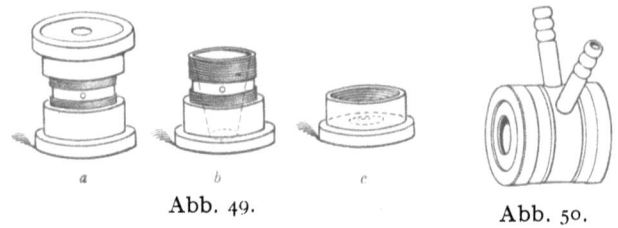

Abb. 49.   Abb. 50.

brauch. Beide sind so konstruiert, daß eine Luftblase,
die etwa eingeschlossen wird, die Ablesung nicht
stört. Es ist das aus Glas gefertigte Rohr, das die zu
beobachtende Flüssigkeit aufnimmt, konisch. Im weiteren Ende kann sich die Luft ansammeln.

Abb. 49 b zeigt die konische Gestalt — punktierte
Linie — des Fassungsrohres der zu beobachtenden
Flüssigkeit. Das in Abb. 49 abgebildete Rohr besitzt
im Gegensatz zu dem in Abb. 50 dargestellten keinen
Wassermantel. Dieser hat den Zweck, Abkühlungen
beim Ablesen der Drehungen möglichst zu vermeiden.
Er wird mit 37° warmem Wasser gefüllt. Die beiden
Röhrchen verbindet man dann mittels eines Gummi-

Abb. 51.

schlauchs, um das Ausfließen des Wassers zu vermeiden.

Das Rohr der Abb. 49 ist für den auf S. 287 in Abb. 51 dargestellten, am Polarisationsapparat befestigten, elektrisch heizbaren Brutschrank bestimmt[1]).

Diese Heizvorrichtung besteht aus einem elektrisch heizbaren Metallgefäß A (Abb. 51 und 52), das sich mit einem mit Bajonettverschluß versehenen Deckel dicht abschließen läßt. Der Deckel enthält eine Öffnung zur Durchführung und Befestigung eines Thermometers T. Ferner besitzt er eine größere, durch einen besonderen Deckel D verschließbare Öffnung. Durch diese kann man, ohne den großen Deckel abzunehmen, Polarisationsrohre in den geheizten Raum bringen oder solche daraus entfernen. In Abb. 52 sind der besseren Übersichtlichkeit wegen diese Öffnung D und diejenige für das Thermometer T vertauscht. Es ist vorteilhafter, den Hauptdeckel so auf den Apparat aufzusetzen, daß die große Öffnung sich über demjenigen Polarisationsrohr befindet, das sich in der zur Ablesung der Drehung richtigen Stellung befindet (Rohr R_1 in Abb. 52). Man kann in diesem Falle das soeben eingesetzte Rohr sofort beobachten oder, falls sich z. B. Trübungen zeigen, das Rohr ohne weiteres aus dem Raum entfernen, um nachzusehen, worauf die Trübung beruht.

---

[1]) Emil Abderhalden, Über eine mit dem Polarisationsapparat kombinierte elektrisch heizbare Vorrichtung zur Ablesung und Beobachtung des Drehungsvermögens bei konstanter Temperatur. Zeitschr. f. physiol. Chemie 84. 300 (1913).

Die Einrichtung der elektrischen Heizung erfordert keine besondere Beschreibung Sie ergibt sich aus den

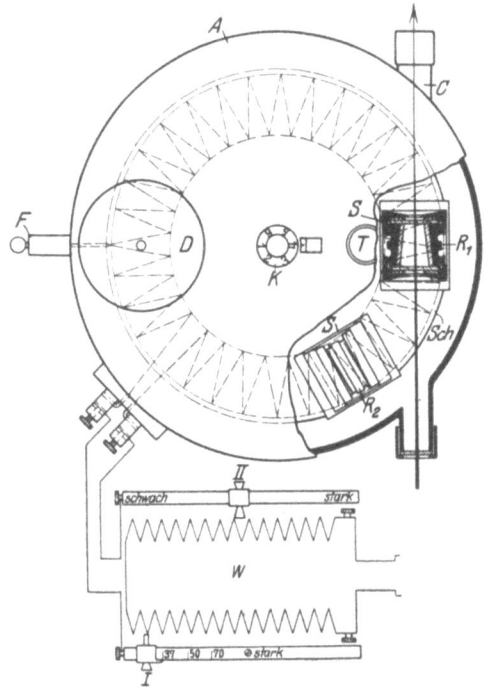

Abb. 52.

W Widerstand.
R_1 und R_2 Polarisationsrohre.
T Thermometer.
D Kleiner Deckel.
A Geheizter Raum.
F Stift.
K Knopf zum Drehen der Achse der Scheibe Sch, auf dem die Schlitten S sich befinden.
C Rohr, durch das man beobachtet.

Abbildungen 52 und 53. Der eingeschaltete Widerstand W gestattet eine genaue Regulation und Abstufung der Temperatur. Im Inneren des Raumes sind sechs kleine Schlitten S angebracht. Sie dienen zur Aufnahme der

Polarisationsrohre. Die Schlitten ruhen auf einer drehbaren Scheibe *Sch*. Die Achse der Scheibe trägt einen aus dem großen Deckel in der Mitte herausragenden Knopf *K*, der zum Drehen der Scheibe bei geschlossenem

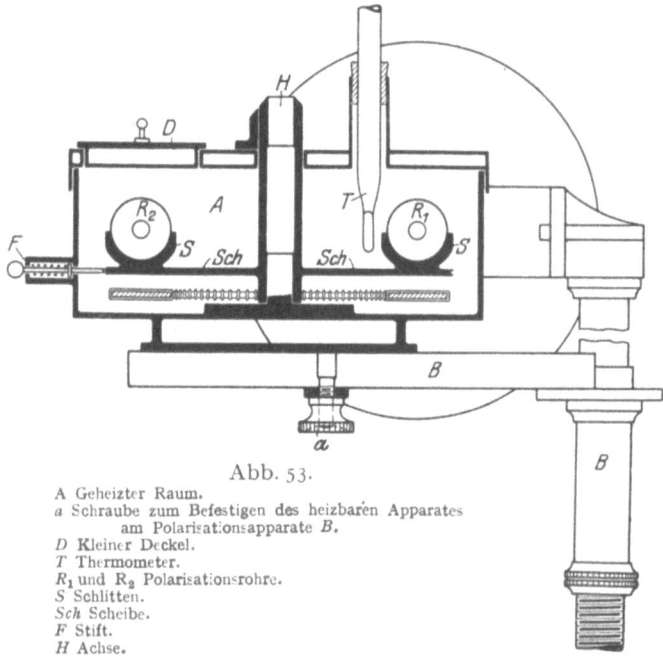

Abb. 53.

A Geheizter Raum.
a Schraube zum Befestigen des heizbaren Apparates am Polarisationsapparate *B*.
D Kleiner Deckel.
T Thermometer.
R_1 und R_2 Polarisationsrohre.
S Schlitten.
Sch Scheibe.
F Stift.
H Achse.

Raum dient. Er enthält auf seiner oberen Seite Zahlen (1—6), die den Nummern entsprechen, die die Polarisationsrohre tragen.

Hat man die gewünschte Temperatur hergestellt, dann beschickt man nun, ohne den großen Deckel abzunehmen, die einzelnen Schlitten mit den zu beobachtenden Polarisationsrohren. Zu diesem Zwecke nimmt man den kleinen Deckel ab und setzt durch die Öffnung dasjenige Rohr in den Schlitten, das die der Stellung des oben erwähnten Knopfes entsprechende Nummer trägt — in Abb. 52 Nr. 4. Nun zieht man den Stift F — vgl. Abb. 52 und 53 — nach außen und dreht den Knopf und damit die Scheibe mit den Schlitten um eine Nummer weiter und setzt wieder das der Stellung des Knopfes entsprechende Rohr ein. Hat die Scheibe die richtige Stellung erreicht, dann schnappt der mit einer Feder versehene Stift in eine Vertiefung der Scheibe ein. Dadurch wird erreicht, daß das einzelne Rohr immer mit seiner Achse ganz genau in die Achse des Polarisationsapparates bzw. des Rohres (R_1 und C in Abb. 52) zu liegen kommt, durch das man beobachtet.

Hat man die zu beobachtenden Rohre alle eingelegt, dann verschließt man den Deckel und beginnt nun, nachdem ihr Inhalt die Temperatur von 37° angenommen hat, in der gewohnten Weise mit der Bestimmung des Drehungsvermögens der Lösung jenes Rohres, das sich im Gesichtsfeld befindet. Man notiert sich den abgelesenen Winkel und sieht dann am Knopf der Achse der Scheibe nach, welches Rohr eingestellt war. Nun zieht man den Stift F nach außen, dreht die Scheibe mittels des Knopfes etwas, läßt den Stift wieder los und dreht nun so lange, bis der Stift einschnappt. Es ist dies das Zeichen, daß das zweite Rohr richtig eingestellt ist. So beobachtet man ein Rohr nach dem anderen. Bemerkt sei noch, daß die Scheibe beliebig rechts und links herum gedreht werden kann. Die leeren Rohre bewahrt man bis zum Gebrauch am besten im geheizten Raum auf, damit die beim Versuche eingefüllte Lösung möglichst rasch die Temperatur annimmt, bei der man beobachten will.

Bei der Verwendung der beschriebenen Einrichtung zu Fermentversuchen ist die folgende Vorsicht notwendig. Es kann der Fall eintreten, daß sich eine Drehungsänderung bemerkbar macht, ohne daß eine Fermentwirkung vorliegt. Es kann z. B. optisch-aktives Substrat ausfallen. Die Fällung kann zu Boden sinken und so der Beobachtung entgehen. Man schützt sich vor Täuschungen dieser Art dadurch, daß man nach beendetem Versuch oder auch während desselben das Polarisationsrohr rasch aus dem geheizten Raum entfernt, es umgekippt wieder in den Heizraum bringt und dann sofort wieder die Drehung der Lösung bestimmt. Etwa eingetretene Ausflockungen erkennt man dabei ohne weiteres an der Unmöglichkeit einer genauen Einstellung.

Vorläufig können sechs Rohre untergebracht werden. Sie sind 2,5 cm lang und haben einen Inhalt von 2 ccm. Selbstverständlich kann man auch Einsätze für längere Rohre haben. Ferner ist für besondere Zwecke ein Apparat konstruiert, bei dem die Rohre nach Art einer russischen Schaukel in einem senkrecht angebrachten Rade untergebracht sind. Man kann die Zahl der Rohre in diesem Falle vermehren und jede beliebige Rohrlänge verwenden.

Jeder Apparat muß geeicht werden, weil der Innenraum nicht an allen Stellen gleichmäßig erwärmt wird — wenigstens zeigen die jetzt im Gebrauch befindlichen Apparate dieses Verhalten. Es wird festgestellt, welche Temperatur das am Apparat in bestimmter Stellung angebrachte Thermometer anzeigen muß, damit der Rohrinhalt $37,5°$ aufweist. Die Firma Schmidt & Haensch eicht die Apparate und liefert die entsprechenden Angaben.

Ausführung eines Versuches bei der Anwendung der Polarisationsmethode.

Man gibt aus einer Pipette 1,1 ccm Serum in ein kleines Reagenzglas und fügt dazu aus einer solchen 1,1 ccm der Peptonlösung, die man durch Kochen vor dem Gebrauch sterilisiert hat. Man nimmt je 1,1 ccm, weil das Polarisationsrohr 2,0 ccm faßt und beim Überführen der Mischung immer etwas von der Lösung an der Reagenzglaswand hängen bleibt. Man mischt durch Schütteln die beiden Lösungen und beobachtet scharf, ob das Gemisch absolut klar bleibt. Jetzt nimmt man ein Polarisationsrohr, das vollständig auseinandergenommen, gereinigt und sterilisiert worden ist. Man muß zur Reinigung des Rohres zunächst beide Kappen abschrauben. Abb. 49 c (S. 286) zeigt eine solche Kappe. Aus dieser entfernt man die runde Glasplatte (das Deckglas) und ferner den Gummiring. Jeder einzelne Teil muß sorgfältig gereinigt werden.

Nunmehr wird die eine Kappe aufgeschraubt, nachdem man Gummiring und Glasplatte in sie eingefügt hat. Die Verschraubung muß eine gute sein, damit nicht Flüssigkeit ausfließen kann, sie darf aber nicht so fest sein, daß das Deckglas in Spannung versetzt wird. Abb. 49 b (S. 286) zeigt das zum Einfüllen des Serum-Peptongemisches fertige Polarisationsrohr. Man gießt das Gemisch aus dem Reagenzglas in das auf der aufgeschraubten Kappe ruhende Rohr, bis die Flüssigkeit die Öffnung des Rohres etwas überragt. Nun wird von der Seite her ganz horizontal die runde Deckplatte über die Öffnung des Rohres geschoben. Ereignet es sich hierbei, daß eine Luftblase eingeschlossen wird, so ist das, wie schon S. 286 erwähnt, ohne Belang. Jetzt wird die mit einem Gummiring versehene Kappe aufgeschraubt. Das Rohr ist nun zur Beobachtung fertig. Man hält es gegen Licht und stellt fest, ob die Lösung klar und durchsichtig ist und keine Schlieren zeigt.

Sollte es sich ereignen, daß der Inhalt des Reagenzglases nicht ausreicht, um das Rohr zu füllen — es kann vorkommen, daß ein Rohr etwas mehr als 2 ccm faßt —, dann gibt man mit der Pipette etwas Serum oder Peptonlösung nach, nachdem man das Gemisch aus dem Polarisationsrohr in ein Reagenzglas zurückgebracht hat. Es kommt sehr viel darauf an, daß die zu beobachtende Lösung von Anfang an ganz homogen ist.

Als Kontrolle läßt man einen Versuch mitlaufen, bei dem in genau der gleichen Weise, wie eben beschrieben, 1,1 ccm 0,9%ige sterilisierte Kochsalzlösung mit 1,1 ccm Serum gemischt werden. Endlich kann man auch 1,1 ccm 0,9%ige Kochsalzlösung mit 1,1 ccm Peptonlösung mischen und das Drehungsvermögen des Gemisches verfolgen. Dieser Versuch ist zur Prüfung der Zuverlässigkeit der Peptonlösung wenigstens einmal auszuführen (vgl. auch S. 282).

Das Rohr wird jetzt in den Brutschrank gebracht. Nach einer Stunde hat sein Inhalt gewöhnlich 37° angenommen. Es beginnt die erste Ablesung. Da von ihr alles abhängt, muß sie natürlich mit absoluter Sicherheit ausgeführt werden. Mit einiger Übung wird man auf 0,01° genau ablesen können. Die Hauptfehlerquelle beim Ablesen des Drehungsvermögens liegt im Auge des Beobachters. Man darf nicht sofort ablesen, wenn man aus dem Hellen in das Dunkel des Zimmers tritt, in dem der Polarisationsapparat sich befindet. Das Auge muß zuerst etwas ruhen und sich adaptieren. Man vermeide das Hineinblicken in Flammen u. dgl. Am besten ist das Licht — z. B. eine Nernstlampe oder ein Gasglühlicht — durch einen Schirm vollständig verdeckt, so daß der Beobachter ganz im Dunkeln sitzt. Es ist außerordentlich wichtig, daß die Ablesungen rasch ausgeführt werden. Man blickt, nachdem man die zu beobachtende Lösung mit dem Rohr in das Gesichtsfeld gebracht hat, durch diese und stellt fest, ob die Felder des Halbschatten- oder Dreifeldapparates genau gleich hell sind. Es wird dies nicht der Fall sein. Man benutzt zuerst die grobe Einstellung und dann die feine — die Mikrometerschraube —, bis kein Unterschied in der Helligkeit der Felder mehr zu sehen ist. Dann folgt die Ablesung des Drehungswinkels an der Skala. Nachdem man sich den gefundenen Wert notiert hat, stellt man durch Veränderung der Stellung der Mikrometerschraube wieder Ungleichheit der Felder her und bewirkt dann wieder, daß alle Felder gleich hell aussehen. Man liest etwa sechsmal ab und nimmt dann das Mittel aus diesen Ablesungen. Je rascher man abliest, um so zuverlässiger werden die Ergebnisse. Das Auge ermüdet ziemlich rasch. Es stellen sich auch Nachbilder ein. Beobachtet man zu lange, dann wird man seiner Sache schließlich ganz unsicher.

Hat man mehrere Röhrchen abzulesen, und verfügt man über den oben beschriebenen Heizapparat, dann ist es am vorteilhaftesten, ein Rohr nach dem anderen in das Gesichtsfeld zu bringen und die Drehung seines Inhaltes zu bestimmen und dann, wenn alle Bestimmungen durchgeführt sind, von vorne zu beginnen. Sehr zu empfehlen ist auch das folgende Verfahren. Man entfernt den oben beschriebenen Stift F (Abb. 52 und 53, S. 289 und 290) und läßt die Scheibe durch Drehen des Knopfes rotieren. Dann hält man sie an und läßt den Stift einschnappen. Man bestimmt das Drehungsvermögen der gerade vorliegenden Lösung und sieht erst nachher nach, um welches Rohr es sich handelt. Obwohl es ganz ausgeschlossen ist, daß man sich bei der Bestimmung des Drehungsvermögens selbst in der Ablesung beeinflussen kann, so sind solche

Stichproben doch ganz wertvoll. Sie zeigen oft Ermüdung des Auges an. Es empfiehlt sich ferner, niemals das Protokollbuch in den Beobachtungsraum mitzunehmen. Die Beobachtungen werden auf Zettel notiert und dann nach Verlassen des Beobachtungsraumes sofort in das Protokollbuch eingetragen.

Was die Ablesungen des Drehungswinkels anbetrifft, so hat es sich herausgestellt, daß ein Zweifeldapparat — ein Halbschattenapparat — einem Dreifeldapparat unbedingt vorzuziehen ist. Sehr streng muß darauf geachtet werden, daß niemand den Apparat verstellt oder gar die Stellung der Nicols, während ein Versuch läuft, verändert.

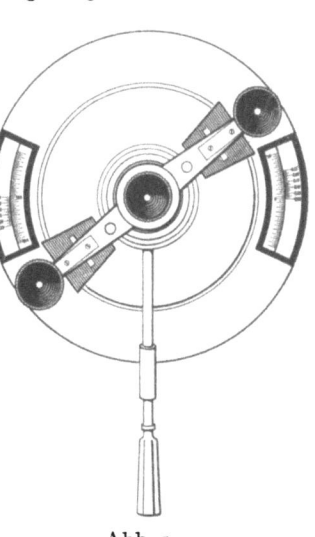

Abb. 54.

Schon die Veränderung der Entfernung des Lichtes vom Apparat kann zu ganz groben Täuschungen Veranlassung geben. Eine genaue Kenntnis des Apparates ist unbedingt erforderlich, denn sonst wird es vorkommen, daß irgendeine Kleinigkeit die Weiterführung der Versuche vereitelt.

In Abb. 54 ist die Skala dargestellt. Die beiden Lupen sind so verschoben, daß man auf beiden Seiten die Skala nebst dem Nonius erblickt. Die Beleuchtung der während der Einstellung der Felder dunklen Skala erfolgt bei der Ablesung des Drehungswinkels entweder mit einer Taschenlampe, oder man läßt das Licht der Lichtquelle des Polarisationsapparates durch geeignet angebrachte Spiegel auf die Skala fallen. Endlich kann man sie auch durch kleine Glühlämpchen, die man durch einen Akkumulator speist und nach Belieben einschalten kann, beleuchten. Abb. 55 zeigt die linke und rechte Skala. Da es sich bei der Feststellung, ob ein bestimmtes Serum spaltende Eigenschaften hat, ausschließlich darum handelt, Unterschiede im Drehungsvermögen während einer bestimmten Zeit festzustellen, so ist es überflüssig, an beiden Skalen Ablesungen vorzunehmen. Es handelt sich ja nur um die Feststellung von Unterschieden zwischen den einzelnen Ablesungen. Gewöhnlich benutzt man die rechte Skala (von vorne gesehen).

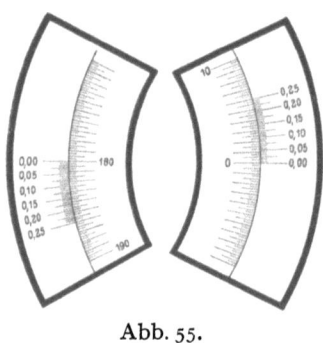

Abb. 55.

Bei den Apparaten von Schmidt & Haensch ist jeder Grad in hundert Teile eingeteilt. Abb. 56, S. 299, zeigt zwei solcher Grade. Jeder zeigt eine Einteilung in vier Teile. Jeder Teil umfaßt 0,25 Gradteile. Die genauere Ablesung erfolgt mit Hilfe des Nonius. Abb. 57—60, S. 299 und 300, zeigen vier verschiedene Einstellungen. Es wird zunächst festgestellt, an welcher Stelle der Strich 0,00 des Nonius steht. Er kann über oder unter dem 0°-Strich der Skala stehen. Im ersteren Fall bedeutet das, daß die Lösung nach rechts = + dreht. Im anderen Fall liegt eine nach links = — drehende Lösung vor. Weiterhin stellt man fest, welche Stellung der Noniusstrich 0,00 zu den Strichen der Hauptskala (links in

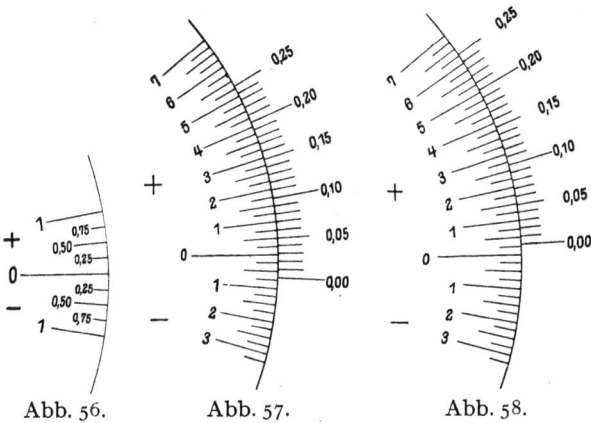

Abb. 56.   Abb. 57.   Abb. 58.

der Abbildung, der Nonius befindet sich rechts) hat. Man notiert sich die gefundene Stelle. Die in Abb. 57—60 dargestellten vier Beispiele mögen zeigen, wie diese erste Ablesung ausgeführt wird.

Bei Abb. 60 steht der Strich 0,00 ganz genau auf $+ 0{,}50°$ (vgl. dazu auch Abb. 56). In diesem Falle ist die Ablesung bereits vollendet. Die Lösung dreht $+ 0{,}50°$.

Bei Abb. 58 steht der Noniusstrich 0,00 zwischen $+ 0{,}25$ und $+ 0{,}50°$. Wir notieren $+ 0{,}25°$. Nun beobachten wir, an welcher Stelle ein Strich des Nonius sich mit einem Teilstrich der Hauptskala deckt. Es ist dies beim Strich 0,03 des Nonius der Fall. Dieser Wert wird zu 0,25 hinzuaddiert: 0,25 + 0,03 = + 0,28°.

Abb. 57 zeigt eine Linksdrehung. Der Noniusstrich 0,00 steht zwischen 0,50 und 0,75°. Wir notieren in diesem Falle 0,75°. Der 0,07 Teilstrich des Nonius deckt sich mit einem Teilstrich der Hauptskala. Der Drehungswinkel beträgt somit 0,75 — 0,07 = — 0,68°.

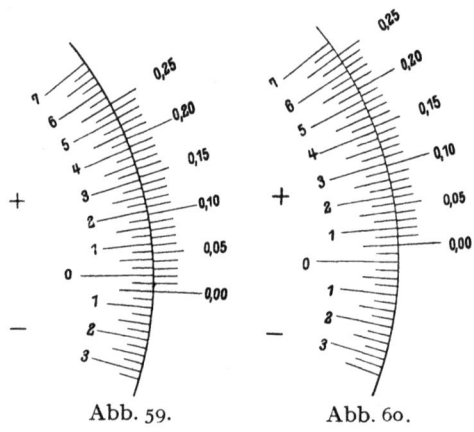

Abb. 59.   Abb. 60.

Abb. 59 stellt die Stellung des Nonius zur Skala dar, wenn die Drehung = — 0,50° beträgt.

Es ist ein sehr gefährliches Beginnen, ohne jede Anleitung und ohne vorausgehende Übung die optische Methode anwenden zu wollen. Sie liefert ganz vorzügliche Ergebnisse, sie ist leicht zu handhaben und eigentlich frei von Fehlerquellen, doch erfordert sie Übung und große Sorgfalt.

Eine besondere Bemerkung erfordert noch die Berechnung des Ergebnisses der Ablesungen. Es soll im positiven Falle, d. h. dann, wenn ein Abbau eingetreten ist, die Drehungsänderung mehr als 0,04° betragen. Man darf nun nicht einfach die nach 36 bis 48 Stunden erhaltene Schlußdrehung von der Anfangsdrehung abziehen, sondern man muß feststellen, wann im Verlauf der Beobachtung das höchste und das niedrigste Drehungsvermögen aufgetreten ist. Einige Beispiele in der folgenden Tabelle mögen zeigen, wie das schließlich festgestellt wird.

Bei Versuch 1 ist die Differenz zwischen Anfangs- und Schlußdrehung gleich Null. Diejenige zwischen

Drehungsvermögen abgelesen nach Stunden	Abgelesene Drehungswinkel in			
	Versuch 1	Versuch 2	Versuch 3	Versuch 4
0 [1])	—0,45°	—0,51°	—0,60°	—0,38°
1	—0,45°	—0,50°	—0,60°	—0,39°
3	—0,44°	—0,50°	—0,58°	—0,40°
4	—0,44°	—0,48°	—0,57°	—0,42°
6	—0,45°	—0,47°	—0,55°	—0,43°
8	—0,44°	—0,47°	—0,53°	—0,44°
12	—0,43°	—0,46°	—0,55°	—0,45°
22	—0,44°	—0,42°	—0,58°	—0,48°
24	—0,44°	—0,38°	—0,62°	—0,42°
28	—0,44°	—0,37°	—0,63°	—0,40°
32	—0,44°	—0,38°	—0,62°	—0,39°
36	—0,44°	—0,36°	—0,61°	—0,38°
2	—0,45°	—0,34°	—0,60°	—0,37°

[1]) Bedeutet den Beginn der Ablesung, nachdem die Lösung 37 Grad warm geworden ist.

höchster und niedrigster Drehung ist gleich 0,2°, denn die erstere war 0,45° und die letztere 0,43°. Somit ist ein Abbau nicht erfolgt, denn erst eine Drehungsänderung von 0,05° an wird als solcher gedeutet. Bei Versuch 2 änderte sich das Drehungsvermögen des Gemisches fortlaufend in der gleichen Richtung. Die Anfangsdrehung ergibt die höchste Drehung mit 0,51° und die Schlußdrehung mit 0,34° die niedrigste Drehung. Der Unterschied zwischen beiden Werten beträgt 0,17°. Somit ist eine Spaltung des Peptons erfolgt. Bei Versuch 3 und 4 ist die Differenz zwischen Anfangs- und Schlußdrehung gleich Null bzw. gleich 0,01°. Der Schluß, daß in diesen beiden Fällen keine Drehungsänderung eingetreten sei, wäre selbstverständlich unrichtig! Bei Versuch 3 ist die höchste Drehung 0,63° und die niedrigste 0,53°. Somit beträgt der Unterschied 0,10°. Bei Versuch 4 muß man 0,48° 0,37° gegenüberstellen. Die Differenz ist somit 0,11°.

Die Fälle 3 und 4 zeigen zugleich, wie wichtig es ist, die Ablesungen in kurzen Intervallen vorzunehmen. Es könnte sonst leicht der Fall eintreten, daß eine Drehungsänderung übersehen wird. Um auch Kenntnis über das Verhalten des Drehungsvermögens des Serum-Substratgemisches in jenen Stunden zu erhalten, die in die Nacht fallen, bleibt nichts anderes übrig, als bei einer Wiederholung des Versuches diejenigen Stunden, während derer man beobachtet hat, in die Nacht zu verlegen und dann am Tage die Beobachtungen fortzusetzen. Versuche, die Drehungsänderungen durch fortlaufende photographische Registrierung festzuhalten, waren erfolgreich. Sie konnten jedoch vorläufig nicht weiter ausgebaut werden.

B. Die Beobachtung der Änderung des Brechungsvermögens (der Konzentration) des Serum-Substratgemisches mittels des Interferometers.

Loewe hat bei Zeiß in Jena ein Flüssigkeitsinterferometer konstruiert, das in ausgezeichneter Weise gestattet, feinste Unterschiede in der Konzentration einer Lösung festzustellen. Als Vorlage diente das tragbare Interferometer für Gasanalysen. Bestimmt wird beim Interferometer das Wandern von Interferenzstreifen. Dieses wird durch den Unterschied in der Lichtbrechung der zu prüfenden Lösung und der Vergleichslösung hervorgerufen.

Es seien die wesentlichsten Punkte der Einrichtung und des Gebrauchs des Interferometers für den Nachweis der Abderhaldenschen Reaktion kurz dargestellt. Paul Hirsch, dem wir die Verwendung des Interferometers zu diesem Zwecke und die Ausarbeitung der besonderen Methodik verdanken, hat in seinen „Fermentstudien", Verlag Gustav Fischer, Jena 1917, eine ausführliche Darstellung der ganzen interferometrischen Methodik gegeben. Wir folgen dieser im Wesentlichen bei unserer Darstellung.

Abb. 61 zeigt den ganzen Apparat in Funktion. Auf einem zusammenlegbaren Gestell g ist der eigentliche Apparat befestigt. Er läßt sich in mehrere Teile auseinander nehmen. Wird der Deckel e abgehoben, dann erblickt man das Wasserbad. Es ist in Abb. 62 für

Abb. 61.

sich dargestellt. Es dient zum Konstanthalten einer bestimmten Temperatur. Die ganze Hülle d, in der die einzelnen Teilstücke des Interferometers untergebracht sind, dient mit als Schutz zur Innehaltung einer gleichmäßigen Temperatur.

Bei b befindet sich der Beleuchtungsapparat und bei e das Okular zur Beobachtung. Die Lichtquelle, ein kleines Osramlämpchen, wird unter Zwischenschaltung eines Widerstandes *a* direkt an den Straßenstrom angeschlossen, oder aber man benützt einen Akkumulator. *f* stellt einen Schutzdeckel dar, der bei Nichtgebrauch des Apparates vorne, da, wo sich das Okular befindet,

Abb. 62.   Abb. 63.

übergestülpt und mittels eines Bajonettverschlusses befestigt wird.

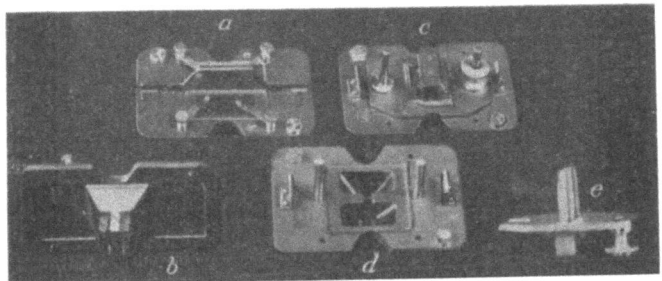

Abb. 64.

Lösen wir den Steckkontakt bei *b* und ziehen wir an dem aus der Schutzhülle *d* herausragenden Teil des Apparates, dann können wir den in Abb. 63 dargestellten Bestandteil *h* des gesamten Apparates herausholen. In den Teil *i* paßt das Temperierbad *w*. In dieses werden die in Abb. 64 dargestellten Kammern eingesetzt. Es sind zwei Arten von solchen dargestellt. Einmal sogenannte Makrokammern (*a, b*) und ferner Mikrokammern (*c* und *d*). In *e* ist der Einsatz für die Mikrokammer dargestellt, durch den diese hergestellt

Abb. 65. Ansicht des „Kopfes" des Flüssigkeitsinterferometers. (KF = Beleuchtungsapparat, Ok = Okular, MT = Meßtrommel.)

wird. Abb. 65 zeigt die Vorderansicht des Flüssigkeitsinterferometers.

Die Einrichtung des Flüssigkeitsinterferometers wird am leichtesten an Hand einer schematischen Darstellung (vgl. Abb. 66 u. 67) verständlich sein[1]).

---

[1]) Abb. 65—70 sind der Abhandlung von Paul Hirsch (l. c.) entnommen. Wir folgen bei der Erklärung der interferometrischen Methodik zum Teil wörtlich Paul Hirschs Darstellung.

Der Beleuchtungsapparat B (Abb. 66), bestehend aus einem Osramlämpchen und einem Linsensystem, ist in einem kleinen Tubus neben dem Fernrohr untergebracht. Der Faden des Lämpchens wird quer auf einem Spalt abgebildet. Der aus diesem heraustretende Lichtstrahl fällt auf den am hinteren Ende des Apparates angeord-

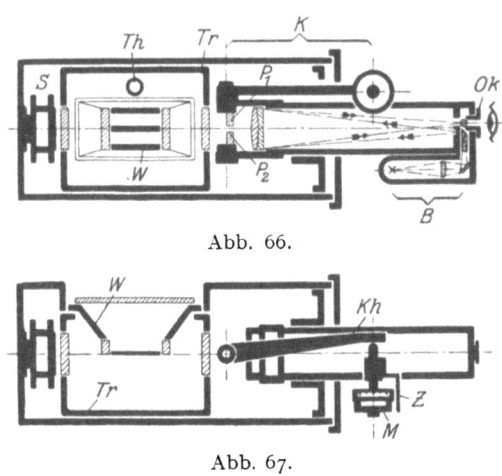

Abb. 66.

Abb. 67.

neten, mit Justiereinrichtungen ausgestatteten Spiegel S. In oder dicht an dieser Spiegelebene liegen zwei Doppelblenden, die Beugungserscheinungen hervorrufen. Der nahezu senkrecht auffallende Lichtstrahl wird vom Spiegel zurückgeworfen und durch das Objektiv des Fernrohres zu einem Interferenzbild vereinigt. Dieses liegt dabei dicht neben dem sehr fein einstellbaren Spalt und wird mittels des Okulars Ok, das aus einer Zylinderlinse besteht, betrachtet.

Durch das Zylinderokular wird der durch starke Vergrößerung verursachte Übelstand der geringen Helligkeit des Bildes überwunden. Ein Zylinderokular vergrößert nur in der Richtung senkrecht zu seiner Achse, wirkt aber in Ebenen, die durch die Achse gehen, wie ein Fenster. Die Lichtstrahlen der parallelen Strahlenbüschel müssen auf ihrem Wege zum und vom Spiegel S durch die Platten P 1 und P 2 des Kompensators K, ferner durch die planparallelen Platten eines Temperierbades Tr, durch die Temperierflüssigkeit selbst und durch die in das Temperierbad von oben eingehängten, mit zwei planparallelen Glasplatten versehenen und mit den zu untersuchenden bzw. zu vergleichenden Flüssigkeiten gefüllten Flüssigkeitskammern W hindurchtreten. Nur die obere Hälfte der Lichtstrahlen nimmt diesen Weg. Die untere Hälfte des planparallelen Strahlenbüschels geht unter der Flüssigkeitskammer durch und erzeugt in dem Okular das unveränderliche, als Nullage dienende Interferenzstreifensystem. Dieses, eine Fraunhofersche Beugungserscheinung, besteht aus einem weißen Felde, dem sogenannten Maximum nullter Ordnung und symmetrisch dazu angeordneten Beugungserscheinungen, Beugungsspektren, die durch sehr schmale schwarze Minimastreifen getrennt sind.

Befinden sich in den beiden Hälften der Doppelkammern Flüssigkeiten von genau gleicher Lichtbrechung, mit anderen Worten Flüssigkeiten von gleicher Konzentration, so erzeugt die obere Hälfte des parallelen Strahlenbüschels genau dasselbe Beugungsspektrum wie die untere Hälfte des Strahlenbüschels. Sind jedoch die Kammern mit verschieden konzentrierten bzw. verschieden zusammengesetzten Lösungen gefüllt, so ist die Interferenzerscheinung gegen ihre bisherige Lage verschoben, da die optische Weglänge in beiden Kammern eine verschiedene ist. Durch Drehen der Schraube M (Abb. 67) kann man die beweglich angeordnete Platte P1 (Abb. 66) des Kompensators K verstellen, wodurch der optische Gangunterschied der beiden Hälften des Strahlenbüschels ausgeglichen wird. Man dreht so lange, bis die beiden oben erwähnten schwarzen Streifen, die das Maximum nullter Ordnung (das Weiße) begrenzen, in

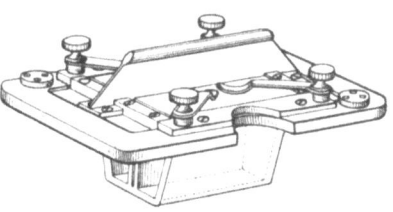

Abb. 68. Ansicht einer Flüssigkeitskammer.

dem oberen und unteren Bilde genau übereinander stehen. Die Schraube M (Abb. 67) trägt eine Meßtrommel, deren Umdrehungen man mit Hilfe ihrer Teilung sowie eines Umdrehungszählers Z ablesen kann (Trommelteiledifferenz). Th (Abb. 66) ist ein Tubus für ein Thermometer.

Die Flüssigkeitskammern (vgl. Abb. 64 und Abb. 68) sind so konstruiert, daß sie auf das bequemste gefüllt und vor allen Dingen gereinigt werden können. Die Flüssigkeit ist gegen Verdunstung durch einen Glasdeckel geschützt. Die Kammern werden, wie bereits oben erwähnt, zwecks Temperaturausgleichs in einem Temperierbade angeordnet (vgl. Abb. 69). Als

Temperierflüssigkeit dient destilliertes Wasser. Die Kammern werden für gewöhnlich in Kammerlängen von 5, 10, 20, 40 und 50 mm geliefert. Die mit denselben erhaltenen Werte verhalten sich wie 1:2:4:8:10.

Was die Untersuchung mit dem Interferometer im allgemeinen anbetrifft, so wird nach Feststellung des Nullpunktes mit gleichartigen Flüssigkeiten, z. B. destilliertem Wasser, in beiden Hälften der Doppelkammer, die eine der beiden Kammerhälften ausgehebert und sorgfältig mit Filtrierpapier ausgetrocknet. Die letzten Spuren von Feuchtigkeit werden durch ein über ein Holzstäbchen gewickeltes Wattebäuschchen entfernt. Durch nochmaliges Nachreiben mit einem frischen Wattebäuschchen entfernt man etwaige Wattefäserchen, die an den Glasplatten der Kammer haften geblieben sein sollten. Ein Befeuchten der Kammer mit Alkohol, Toluol oder ähnlichen harzlösenden Substanzen darf wegen des Kittes, mit dem die Glasfenster der Kammer befestigt sind, nicht stattfinden. Nun wird die auf diese Weise gereinigte Kammerhälfte mit der zu untersuchenden Flüssigkeit gefüllt. Man muß mit der eigentlichen Messung, d. h. mit dem Einstellen der beiden Beugungserscheinungen auf Koinzidenz, so lange warten, bis die Temperatur zwischen den gefüllten Kammern und dem

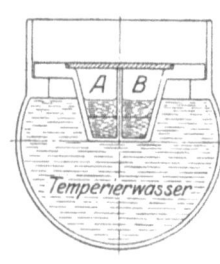

Abb. 69.
Wasserbad mit eingesetzten Flüssigkeitskammern A und B.

Temperierbad ausgeglichen ist. Es dauert dies, wenn die Lösungen bereits einige Zeit in dem Beobachtungsraum aufbewahrt waren, nur wenige Minuten, da der Temperaturausgleich durch die vergoldeten Kammern sehr rasch vor sich geht. Man kann den Temperaturausgleich sehr leicht verfolgen. Ist er noch nicht beendet, so sind die Streifen des veränderlichen Systems entweder krumm, oder sie verlaufen schräg zu denen des veränderten Interferenzbildes (vgl. Abb. 70). Es darf also mit der Messung erst dann begonnen werden, wenn das Interferenzbild sein normales Aussehen wieder angenommen hat, was im allgemeinen in 2—3 Minuten eingetreten sein dürfte.

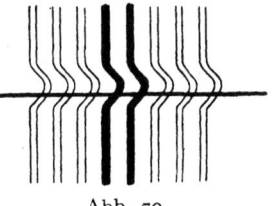

Abb. 70.

Es empfiehlt sich, die Temperatur des Temperierbades unter derjenigen des Beobachtungsraumes zu halten, damit nicht durch Kondensation von Wassertröpfchen an den Glasdeckel der Kammern Meßfehler entstehen können.

Die einzige Schwierigkeit, mit der vor allem der ungeübte Beobachter zu kämpfen hat, liegt darin, daß es hauptsächlich bei Messungen von sehr verschieden konzentrierten Flüssigkeiten, besonders bei kolloiden Lösungen, schwer ist, auf das richtige Streifensystem einzustellen. Bei reinem Wasser oder niedrigen Konzentrationen ist das übereinander gehörende Streifenpaar vollständig identisch. Die Streifen sind vollständig schwarz und höchstens an den beiden Außenseiten von leichten blauen Säumen begrenzt. Die benachbarten Streifensysteme, der Abstand eines Streifensystems beträgt etwa 20 Trommelteile, sind, wenn sie mit der Nullage in Koinzidenz gebracht werden, anders gesäumt. Der blaue Außensaum ist verschwunden, an seine Stelle ist ein roter Innensaum getreten. Es kann diese Erscheinung an jedem der beiden Streifen eintreten. Die Abbildung 71 veranschaulicht diese

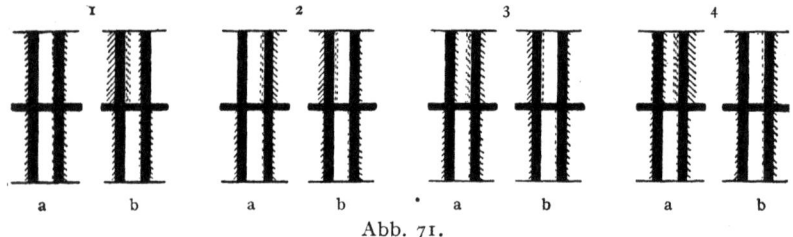

Abb. 71.

Erscheinungen. Die schräge Schattierung bedeutet einen blauen Außensaum, die vertikale einen roten Innensaum. Die mit a bezeichneten Abbildungen geben die richtigen Einstellungen an. Bei 1 wird die richtige Einstellung bei reinem Wasser oder einer verdünnten Lösung dargestellt. 2 zeigt die Verhältnisse bei einer konzentrierten Lösung. Wenn auch die Einstellung eine vollständige Identität zwischen oben und unten nicht mehr zeigt, so ist die Einstellung a im Vergleich zu b doch als die richtige anzusprechen. 3 und 4 geben die Verhältnisse bei noch konzentrierteren Lösungen wieder. Auch hier besteht kein Zweifel, daß die Einstellungen a in bezug auf b als die richtigen anzusehen sind. In dem schweren Erkennen der zugehörigen Streifenpaare liegt, allerdings nur bei Messungen über ein größeres Intervall, für den Ungeübten die Möglichkeit eines Meßfehlers, dessen Größe allerdings eine sehr beschränkte ist[1]). Es gibt jedoch ein recht einfaches Mittel, um sich zu überzeugen, ob das richtige Streifenpaar eingestellt ist. Wenn man das Auge vor dem Okular hin und her bewegt, so bleibt das richtige Streifenpaar unverändert, während sich bei einem falschen die bunten Streifenränder auseinanderziehen und dadurch der Unterschied gegen das untere, feststehende System noch auffälliger wird. Bei etwas Übung hat jedoch der Untersucher mit diesen Schwierigkeiten nicht mehr zu rechnen.

Zur Ausführung einer Untersuchung zur Feststellung der Abderhaldenschen Reaktion nach der „interferometrischen Methode" verfährt man folgendermaßen:

Von 2 sorgfältig mit Gummistopfen verschließbaren sterilen Zentrifugiergläschen wird das eine mit Serum, das andere mit Serum + einer abgewogenen Menge Substrat beschickt[2]). (Ist die Abbaumöglichkeit von verschiedenen Organen zu prüfen, so müssen selbst-

---

[1]) Vgl. hierzu R. Dörr und W. Berger: Biochem. Zeitschr. 123. 144 (1921).

[2]) Die Serummenge richtet sich je nach der Größe der zu benutzenden Kammern. Die Länge derselben entspricht ihrem Inhalt in Kubikzentimetern. Arbeitet man mit der 5-mm-Kammer, so genügen pro Röhrchen 1—1$\frac{1}{2}$ ccm Serum.

verständlich entsprechend viele Zentrifugiergläschen genommen werden.) Beide Röhrchen werden genau 24 Stunden bei Brutschranktemperatur aufgehoben, nach Ablauf dieser Zeit zentrifugiert und dann die beiden klaren Sera interferometrisch untersucht. Zu diesem Zwecke wird die eine Kammerhälfte einer Doppelkammer mit dem Serum, das auf das Substrat eingewirkt hatte, die andere Hälfte mit dem als Vergleichsflüssigkeit dienenden unbehandelten Serum beschickt. Die Kammer wird in das Interferometer so eingesetzt, daß das höher konzentrierte Serum, es kann dies gegebenenfalls nur das Serum sein, welches auf das Substrat eingewirkt hatte, sich auf der Seite des verstellbaren Kompensators oder mit anderen Worten auf der Seite der Meßtrommel befindet. Hat ein Abbau stattgefunden, so ist das obere Streifensystem verschoben, ist kein Abbau eingetreten, so zeigt dies die Nullage an. Die „interferometrische Methode" stellt eine sogenannte Nullmethode dar, die erfahrungsgemäß bei den verschiedensten Beobachtern zu gleichmäßigen und genauen Resultaten führt. Jeder „subjektive" Beobachtungsfehler ist ausgeschlossen. Um Fehlermöglichkeiten vorzubeugen, empfiehlt es sich, wenn genügend Serum zur Verfügung steht, mehr als zwei Ablesungen durchzuführen, z. B. die Anfangs- und Endablesung durch „Zwischenablesungen" zu ergänzen. Man liest z. B. nach 6, 16 und 24 Stunden ab. Bei „positiven" Fällen, z. B. wenn ein Abbauvorgang vorliegt, wird man bei jeder Ablesung eine andere Einstellung vorfinden.

Man kann ferner Ablesungen in verschiedenen großen Kammern ausführen und dadurch jede Ablesung einer Kontrolle unterwerfen. Man braucht nur den S. 306 in Abb. 64 dargestellten Einsatz e zu verwenden.

Über den Einfluß der Temperatur auf das Resultat der Ablesungen ist folgendes zu sagen. Direkte Versuche haben ergeben, daß der Unterschied in Trommelteilen, d. h. die Anzahl der Trommelteile, die durch das wegen der Verschiebung der Interferenzfiguren bedingte Drehen der Kompensatorschraube als Ausschlag abgelesen wurde, innerhalb weiterer Temperaturunterschiede die gleiche ist. Es ist an sich ohne jeden Einfluß auf das Resultat der Messungen, ob diese bei einer Temperatur von 10^0 oder 40^0 ausgeführt werden. Allerdings gilt diese Tatsache nur bei Differenzmessungen von gleichartigen Substanzen wie im vorliegenden Falle von Serum. Sind die zu vergleichenden Substanzen heterogen, z. B. einerseits eine Salzlösung, anderseits Serum, so spielen die Temperatureinflüsse auf das Resultat der Messungen eine ziemlich bedeutende Rolle. Man kann wohl sagen, daß die Unabhängigkeit von der Temperatur ein nicht zu unterschätzender Vorteil der „interferometrischen Methode" ist. Nur die Einwirkung des Serums auf das Substrat ist an die Temperatur von 37^0 gebunden.

Hat die Doppelkammer die Temperatur des Temperierbades angenommen, so führt man die Messung aus. Nach jeder Messung muß die Kammer auf das sorgfältigste gereinigt und getrocknet werden (vgl. S. 311).

Bei Benutzung von Serum empfiehlt es sich, die Kammer nach dessen Entfernung zuerst mit physiologischer Kochsalzlösung und dann erst mit destilliertem Wasser auszuspülen. Man entleert die Kammer am besten mittels einer 5ccm-Pipette mit Gummibirne.

Die Anforderungen, die an die Substrate zu stellen sind, sind sehr groß. Wie bereits eingangs erwähnt, benötigt man zur quantitativen Verfolgung der A.-R. stets gleiche Mengen des Substrates. Man verwendet im allgemeinen 0,05—0,1 g. Man muß von einem brauchbaren Organpräparat verlangen, daß es erstens trocken, zweitens vollständig frei von löslichen Bestandteilen und vor allen Dingen haltbar ist.

Die erste Bedingung, daß die Präparate trocken sein müssen, ist deshalb notwendig, da die geringste Feuchtigkeit eine Verdünnung des Serums verursacht, die im Interferometer nachweisbar ist und dadurch zu entgegengesetzten Ausschlägen führt.

Als Kriterium zur zweiten Anforderung wird die Ninhydrinprobe benutzt. Es muß von einem Präparat verlangt werden, daß 5 ccm Kochwasser mit 2 ccm einer einprozentigen Ninhydrinlösung eine Minute gekocht keine Farbreaktion mehr geben. Vor allen Dingen darf das Kochwasser bei der Untersuchung im Interferometer gegen destilliertes Wasser als Vergleichsflüssigkeit keine Verschiebung der Interferenzfiguren zeigen, und schließlich dürfen 0,5 g Substrat an 5 ccm physiologische Kochsalzlösung bei 24-stündigem Aufenthalt im Brutschrank keine interferometrisch nachweisbaren Produkte abgeben.

Die Organpulver, die diesen Anforderungen entsprechen, werden in Mengen, die zu je einem Versuch benutzt werden sollen, auf der analytischen Wage abgewogen und in Glasröhrchen aus alkalifreiem Jenaer Glas steril aufbewahrt.

Was die Darstellung der Organe anbetrifft, so soll hier als Beispiel die Darstellung eines Plazentatrockenpräparates beschrieben werden. Die Plazenta wird auf das sorgfältigste mit physiologischer Kochsalzlösung entblutet. Man zerkleinert sie dann mittels einer Fleischhackmaschine und entfettet die nochmals gut ausgewaschene Plazenta im Extraktionsapparate mittels Tetrachlorkohlenstoffs und Azetons. Hierauf wird der Plazentabrei gekocht. Es empfiehlt sich, diesen Prozeß etwa 5 mal zu wiederholen. Nun muß die Plazenta fein zermahlen werden. Es geschieht dies am vorteilhaftesten in einer Porzellanmühle mit Motorbetrieb, die ein Naßmahlen gestattet. Um ein Faulen des Organs beim Mahlen zu vermeiden, mahlt man unter fortgesetzter Zufuhr von Toluolwasser. Der äußerst feine Plazentabrei wird unter Toluol aufgefangen. Ist der Mahlprozeß beendet, so wird der Plazentabrei scharf abzentrifugiert. Die so erhaltene, äußerst fein verteilte Plazenta wird dann weiter ausgekocht. Das Auskochen eines so fein verteilten Organes erfordert nun einige Kunstgriffe. Ein Auskochen in gewöhnlicher Weise ist wegen des starken Schäumens und des damit verbundenen Substanzverlustes, sowie des Festbrennens von Plazentateilchen an den Wandungen des Gefäßes unausführbar. Es gelingt jedoch das Auskochen sehr leicht, wenn man in die Aufschwemmung des Plazentabreies in möglichst wenig Wasser strömenden, eventuell sogar überhitzten Wasserdampf leitet. Als Dampfentwickler dient ein Kulischscher Dampfentwickler, der das Auskochen mehrerer Organproben gestattet. Die jeweilige Kochdauer soll 5 Minuten betragen. Das Auskochen wird so lange wiederholt, bis die Plazenta den oben erwähnten Anforderungen entspricht. Nun wird das Wasser entfernt und Azeton zur Entwässerung zugegeben. Die Entwässerung geht sehr rasch vor sich. Es wird nun auf einen gehärteten Filter rasch abgesaugt, das Plazentapulver einige Male mit Azeton nachgewaschen, lufttrocken gesaugt und sogleich in größere Röhren aus alkalifreiem Jenaer Glas eingeschmolzen. Diese werden dann sofort in einem Kochschen Dampftopf sterilisiert. Ehe das Organpulver nun in der zu jedem Versuch nötigen Menge abgewogen und in die entsprechenden Röhrchen eingeschmolzen wird, muß es nochmals, vor allem biologisch, auf seine spezifische Abbaumöglichkeit geprüft werden. Hat die Prüfung die Brauchbarkeit des Präparats ergeben, so wird es in Mengen von 0,05 bis 0,1 g auf der analytischen Wage abgewogen, in Ampullen aus Jenaer Glas eingeschmolzen und an drei aufeinander folgenden Tagen je eine halbe Stunde im Dampftopf sterilisiert.

An Stelle der Organe benutzen wir jetzt auch Organeiweißstoffe, die nach der S. 227 beschriebenen Methode hergestellt sind.

Als Fehlerquellen können, abgesehen von jenen, die auch bei dem Dialysierverfahren in Frage kommen können — der Gehalt des Serums an zu viel dialysablen, die Ninhydrinreaktion gebenden Stoffen spielt hier gar keine Rolle — bei der „interferometrischen Methode" folgende Punkte in Betracht kommen:

Es ist nötig, daß das zur Anstellung der Versuche benutzte Serum nicht nur allein von einer Blutentnahme, sondern auch aus einer Serumprobe stammt. Es haben ausgeführte Versuche ergeben, daß Serum, welches im Laufe einer Blutentnahme innerhalb weniger Sekunden in verschiedenen sterilen Gefäßen aufgefangen wurde, verschieden hohe Konzentrationen (bis zu 150 Trommelteiledifferenz) besitzt. Um die hierdurch bedingte Trommelteiledifferenz auszuschließen, die z. B. bei Benutzung der weniger hoch konzentrierten Serumprobe als Vergleichsserum zu falschen Resultaten führen könnte, muß entweder das zur Anstellung der Versuche zu benutzende Serum von einer Serumprobe stammen, oder man muß vor Ansetzen der Versuche die einzelnen Serumproben einer Blutentnahme mischen.

Ferner können durch mangelhaften Verschluß der Zentrifugiergläser, in denen die Bebrütung des Substrates vorgenommen wird, infolge von Verdunstung

Konzentrationsunterschiede entstehen. Es ist deshalb ein vollkommen dichter Verschluß erforderlich. Sollte sich während der Bebrütung viel Kondenswasser gebildet haben, so schüttelt man vor dem Zentrifugieren die Röhrchen gut um. Man kann sich durch einen ein-

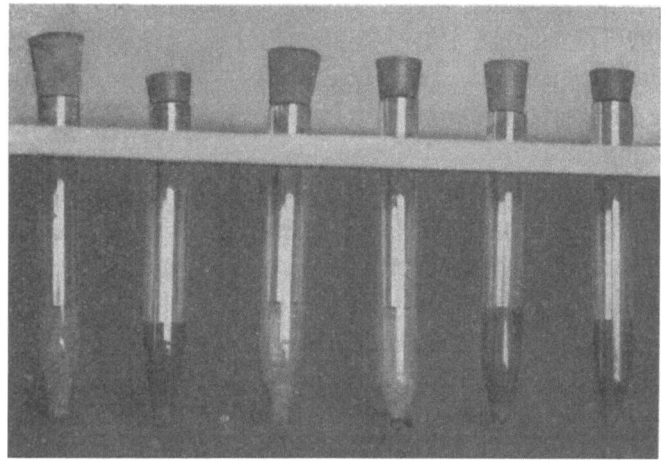

Abb. 72.

fachen Versuch davon überzeugen, daß hierdurch die Möglichkeit eines Fehlers vollkommen ausgeschlossen ist. Man lasse in einem gut verschlossenen Röhrchen irgendeine Salzlösung so lange im Brutschrank, bis sich Kondenswasser abgeschieden hat. Hat man zwei derartige Proben angesetzt, so kann man sich durch interferometrische Untersuchung von der Richtigkeit obiger Ausführung überzeugen. In Abb. 72 sind verschlossene Zentrifugierröhrchen mit Serum + Substrat dargestellt.

Die Genauigkeit der „interferometrischen Methode" ist eine äußerst große. Man kann diese in sehr einfacher Weise auf folgende Art zur Darstellung bringen.

Es werden 0,1 g Plazentapepton in 20 ccm Wasser gelöst. Von dieser 0,5 prozentigen Stammlösung werden 0,05—0,005 prozentige Lösungen hergestellt. Die Lösungen werden mit destilliertem Wasser als Vergleichslösung interferometrisch untersucht. Nachstehende Tabelle gibt die Resultate wieder:

Temperatur des Temperierbades: 18,7⁰.

0,5	Proz.	1303	326
0,05	,,	122	32
0,005	,,	12	3

Die Zahlen bedeuten die Anzahl der Trommelteile, die durch das wegen der Verschiebung der Interferenzfiguren bedingte Drehen der Kompensatorschraube als Ausschlag abgelesen wurden (Trommelteiledifferenz).

Ordnet man die Zahlen graphisch in einem Koordinatensystem an, so verläuft die Kurve — abgesehen von einem kleinen Meßfehler von 3 Trommelteilen — sowohl für die 20 mm- als auch für die 5 mm-Kammer — in einer geraden Linie. Man kann diese Kurve gewissermaßen als Eichkurve benutzen, da sie uns für jede Anzahl von Trommelteilen die dazu gehörige Peptonkonzentration, mithin also auch bei der Einwirkung von Serum von Schwangeren auf Plazentagewebe die durch die Tätigkeit der proteolytischen

Fermente gebildete Menge von Peptonen angibt. Die Firma Carl Zeiß-Jena justiert auf Wunsch das Flüssigkeitsinterferometer in der Art, daß die angegebenen Eichwerte direkt benutzt werden können. Es ist dann eine Neueichung unnötig. Sämtliche Werte sind dann untereinander vergleichbar.

Man kann die Genauigkeit der Methode auch noch in anderer Weise darstellen. Es lassen sich bei Benutzung der 20 mm-Kammer Konzentrationsänderungen von 0,001 Proz., bei Benutzung der 5 mm-Kammer solche von 0,005 Proz. feststellen. Der Inhalt der 20mm-Kammer beträgt 2 ccm, es lassen sich also 0,00002 g = 0,02 mg Pepton feststellen. Der Inhalt der 5 mm-Kammer beträgt 0,5 ccm, es lassen sich also bei ihrer Benutzung 0,0001 g = 0,1 mg Pepton nachweisen.

Jetzt wird auf Vorschlag von Paul Hirsch mit Erfolg auch neben der 20 mm-Kammer eine 1 mm-,,Mikrokammer" verwendet.

Auf Grund zahlreicher eigener Versuche kann ich die von Paul Hirsch gemachten Erfahrungen bestätigen. An Stelle der getrockneten Organsubstrate habe ich zum Teil feuchte verwendet und ferner trockene und auch feuchte Gewebseiweißstoffe verwendet. Bei Benutzung von getrocknetem Organeiweiß ist das Verfahren das übliche. Verwendet man feuchte Organe oder feuchtes Organeiweiß, dann sind besondere Vorsichtsmaßnahmen erforderlich. Wir haben in diesem Falle die Substrate vor ihrer Verwendung mit 10%iger Kochsalzlösung ausgekocht. Von dieser wurde abzentrifugiert und hierauf das Substrat in das zu prüfende Serum übertragen. Es sind nun die zu vergleichenden Sera zum vornherein ungleichwertig! Die Anfangsablesung muß infolgedessen besonders sorgfältig kontrolliert werden. Man begibt sich der Nullmethode mit vollem Bewußtsein. Am besten liest man nach 15 Minuten und dann nach einer Stunde ab und beobachtet dann, ob nach weiteren Stunden Veränderungen auftreten oder nicht. Man muß bei dieser Methode besonders sorgfältig auf die Temperatur achten, bei der die Ablesungen vorgenommen werden. Sie muß bei jeder Ablesung gleich sein. Besondere Vorteile bietet diese Methode nicht. Wir gingen bei ihrer Anwendung von der Fragestellung aus, ob feuchte Organeiweißstoffe leichter abgebaut werden als trockene, bzw. ob die Ausschläge verschieden groß ausfallen, je nachdem das Substrat vor der Anwendung getrocknet wird oder nicht. Es ergab sich, daß die Trockensubstrate im allgemeinen größere Ausschläge ergeben. Wir haben die Frage nur vom Standpunkt der praktischen Anwendung der Methode verfolgt. Selbstverständlich müßten der genauen Entscheidung der Fragestellung entsprechende Substratmengen gemessen am Stickstoffgehalt zugrunde gelegt werden.

Es wäre von großem Vorteil, wenn das Interferometer so konstruiert werden könnte, daß der Nullpunkt sich in ähnlicher Weise wie beim Polarisationsapparat in der Mitte, statt an einem Ende befände, d. h. es wäre eine große Erleichterung, wenn die Möglichkeit bestände, die zu vergleichenden Kammerinhalte zu vertauschen. Man könnte so in sehr einfacher Weise die Ablesungen kontrollieren. Man würde z. B. eine Verschiebung der Interferenzstreifen nach rechts vom Nullpunkt haben und ihre Größe feststellen. Nun würde man z. B. durch eine Umdrehung die beiden Kammern vertauschen. Jetzt müßte man das übereinstimmende Streifenpaar links suchen. Die neue Ab-

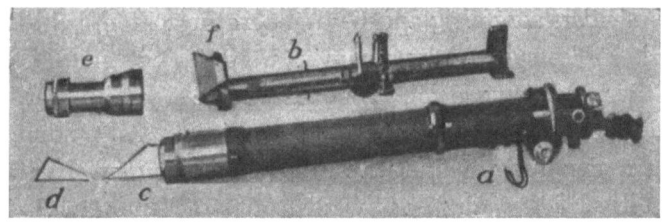

Abb. 73. Refraktometer.

a Fernrohr.
b Halter für das Refraktometer.
c Prisma.
d Hilfsprisma für die Mikrorefraktometrie.

Schutz- und Befestigungshülse für das Prisma u. Hilfsprisma.
f Spiegel.

lesung müßte mit Ausnahme des Vorzeichens mit der ersten übereinstimmen. Leider ist die erwähnte Anordnung zurzeit nicht durchführbar. Man kann jedoch dadurch eine Kontrolle der gemachten Ablesung herbeiführen, daß man verschieden große Kammern verwendet bzw. durch Anbringung eines Einsatzes (vgl. Abb. 64, S. 306) eine größere Kammer in eine kleinere verwandelt. Man kann so einwandfrei feststellen, inwieweit erzielte Einstellungen und damit verknüpfte

Ablesungen Anspruch auf Zuverlässigkeit erheben können. Das Flüssigkeitsinterferometer ist schon in der jetzigen Form ein Instrument, das ausgezeichnete Dienste leistet und vielfacher Anwendung fähig ist. Gewiß wird es noch weiter ausgebaut und vervollkommnet werden.

Es sei noch besonders darauf hingewiesen, daß die Anwendung der interferometrischen Methode neben einem anderen Verfahren, z. B. dem Dialysierverfahren, als Kontrolle sehr wertvoll ist. Bei der ersteren Methode werden vorhandene Infektionen leicht aufgedeckt, indem zumeist, vom Nullwert aus betrachtet, negative Werte zur Ablesung kommen. Decken sich die Ergebnisse mehrerer Methoden, dann gewinnen sie an Sicherheit. Finden sich Unterschiede, dann entsteht die Frage, worauf sie beruhen. Vor allem wird man durch eine reiche Erfahrung bei der Verwendung aller in Betracht kommenden Methoden herausbringen, welche davon die empfindlichste und zuverlässigste ist.

C. Die Beobachtung der Änderung des Brechungsvermögens des Serum-Substratgemisches mittels des Refraktometers.

Es ist das Verdienst von Fritz Pregl, das Refraktometer in den Dienst des Nachweises der Abderhaldenschen Reaktion gestellt und auf dieser Grundlage eine Mikromethode geschaffen zu haben. Die physikalischen Grundbedingungen für die Anwendung eines

Instrumentes, das Veränderungen oder Gleichbleiben der Brechkraft einer Flüssigkeit nachweist, sind die gleichen, wie für das Interferometer. Hier wie dort weisen wir das Gleichbleiben oder die Veränderung der Konzentration und damit des Brechungswertes einer Flüssigkeit nach. Haben wir eine solche gemischt mit einem unlöslichen Substrat vor uns, dann wird die Brechung bzw. die Konzentration der Flüssigkeit nur dann zunehmen können, wenn neue Teilchen auftreten. Ist das nicht der Fall, dann bleibt der Brechungswert unverändert.

Wir folgen bei der Beschreibung der Verwendung des Pulfrichschen Eintauchrefraktometers zum Nachweis der Abderhaldenschen Reaktion der von Fritz Pregl und Max de Crinis[1]) gegebenen Darstellung.

Das Eintauch-Refraktometer gestattet schon dem minder Geübten den Brechungsindex mit einer Genauigkeit von 3—4 Einheiten der 5. Dezimale zu bestimmen. Es besteht in der Hauptsache aus einem Glaskörper mit schräg angeschliffener Prismenfläche (c in Abb. 73) und einem Fernrohr (a in Abb. 73), die beide gegeneinander unverrückbar gefaßt sind. An einer in der Bildebene des Fernrohrs eingeschalteten Skale von etwas mehr als 100 Teilstrichen liest man bei der Bestimmung den Stand der Grenzlinie zwischen dem von den total reflektierten Strahlen hell erleuchteten

---

[1]) Fermentforschung 2. 58 (1917).

und dem dunkel gebliebenen Gesichtsfeld ab. Eine Mikrometerschraube mit Trommelteilung gestattet es, die Skale über der genannten Grenzlinie um den Betrag eines Skalen-Teilstriches zu verschieben, wozu eine Drehung der Trommel um 10 Trommelteilstriche erforderlich ist. Ein Teilstrich an der Trommel entspricht demnach 0,1 eines Skalen-Teilstriches. Bei einiger Übung gelingt es, bei wiederholten Bestimmungen bis auf einen halben Trommelteilstrich, d. i. 0,05 Skalen-Teilstriche, entsprechend zwei Einheiten der 5. Dezimale des Brechungsindexes zu erhalten.

In den Gang der Lichtstrahlen ist außerdem ein mittels Ringfassung verschiebbares Amici-Prisma eingeschaltet, durch dessen Handhabung die Dispersion aufgehoben und eine scharfe Grenzlinie im Gesichtsfelde erzielt wird.

Da sich mit Änderungen der Temperatur auch das Brechungsvermögen der untersuchten Flüssigkeiten ändert, nimmt man die Bestimmungen stets bei einer bestimmten Temperatur von z. B. 17,5° vor. Diesem Zwecke dient ein großer emaillierter, durch eine Filzhülle geschützter Blechtopf (a in Abb. 74) von mindestens 10 Liter Inhalt, der mit Wasser von der Temperatur 17,5° bis nahe zum Rande angefüllt ist. Es sei hier bemerkt, daß die Herstellung der genannten Badtemperatur durch Zugießen von heißem Wasser zu kaltem Leitungswasser unter Benutzung eines in Zehntelgrade geteilten Thermometers mit großer Sorgfalt zu erfolgen hat.

In den Abb. 73 und 74 ist der ganze Apparat dargestellt und zwar in Abb. 73 im zerlegten Zustand und in Abb. 74 in „Stellung".

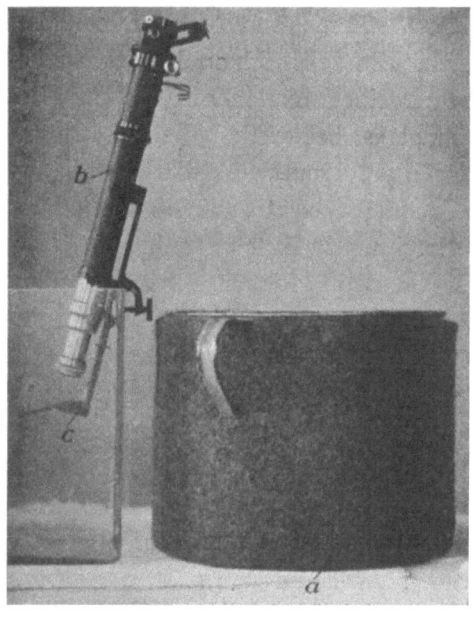

Abb. 74. Refraktometer.

a Topf mit Filz überzogen.
b Apparat in „Stellung". In Wirklichkeit wird er am Wasserbad a befestigt. Spiegel
   c und Prismenapparat tauchen in das Wasser des Bades ein.

Die zu untersuchende Flüssigkeit, in unserem Falle das Serum, bringt man in einer Menge von 2 bis 3 ccm in ein kleines, dem Apparate beigegebenes Becherglas, das mit dem Refraktometer zugleich in einem besonderen Aufhängegestell befestigt wird. Dieses läßt sich am Rande des Troges oder Topfes mit einer Schraube festklemmen und trägt an seinem unteren Ende einen beweglichen, in seiner Neigung zur Horizontalen einstellbaren Spiegel. Man ändert dessen Stellung so lange, bis sich der eine, hell erleuchtete Teil des Gesichtsfeldes vom unerleuchteten stark abhebt und sorgt durch Verschiebung des Amici-Prismas für das Zustandekommen einer scharfen Grenzlinie ohne farbige Bänder, deren Lage zu den gleichzeitig sichtbaren Teilstrichen der Skale ohne weiteres abgelesen und durch Handhabung der Mikrometerschraube mindestens mit einer Genauigkeit von Zehntel-Skaleneinheiten bestimmt werden kann. Daraus ergibt sich aber unmittelbar der Brechungsindex der untersuchten Flüssigkeit nach der jedem Instrumente beigegebenen Tabelle für die Umrechnung der Skalenteile des Eintauchrefraktometers in Brechungsindizes n_D und den dazu erforderlichen Partes proportionales.

Zu Beginn der Beobachtung wird man bemerken, daß verschiedene Ablesungen eine stetige Änderung des Standes der Grenzlinie anzeigen: ein Ausdruck dafür, daß die untersuchte Flüssigkeit die Temperatur des umspülenden Wassers (17,5°) noch nicht angenommen hat. Nach etwa 5—7 Minuten, wenn keine Änderung mehr erfolgt, macht man die endgültige Ablesung.

Für die Untersuchung noch kleinerer Flüssigkeitsmengen, etwa eines Tropfens, gibt die Firma C. Zeiß in

Jena dem Eintauchrefraktometer ein Hilfsprisma bei, auf dessen Hypotenusenfläche man bei horizontaler Lage derselben den zu untersuchenden Flüssigkeitstropfen bringt und an die geschliffene Prismenfläche des Refraktometers anlegt. Eine mit Bajonettverschluß zu befestigende Metallhülse mit Glasboden sichert die gegenseitige Lage der beiden Prismenflächen und der dazwischen befindlichen Flüssigkeitsschichte und schützt sie vor Wasserzutritt beim Eintauchen in das Temperierbad. Für die Flüssigkeitsschicht, an welcher totale Reflexion erfolgt, ist in der Mitte der Hypotenusenfläche durch rauhen Anschliff, der die ganze Breite einnimmt, Raum geschaffen.

Die Bestimmungen erfolgen bei Benutzung der Hilfsprismas ebenso, wie bei Verwendung größerer Flüssigkeitsmengen. Da hier größere Metall- und Glas-Massen zu durchwärmen sind, dauert es etwas länger bis die Grenzlinie ihren endgültigen Stand erreicht. Bei aufeinanderfolgenden Bestimmungen läßt sich diese Zeit dadurch wesentlich abkürzen, daß man die Reinigung der Glasteile im Wasser des Temperierbades vornimmt.

Im folgenden seien einige Ergebnisse mitgeteilt, die mittels des Refraktometers erhalten worden sind. Es wurde der Brechungsindex von Schwangeren-Serum bestimmt. Darauf wurde dem betreffenden Serum (etwa 1 ccm) in einem kleinen, verschließbaren Gläschen eine kleine Messerspitze Trockenplazenta (vgl. ihre Darstellung S. 226) zugesetzt und das Gemenge 24 Stunden unter öfterem Umschütteln bei Zimmertemperatur stehen gelassen. Nachdem sich die Organteilchen abgesetzt hatten, erfolgte wieder die Bestimmung des Brechungsindexes in dem darüberstehenden klaren Anteil des Serums.

Pregl und de Crinis teilen folgende Beobachtung mit:

Schwangeren-Seren.

Name	Serum vor der Bebrütung mit Plazenta		Dasselbe Serum mit Plazenta nach Bebrütung		Differenz d. Brechungsindizes $n_{D_1} - n_D$
	Skalenteile	Brechungsindex n_D	Skalenteile	Brechungsindex n_{D_1}	
Sch. Th.	58,3	1,34958	59,4	1,34999	41
W. M.	58,6	1,34969	59,6	1,35006	37
H. Th.	58,3	1,34958	59,5	1,35003	45
B. Th.	62,7	1,35121	64,5	1,35187	66
G. M.	54,6	1,34820	56,3	1,34884	64

Wie aus der vorstehenden Tabelle ersichtlich ist, nahm der Brechungswert von Schwangerenseren um

37—66 Einheiten

der fünften Dezimale zu, während bei entsprechenden Versuchen mit Serum von Nichtschwangeren nur Unterschiede von

18—30 Einheiten

zur Beobachtung kamen.

Die Änderung des Brechungswertes der Kontrollseren ist wohl auf die Quellung der Substrate zurückzuführen. Durch diese findet eine Konzentrationssteigerung des Serums statt. Um diese Annahme zu prüfen, führten Pregl und de Crinis folgende Versuche durch:

Serum aktiv n_D	Serum aktiv + 0,01 Plazenta n. 24 Std. Bebrütung n_{D_1}	Serum inaktiv n_D	Serum inaktiv + 0,01 Plazenta n. 24 Std. Bebrütung n_{D_1}	Serum aktiv nahm zu $n_{D_1}-n_D$	Serum inakt. nahm zu $n_{D_1}-n_D$	Anmerkung Gravidiät
1,34995	1,35025	1,34998	1,35008	30	10	M. IX.
1,34927	1,34965	1,34928	1,34940	38	12	M. X.
1,34964	1,34995	1,34966	1,34972	31	6	M. X.
1,34853	1,34981	1,34857	1,34962	28	5	M. IX.
1,35008	1,35138	1,35112	1,35123	30	11	M. X.
1,34917	1,34984	1,34923	1,34929	67	6	M. IX.
1,34900	1,35003	1,34930	1,34947	103	17	M. IX.
1,34822	1,34855	1,34822	1,34836	33	14	M. X.
1,34928	1,34973	1,34945	1,34961	45	16	M. IX.
1,35153	1,35316	1,35142	1,35159	166	17	M. IX.
1,34558	1,34592	1,34650	1,34654	34	4	M. IX.
1,34785	1,34836	1,34796	1,34798	51	2	M. IX.

Serum aktiv n_D	Serum aktiv + 0,01 Plazenta nach 24 St. Bebrütung n_{D_1}	Serum inaktiv n_D	Serum inaktiv + 0,01 Plazenta nach 24 St. Bebrütung n_{D_1}	Serum aktiv nahm zu $n_{D_1}-n_D$	Serum inaktiv nahm zu $n_{D_1}-n_D$	Serum von
1,35104	1,35122	1,35106	1,35119	18	13	gesunder P.
1,35132	1,35142	1,35133	1,35140	10	7	gesunder P.
1,35102	1,35110	1,35104	1,35112	8	8	Epilepsie
1,34896	1,34904	1,34898	1,34910	8	10	Paral.pr.
1,35018	1,35026	1,35205	1,35212	8	7	Alc.chron.
1,34845	1,34854	,134862	1,34869	9	7	Paranoia

Die Ausführung eines Versuches gestaltet sich, wie folgt: Auf ein Milligramm genau gewogene Mengen Trockenplazenta werden in kleine Bechergläschen, wie sie bei Bestimmung des Brechungsindexes benutzt werden, gebracht und dort mit kochender physiologischer Kochsalzlösung übergossen und etwa eine Stunde stehen gelassen. Hernach entfernt man diese möglichst vollständig und zwar zuerst durch Absaugen mit feinen Pipetten und dann durch Abtropfenlassen und Ausfließenlassen über Filtrierpapier. Nun erst bringt man in jedes Gläschen zur völlig gequollenen Plazenta die gleiche, gemessene Menge Aktivserum oder vorher inaktiviertes Serum, schüttelt gut durch und führt die erste Bestimmung des Brechungsindexes schon nach fünf Minuten aus. Die zweite Bestimmung erfolgt 24 Stunden später.

Die beschriebene Versuchsanordnung mit genau abgewogenen, völlig gequollenen Trockenorganprotein und mit gemessener Serummenge hat neben ihrer einwandfreien Sicherheit nur einen Nachteil: Sie erfordert eine verhältnismäßig große Serummenge — für einen Versuch samt der Kontrolle mit inaktiviertem Serum mindestens $2 \times 2,3$ ccm = 4,6 ccm. Will man nun das Serum auch auf Fermente untersuchen, die gegen andere Organproteine eingestellt sind, so würde man der betreffenden Person sehr beträchtliche Blutmengen abzunehmen haben, was namentlich bei Wiederholung der Versuche zu Schwierigkeiten führt. Hier hat die Bestimmung des Brechungsindexes an einem kleinen Tröpfchen mit dem kleinen Hilfsprisma zu einem Verfahren geführt, das hinsichtlich seiner Einfachheit und Sicherheit von keinem der bisherigen übertroffen wird; ja es übertrifft sogar alle andern in bezug auf die Sparsamkeit mit dem erforderlichen Untersuchungsmaterial. Es stellt den ersten Fall eines mikroanalytischen Nachweises der A.-R. dar. Seine Einfachheit und Bequemlichkeit erfuhr überdies noch dadurch eine wesentliche Steigerung, daß bei Verwendung von vorher völlig gequollenem Organprotein die störenden Einflüsse der allmählichen Quellung völlig beseitigt sind und daher von einer Wägung desselben, sowie von einer genauen Messung der Serummenge Abstand genommen werden kann.

Beim mikroanalytischen Nachweis der A.-R. wird, wie folgt, verfahren: Es wird in ein kleines Gläschen mit einem Durchmesser von 4—6 mm und einer Länge von 30—40 mm (sehr gut eignen sich dazu die leer gewordenen Röhrchen mit sehr gut passenden Gummistopfen, in denen 0,1 g Ninhydrin in Handel gebracht wird) nach dem Augenmaß mit der Messerspitze eine kleine Menge, etwa 0,01 g des betreffenden Trockenorgans gebracht. Das Gläschen wird dann mit kochender 0,86 %iger Chlornatriumlösung angefüllt. Es bleibt dann etwa eine Stunde stehen. Durch die kochende Kochsalzlösung werden auch Keime getötet, die den Versuch stören könnten. Ein späterer Zusatz von Thymol, welches im Serum praktisch unlöslich ist, stört die optische Bestimmung nicht, sobald man es nicht in gepulvertem Zustande, sondern in Form eines Kriställchens anwendet. Die über dem nun vollständig gequollenen Organprotein stehende Kochsalzlösung wird mit einer feinen Pipette und schließlich mit einer Glaskapillare möglichst vollständig abgesaugt. Nun läßt man 3—4 Tropfen (!) Serum aus einer frisch gezogenen Kapillare in das Gläschen einfließen, verschließt es luftdicht mit einem Gummistöpsel und schwenkt gut um, damit sich die allenthalben noch anhaftenden geringen Reste der Kochsalzlösung mit dem zugesetzten Serum innig mengen. Nach 5—10 Minuten zentrifugiert man und entnimmt dann mit einer neuen Glaskapillare ein Tröpfchen Serum, bringt es auf das Hilfsprisma und bestimmt seinen Brechungsindex. Nach 24 stündigem Stehenlassen bei 37° erfolgt die zweite Bestimmung wieder nach Anwendung der Handzentrifuge, um dem Gläschen einen klaren Tropfen leicht entnehmen zu können.

Will man einen Parallelversuch mit inaktiviertem Serum ausführen, so erwärmt man ein ebenso wie das früher beschickte Gläschen in einem Wasserbad von 56°—58° vor Ausführung der optischen Bestimmung eine Stunde lang.

Die nachfolgenden Versuche sind in der eben geschilderten Weise von Pregl und de Crinis ausgeführt worden.

Schwangeren-Seren.

Serum aktiv n_D	Serum aktiv nach Bebrütung mit Plazenta n. 24 St. n_{D1}	Serum inaktiv n_D	Serum inakt. nach Bebrütung mit Plazenta n. 24 Std. n_{D1}	Serum aktiv nahm zu: $n_{D1}-n_D$	Serum inaktiv nahm zu: $n_{D1}-n_D$	Gravidität
1,34873	1,34906	1,34936	1,34936	33	0	M. IX.
1,34869	1,34889	1,34875	1,34876	20	1	M. X.
1,34910	1,34932	1,34910	1,34912	22	2	M. X.
1,34845	1,34885	1,34884	1,34885	40	1	M. IX.
1,34974	1,35015	1,34962	1,34962	41	0	M. IX.
1,34737	1,34765	1,34761	1,34761	28	0	
1,34865	1,34891	1,34880	1,34881	26	1	Gravidität
1,34900	1,34929	1,34908	1,34908	29	0	Gravidität

Kontrolle (nicht gravid.)

1,34896	1,34897	1,34875	1,34875	1	0
1,35002	1,35002	1,34996	1,34966	0	0

Leberabbau:

	m. Leber		m. Leber			
1,34882	1,34913	1,34873	1,34876	31	3	Diag. Dem. praecox. melanchol.
1,35001	1,35027	1,35010	1,35012	26	2	

Lungenabbau:

	m. Lunge		m. Lunge			
1,34926	1,34947	1,34851	1,34953	14	2	Tbc.pulm
1,34877	1,34899	1,34875	1,34877	22	2	Tbc.pulm
1,34970	1,34991	1,34937	1,34937	21	0	Apicitis
1,35130	1,35159	1,35775	1,35175	29	0	Apicitis

Hodenabbau:

	m. Hoden		m. Hoden			
1,34980	1,34994	1,34906	1,34908	14	2	Dem. praecox
1,34967	1,34986	1,34937	1,34937	19	0	Dem. praecox
1,34965	1,34984	1,34937	1,34937	19	0	Heboid
1,34980	1,35008	1,34978	1,34978	28	0	Dem. praecox

Hirnrindenabbau:

	m.Hirnrind.		m.Hirnrind.			
1,34928	1,34948	1,34956	1,34959	20	1	Dem. praecox
1,35021	1,35040	1,35020	1,35021	19	1	Paralysis progressiva
1,35185	1,35205	1,35175	1,35175	20	0	Dem. praecox
1,34910	1,34951	1,34900	1,34900	41	0	Epilepsie
1,34836	1,34873	1,34812	1,34812	37	0	,,
1,34855	1,34889	1,34850	1,34851	34	1	,,
1,34881	1,34907	1,34876	1,34877	26	1	,,
1,34916	1,34945	1,34900	1,34900	29	0	,,
1,35006	1,35038	1,34998	1,34999	32	1	Paralys. prog.

Unsere eigenen Erfahrungen mit Pregls Methode bestätigen seine Beobachtungen[1]).

Direkte Methode.

Auf Seite 134 ist das Prinzip der Methode bereits angeführt. Erforderlich sind kleine Gefäße, am besten kleine Reagenzgläser aus Jenaer Glas. Sie müssen gut sterilisiert werden. Am besten werden die Röhrchen mit den Stopfen ausgekocht und dann in einem Trockenschrank bei 100—120° getrocknet. Man verschließt dann die Röhrchen noch heiß und läßt sie am besten im Exsikkator abkühlen. Dann gibt man in die Röhrchen die Substrate (Gewebsstückchen oder noch besser Gewebseiweiß). Es genügt eine kleine Menge davon, so daß der Boden des Röhrchens vom Substrat etwa 2—3 mm hoch bedeckt ist. Dann gibt man das absolut sterile Serum hinzu und verschließt das Röhrchen sofort und stellt es dann in den Brutschrank.

Von Zeit zu Zeit beobachtet man das Verhalten des Substrates und des Serums. Man findet häufig, daß in den Fällen, in denen die übrigen Methoden (Dialysierverfahren, optische Methoden usw.) ein positives Resultat ergeben, die Substratteilchen quellen und sich zu größeren Teilchen agglutinieren. Ferner tritt häufig in dem erwähnten Falle eine Trübung des Serums ein. Es wird schließlich vollständig undurchsichtig. Zum Vergleich läßt man

---

[1]) Vgl. hierzu Hans Meyer, Biochem. Zeitschr. 114. 194 (1921).

stets eine Probe mit Serum allein mitlaufen. Diese muß vollständig klar bleiben. Ab und zu bemerkt man, daß auch sie sich trübt. Der Verdacht, daß eine Infektion vorliegt, ist dann naheliegend. Es gibt aber Fälle mit sterilem Serum, in denen sich dieses trübt. Offenbar sind in diesem Falle schon Abbauprodukte im Serum vorhanden, die die physikalischen Veränderungen, die der Trübung zugrunde liegen, bedingen. Ist das Serum nicht absolut steril, dann kommt es zu sehr starken Trübungen. Diese gehen zumeist von der Oberfläche des Serums aus. Häufig tritt in diesen Fällen Fäulnisgeruch auf. In jedem Falle überzeuge man sich durch Ausstrichpräparate und ev. durch die Kultur, ob Serum und Substrat steril sind!!

Es kann auch in den Fällen, in denen das Dialysierverfahren und die optischen Methoden positive Reaktion ergeben haben, jede Trübung ausbleiben. Der Mechanismus des Zustandekommens der Trübung ist noch nicht ganz aufgeklärt. Wahrscheinlich handelt es sich um Zustandsänderungen der Eiweißkörper des Serums, insbesondere dürften die Globuline eine Rolle spielen. Vielleicht kommt aber auch den Lipoiden eine wesentliche Bedeutung zu. Wahrscheinlich spielt auch die Art der entstehenden Abbauprodukte eine Rolle. Es ist ohne weiteres denkbar, daß im einen Falle eine Konstellation zustande kommt, die zur Trübung des Serums führt und in einem anderen Falle nicht. Einstweilen kann die erwähnte Methode nur als ein Versuch aufgefaßt werden, das Vorhandensein einer besonderen Reaktion beim Zusammenbringen bestimmter Sera mit bestimmten Substraten ohne alle Hilfsmittel zu demonstrieren. Anders möchte ich beim jetzigen Stande der Versuche diese Methode nicht aufgefaßt wissen.

Das Aussehen derartiger Versuche ist in Abb. 13a, b und 14a, b Seite 187 und 189 mitgeteilt. Die Abbildung 75 zeigt das Ergebnis bei Verwendung von Plazentaeiweiß.

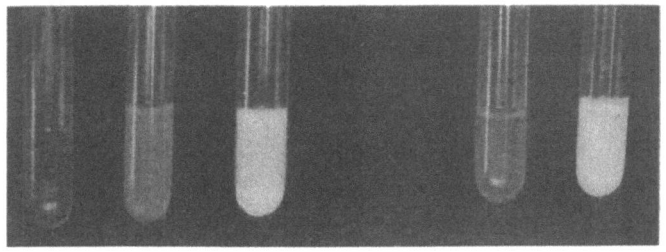

Abb. 75.

Schwangerenserum I.   Schwangerenserum II.

Serum allein   Serum + Plazentagewebe   Serum + Plazenta-Eiweiß   Serum allein   Serum + Plazenta-Eiweiß

Hervorgehoben sei, daß man die direkte Methode durch Stickstoffbestimmungen ergänzen kann. Man entnimmt dem Versuch ,,Serum allein" 0,5 ccm Serum und die gleiche Menge vom Versuch ,,Serum + Substrat" und stellt die Stickstoffmenge fest.

Man kann die Veränderungen, die im Serum bei dessen Zusammenbringen mit bestimmten Substraten sich ereignen, noch in mannigfaltiger Weise verfolgen. Es seien zwei weitere Wege angegeben. Beide dürften für die prak-

— 340 —

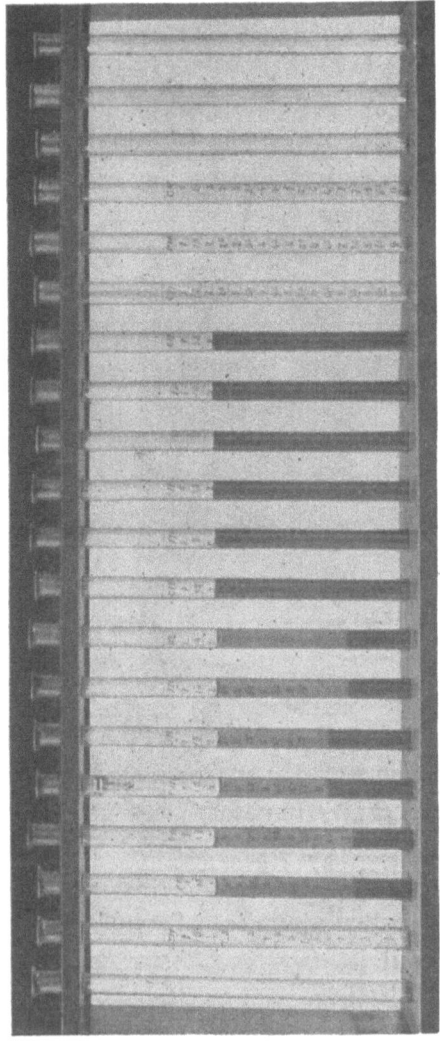

Abb. 76.

tische Feststellung der Abderhaldenschen Reaktion kaum von Bedeutung sein, wohl aber können sie uns Fingerzeige über das Wesen der ganzen Reaktion geben und vielleicht noch mancherlei Ausblicke eröffnen.

a) Bestimmung der Senkungsgeschwindigkeit der roten Blutkörperchen.

Es ist schon Seite 191 auf diese Methode hingewiesen

worden. Hier sei nur kurz die praktische Durchführung geschildert. Wir haben im allgemeinen das Serum von „direkten" Versuchen verwendet. Es wurde das Serum des Versuches „Serum allein" und die Serumprobe des Versuches „Serum + Substrat,, in kalibrierte Röhrchen eingefüllt, und zwar verwendeten wir in beiden Fällen genau die gleiche Menge Serum. Dann fügten wir genau die gleiche Menge von durch Zentrifugieren von Plas-

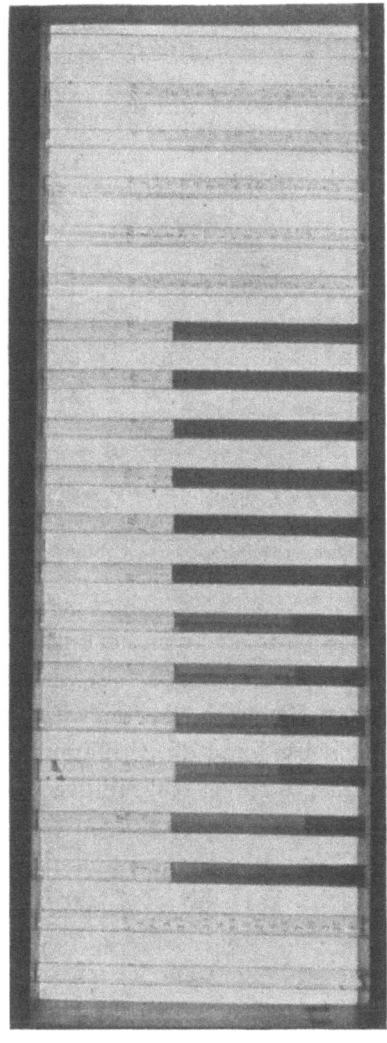

Abb. 77.

ma befreiten roten Blutkörperchen zu dem Serum hinzu. Im allgemeinen war das Verhältnis von Blutkörperchen zu Serum wie 1 : 2. Der Inhalt der Röhrchen wurde gleichzeitig und gleichmäßig umgeschüttelt und dann wurde fortlaufend beobachtet, wie rasch die roten Blutkörperchen sich senkten. In den Abbildungen 76 und 77

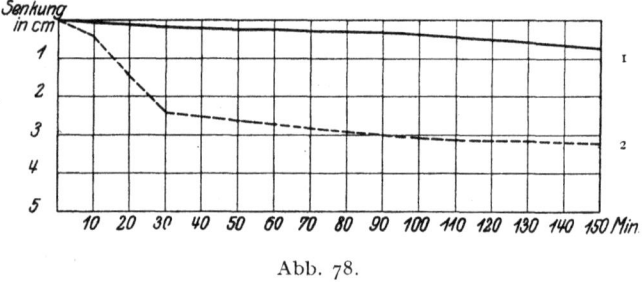

Abb. 78.

1. Pferdeblutkörperchen + „Serum allein" (klar) 1:2.
2. Pferdeblutkörperchen + stark getrübtes Serum (vorher + Plazenta) 1:2. Das Serum entstammte einer Schwangeren im 10. Monat.

ist der Apparat, der von der Firma Rud. Schoeps, Halle a. S., Geiststraße, hergestellt wird, abgebildet, mit dem wir unsere Versuche über die Geschwindigkeit der Blutkörperchensenkung durchführen[1]). Es handelt sich um ein einfaches Holzgestell, in dem die kalibrierten Röhrchen untergebracht sind. Um das Verdunsten und das Hineinfallen von Staub zu verhindern, ist ein Deckel angebracht. In Abb. 76 ist er aufgeklappt, in 77 geschlossen. Die Röhrchen stehen senkrecht. Schneller erfolgt die Senkung, wenn sie eine Neigung von 45° haben,

---

[1]) Vgl. Emil Abderhalden, Pflügers Archiv **193**. 236 (1922).

doch genügt für die vorliegende Fragestellung die Geschwindigkeit der Blutkörperchensenkung bei senkrechtem Stande der Blutsäule. In Abb. 78 ist ein solcher Versuch wiedergegeben. Man erkennt, daß die Blutkörperchen sich in dem trüben Serum des Versuches „Serum + Substrat" rascher senkten, als im Serum des Versuches „Serum allein". Beeinflussen sich Substrat und Serum nicht, dann ist auch die Senkungsgeschwindigkeit der roten Blutkörperchen im Serum des Versuches „Serum allein" und des Versuches „Serum + Substrat" gleich groß. Eine reiche Erfahrung bei Versuchen über die Senkungsgeschwindigkeit roter Blutkörperchen hat mir gezeigt, wie außerordentlich vorsichtig man bei Forschungen auf diesem Gebiete sein muß. Das Serum verändert sich beim Stehen, und vor allen Dingen zeigen auch die roten Blutkörperchen schon beim wiederholten Zentrifugieren Veränderungen. Man muß zu vergleichenden Versuchen dieselben Blutkörperchen im gleichen Zustande nehmen und ferner darauf achten, daß man sie der gleichen Schicht der abzentrifugierten Blutkörperchensäule entnimmt.

b) Versuche über die kapillaren Eigenschaften des Serums.

Nimmt man an, daß bei bestimmten Fällen bei der Einwirkung von Serum auf Substrate Eiweißabbaustufen und vielleicht Abbauprodukte aus anderen zusammengesetzten Verbindungen in das Serum übergehen, dann besteht die Möglichkeit, daß seine Kapillarität sich ändert. Am besten kombiniert man die direkte Methode mit einem vergleichenden Versuch über das kapillare Verhalten des Serums[1]). Ich habe besondere Gefäßchen konstruiert, die mit einer Kapillare verbunden sind. Es handelt sich um kleine Kölbchen, die 1 ccm Inhalt haben. Die Kapillare ist, wie die Abb. 79 zeigt, mit einem Stopfen in Verbindung gebracht, der mittels eines kleinen Schliffes auf das kleine Kölbchen paßt. Man gibt in das Kölbchen Serum, setzt die kalibrierte Kapillare auf, d. h. man verschließt mit ihr das Kölbchen. Selbstverständlich darf keine Spur von Luft vorhanden sein. Man beobachtet nunmehr den Stand der Flüssigkeitssäule in der Kapillare und ihre Veränderung. Genau denselben Versuch setzt man mit getrocknetem Substrat und Serum an, und verfolgt auch hierbei das Verhalten des kapillaren Serumfadens. Einfacher gestalten sich die Versuche, wenn man genau gleich weite Kapillaren, wie man sie z. B. für die Bestimmung des Schmelz-

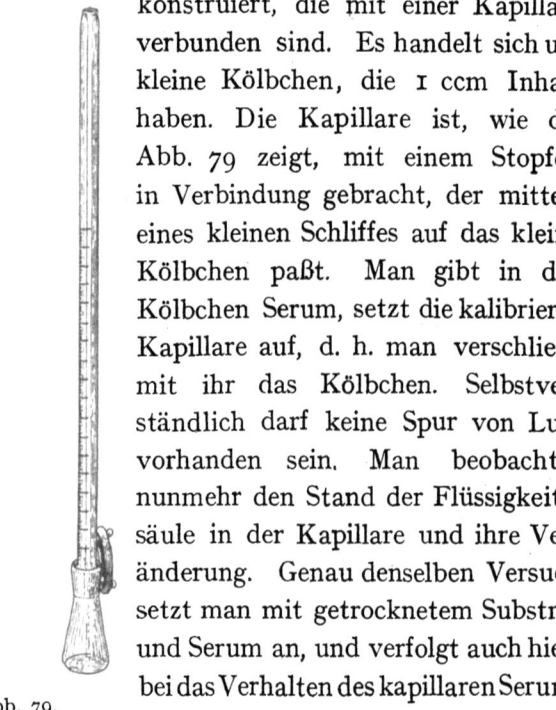

Abb. 79.

---

[1]) Sehr gut kann man an ein und derselben Probe die interferometrische, die refraktometrische und die direkte Methode und endlich die unter a und b (S. 340 u. S. 343) aufgeführten Methoden anwenden!

punktes benutzt, verwendet. Man bringt mittels einer Pipette etwas Serum auf ein kleines Uhrglas und taucht die Kapillare eben etwas in das Serum ein. Hat das Steigen der Flüssigkeit aufgehört, dann mißt man die Länge des Flüssigkeitsfadens mit einem Millimetermaß. Man muß selbstverständlich alle Versuche stets bei genau gleicher Temperatur durchführen und die Röhrchen genau kalibrieren, d. h. mit dem gleichen Serum eine Reihe von Kapillaren prüfen und diejenigen aussuchen, in denen dieses genau gleich hoch steigt. Nicht unerwähnt sei, daß die Röhrchen absolut trocken sein müssen. Eine Spur von Alkohol, Äther usw. im Röhrchen verändert die kapillaren Eigenschaften stark! Es liegen mit dieser Methode schon einige Erfahrungen vor.[1]) Man muß in der Deutung der Ergebnisse bei Anwendung der in Abb. 79 dargestellten Versuchsanordnung vorsichtig sein, weil durch Quellung des Substrates Einflüsse auf den Stand des Serumfadens ausgeübt werden können. Man kann gleichzeitig in dem Kölbchen das Aussehen des Substrates und des Serums verfolgen. Hat man die Absicht, nur die kapillaren Eigenschaften am Schlusse des Versuches festzustellen, dann entfernt man die Kölbchen von der Kapillare. Man entnimmt dann diesen etwas Serum und gibt es auf kleine Schälchen und taucht die Kapillarröhrchen eben gerade in den Flüssigkeitsspiegel ein. Man beobachtet nunmehr das Aufsteigen der Flüssigkeitssäule vergleichend.

[1]) Emil Abderhalden, Fermentforschung 6. 1922.

Bei dieser Art der Beobachtung fallen Fehlerquellen durch Quellen des Substrates usw. fort.

Man könnte auch daran denken, die **Leitfähigkeit des Dialysates bei der Ausführung des Dialysierverfahrens vergleichend zu bestimmen.** Endlich kann mit Hilfe eines **Stalagmometers** geprüft werden, ob durch die Bestimmung der Tropfenzahl des Dialysates beim Versuch „Serum allein" oder „Serum + Substrat" bzw. des Serums bei den entsprechenden Versuchen der direkten Methode sich charakteristische Unterschiede aufzeigen. Es sind zu diesem Zwecke „Mikrostalagmometer" in Anwendung. Sobald ausreichende Erfahrungen mit diesen Methoden vorliegen, soll über sie berichtet werden.

Zum Schluß sei noch der folgenden bereits S. 337 erwähnten Beobachtung gedacht:

Wenn man fein pulverisierte Gewebe oder Organeiweißstoffe zu Serum bringt, **dann beobachtet man in bestimmten Fällen, daß die Teilchen sehr leicht verkleben.** Oft entstehen unter Quellung ganz große, zusammenhängende Fetzen, während in anderen Fällen eine solche Agglutination ganz ausbleibt. Eiweißteilchen plus Serum von Schwangeren zeigen diese Verklebung der Teilchen oft in hohem Maße, während Serum von nicht schwangeren Personen unter den gleichen Bedingungen keine solche Agglutination bewirkt. Vielleicht läßt sich auf diese Beobachtung eine neue Methode aufbauen. Es haben auch schon Pregl und de

Crinis[1]) eine gleiche Beobachtung gemacht. Sie soll in ihrer praktischen Verwertbarkeit weiter verfolgt werden.

Verfolgung der Veränderung des Substrates unter der Einwirkung von Serum mittels eines gewöhnlichen Mikroskopes oder eines Ultramikroskopes.

Es ist naheliegend, den Abbau von Substraten unter dem Mikroskop zu verfolgen. Die Ausführung eines solchen Versuches ist im Prinzip sehr einfach. Als Substrat verwendet man entweder mikroskopische Schnitte durch bestimmte Gewebe oder Gewebseiweiß in möglichst feiner Verteilung. Bei der gewöhnlichen mikroskopischen Beobachtung sind Schnitte durch Gewebe vorzuziehen. Man benutzt einen Objektträger, auf dem ein Glasring aufgekittet oder aufgeschmolzen ist und erzeugt so eine Kammer. Auf dem Boden derselben bringt man den Schnitt an und übergießt ihn vorsichtig mit dem zu prüfenden Serum. Der Schnitt wird nunmehr eingestellt und entweder gezeichnet oder photographiert. Das Zeichnen erfolgt am besten mittels des Zeichenapparates von Zeiß. Man stellt die Dimensionen der einzelnen Teile des Schnittes an Hand der Zeichnung bzw. der Photographie fest. Am besten wird das Mikroskop in einem Brutschrank aufbewahrt, vgl. Abbildung 80. Steht kein Brutschrank zur Verfügung, der speziell zur Aufnahme eines Mikroskopes eingerichtet ist, dann verbringt man den Objektträger

---

[1]) Fermentforschung 2. 58 (1917).

mit dem Kammerinhalt in einen gewöhnlichen Brutschrank. Man muß dabei jede Erschütterung vermeiden, damit der Schnitt nicht verschoben wird. Von Zeit zu Zeit wiederholt man die Zeichnung des Schnittes bzw. die photographische Aufnahme. Leider mißlingen manche Versuche dadurch, daß das Serum sich trübt. Wir beobachteten beonders oft, daß Serum von Schwangeren mit Plazentagewebe bzw. -eiweiß zu Trübungen führt. Man kann auch die Schnitte nach erfolgter Einwirkung färben und zum Vergleich einen ähnlichen Schnitt ohne Beeinflussung durch Serum in der gleichen Weise behandeln. Man wird natürlich zu den ganzen Versuchen Schnitte verwenden, die ein möglichst charakteristisches Aussehen haben, damit man sich bezüglich der einzelnen Zellarten leicht unterrichten kann. Es ist von allergrößter Wichtigkeit herauszubringen, was für Gewebsteile Veränderungen erleiden. Man wird so am allerersten einen tieferen Einblick in die ganzen der A.-R. zugrunde liegenden Vorgänge erhalten. Vor allen Dingen wird man auch Abbauvorgänge an Substraten nicht eiweißartiger Natur verfolgen können.

Vor allen Dingen werden derartige Versuche auch von größter Bedeutung bei der Untersuchung der Wirkung von Serum auf bestimmte Bakterien sein. So wäre es von größtem Interesse spirochätenhaltige Schnitte mit Serum von Luesfällen zusammenzubringen.

Bei der Verwendung des Ultramikroskopes verwendet man mit Vorteil Organeiweißstoffe. Will man

Gewebe anwenden, dann muß dieses mit einem Pistill in einer Reibschale möglichst fein zerkleinert werden. Der Nachteil der ultramikroskopischen Methode ist, daß nur sehr wenig Serum verwendet werden kann, da die Kammer sehr klein ist. Man müßte denn schon eine besondere Kammer konstruieren. In Abb. 80 ist die ganze Versuchsanordnung dargestellt.

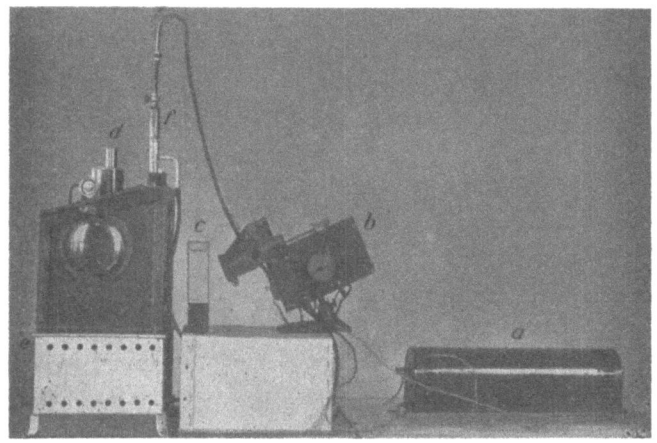

Abb. 80.

a ist ein Widerstand. In b ist die Beleuchtungslampe dargestellt. c bedeutet ein planparalleles Gefäß, in dem sich Wasser befindet. Es dient zur Abfangung von Wärmestrahlen. Das Mikroskop d ist in dem Wärmeschrank e so untergebracht, daß eine ständige Beobachtung bei 37° möglich ist. Der Wärmeschrank wird mittels eines Regulators bei konstanter Temperatur gehalten.

Auch bei Anwendung dieser Methode wird zweckmäßig eine Mikrophotographie aufgenommen. Man wählt ein Gewebsstückchen oder ein Eiweißteilchen von möglichst charakteristischer Form, damit man dieses Teilchen immer wieder von neuem einstellen kann, falls es aus irgendeinem Grunde aus dem Gesichtsfeld verschwunden sind. Bei Verwendung von Serum von Schwangeren bemerkt man, daß die Gewebsteilchen bzw. Eiweißteilchen Veränderungen zeigen. Man kann vielfach beobachten, daß Teilchen abgelöst werden, ferner bemerkt man, daß die Teilchen immer mehr durchsichtig werden. Bei Verwendung von Serum von Nichtschwangeren konnten wir keine Veränderungen am Substrat feststellen.

Die ultramikroskopische Methode ist ohne Zweifel noch einer weiteren Entwicklung fähig. Es gilt Kammern zu konstruieren, in denen man z. B. Serum für sich beobachten und dann Substrat in feinsten Teilchen zugeben kann, ohne sie vom Mikroskop zu entfernen. Gelänge es, unter dem Ultramikroskop das Verhalten von kolloiden Lösungen unter verschiedenen Zusätzen unmittelbar zu verfolgen, dann ließen sich vielleicht Feststellungen von großer allgemeiner Bedeutung machen. Mischt man Serum mit Substrat, und stellt man dann das ultramikroskopische Bild fest, dann entgeht einem vielleicht manche wichtige Reaktion. Wir sind dabei, die ultramikroskopische Beobachtung in der erwähnten Richtung auszubauen.

Sachverzeichnis.

Ablesung beim Polarisieren 297.
Abwehrfermente 95.
Adsorptionsvorgänge 155.
Agglutinationserscheinungen 138, 346.
Akzessorische Nahrungsstoffe 23.
d-Alanyl-glycin 166.
d-Alanyl-glycyl-glycin 168.
Albuminurie, Bence-Jones'sche 88.
Alterserscheinungen, serologischer Nachweis 106.
Aminosäuren im Darminhalt 20.
Aminostickstoffbestimmung 153, 260 ff.
Anaphylatoxin 123.
Anaphylaxie 17.
Anaphylaxie-Problem 123.
A. R., die ihr zugrunde liegenden Vorgänge 129 ff.
A. R., Methoden zum Nachweis 144 ff.
Arteigen 16.
Artfremd 16.
Äthervergiftung, Serodiagnose 92.
Aufbewahrung der Substrate 224.

Auge, Beziehungen zu Organen mit innerer Sekretion 101.
Ausflockungsmethode 186 ff.

Bence-Jones-Albuminurie 88.
Bildung organischer Substanz in der Pflanze 4.
Biologische Versuche mit Dialysaten 265.
Biuretreaktion 145.
Blattfarbstoff 4.
Bleivergiftung, Serodiagnose 93.
Blutfreiheit des Substrates 217.
Blutfremd 37.
Blutgerinnung 93.
Blutserum, Gewinnung 235.
Bösartige Geschwülste, Serodiagnose 86.

Chloroformvergiftung, Serodiagnose 92.
Chorionepitheliom 103.

Darminhalt, Gehalt an Aminosäuren 20.
Darstellung, künstliche der Nahrungsstoffe 24.
Dementia praecox, Serodiagnose 101.

Destillation von schäumenden Flüssigkeiten 278 ff.
Dialyse 13, 145.
Dialysierhülsen, 153 ff., 199.
— Forderungen, die sie zu erfüllen haben 149.
—, Prüfung auf Eiweißundurchlässigkeit 200 ff.
—, Prüfung auf gleichmäßige Durchlässigkeit für Pepton 203 ff.
—, Prüfung der 153 ff.
—, Reinigung 203 ff.
Dialysierverfahren 59, 145 ff.
—, Ausführung 197 ff.
—, Einwände gegen das 154 ff.
—, Versuchsanordnung 152 ff.
Dialysierversuch, Durchführung 238 ff.
—, Angabe der Ergebnisse 246 ff.
—, Feststellung der dialysierten, stickstoffhaltigen Verbindungen mittels der Mikrostickstoffbestimmung 251 ff.
Direkte Beobachtung der A.-R. 186 ff.
Direkte Methoden 178 ff., 337.

Eichung des Interferometers 321.
— von Pepton 282.
Eintauchrefraktometer nach Pulfrich 326 ff.
—, Einrichtung 326 ff.
Eisenfrage 50 ff.
Eiweiß, Entfernung von 180.
—, Entfernung durch Hitzekoagulation 180.

Eiweiß, Entfernung durch Fällungsmittel 180.
Eiweißstoffe an Stelle von Geweben 112.
—, Gewinnung aus Geweben 227 ff.
Eiweißzerfallstoxikosen 126.
Eklampsie 89.
Energie, Kreislauf 47.
Enteiweißungsmethoden 268 ff.
Epilepsie, Serodiagnose 101.
Ergänzungsstoffe 23.
Fällungsmethoden 268 ff.
Fermente 8.
—, Zustand 12.
Fette, parenterale Zufuhr 71.
Fibrin, blutfremd 93.
Flüssigkeitsinterferometer 171.
— nach Loewe 303 ff.
—, Einrichtung des Interferometers 304 ff.
—, Ausführung eines Versuches 312 ff.
—, Ablesung 312 ff.
—, Einfluß der Temperatur 315.
—, Anforderungen an die Substrate 316.
—, Darstellung der Substrate für die interferometrische Methode 317.
—, Genauigkeit der interferometrischen Methode 321.
—, Eichung des Interferometers 321.
Formaldehyd 4.

Gehirnblutungen, Serodiagnose 102.

Geschwülste, bösartige, Serodiagnose 86.
Gewebsschnitte, mikroskopische Verfolgung der Serumwirkung auf 184.
Glukoside 95.
Glycyl-d-alanin 166.
Glycyl-d-alanyl-glycin 168.
Glycyl-d-leucyl-glycyl-l-leucin 171.
Glycyl-l-leucyl-glycyl-l-leucin 171.
Glycyl-l-tyrosin 54.
Glykogen 119.
Glykokoll 28.

Halbschattenapparate 297.
Haut, Beziehungen zu Organen mit innerer Sekretion 101.
Hautreaktion 142.
Heizvorrichtung für Polarisationsapparat 288.
Helminthen, Serodiagnose 102.
Hunger 122.

Inaktivierung von Serum 59, 139.
Infektionskrankheiten, Serodiagnose 89ff.
—, ihr Wesen 42, 44.
Inkretbildende Organe, Serodiagnose von Störungen 97ff.
Inkrete 97.
Interferometer (vgl. auch Flüssigkeitsinterferometer) 303ff.
Interferometrie 171.

Jodiertes Eiweiß 61.

Kapillare Steighöhe 193.
Kapillaritätsversuche 343.

Karzinom 43.
Kaulquappe 120.
Koagulation der Proteine im Gewebe 220.
Koagulationsmethoden 268ff.
Kochen mit Ninhydrin 206.
Kohlensäureassimilation 4.
Kohlenstoff, sein Lebenslauf 3ff.
Kollodiumhülsen nach Pregl 211.
Kolloide 13.
Kombination von Substrat mit Farbstoff bzw. Eisen 181.
Kombinationsmöglichkeiten von Bausteinen 39.
Konfigurationsfremdheit 36.
Körpereigen 16.
Körperfremd 16.
Krankheitsbilder, Studium an Hand der A.-R. 104.
Kreislauf des Stoffes 6ff.
Künstliche Darstellung der Nahrungsstoffe 24.
Kürbissameneiweiß 61.
Kutane Reaktion 142.

Lachs 121.
Laktase 11.
Leitfähigkeitsbestimmung 193, 346.
l-Leucyl-glycyl-d-alanin 168.
Loewe-Zeiß'sches Interferometer 172.

Maltase 11.
Methode, direkte 337.
Milch 34.
Milchzucker, parenterale Zufuhr 69.

Milchzucker, Verhalten bei parenteraler Zufuhr 32.
Mikro-Refraktometrie 334.
Mikroskopische Untersuchung 347.
— Verfolgung von Substratveränderungen 183.
Mikrostickstoffbestimmung, Ausführung der 251 ff.
Mineralstoffe, Form ihrer Aufnahme durch die Darmwand 49.

Nachweis nicht koagulabler stickstoffhaltiger Verbindungen 178.
— von Aminogruppen 178.
Nahrungsstoffe, künstliche Darstellung 24.
Nicht-Kolloide 13.
Ninhydrin 146 ff.
Ninhydrinlösung, Herstellung 198.
Nukleine, parenterale Zufuhr 73.
Nukleinsäuren, parenterale Zufuhr 73.
Nukleoproteide, parenterale Zufuhr 73.
Nullmethode bei der Interferometrie 314.
Nutramine 23.

Oberflächeneigenschaften 193.
Oberflächenspannung, Methoden, die sich auf sie beziehen 343.
Ohr, Serodiagnose von Störungen 102.
Optische Methoden 58, 272 ff.

Organdiagnostik, serologische 105.
Paralyse, Serodiagnose 101.
Parenterale Zufuhr 17.
— — von körperfremden Verbindungen 53 ff.
Pellagra, Serodiagnose 102.
Peptolytische Fermentwirkung im Serum 58, 63.
Peptone zur Anwendung bei der Polarisationsmethode 163, 273 ff.
Phenylalanin 28.
Phenylhydrazinvergiftung, Serodiagnose 93.
Phosphorvergiftung, Serodiagnose 92.
Pipette für Ninhydrinlösung 205.
Plasma, an Stelle von Serum 161.
Plazentaschnitte, mikroskopische Verfolgung der Einwirkung von Serum auf 133 ff.
Polarimetrie 162 ff.
Polarisationsapparat 283.
Polarisationsmethode 272 ff.
—, apparative Einrichtung 283 ff
—, Ausführung eines Versuches 293 ff.
Polarisationsrohre 286.
Polypeptide 165.
Präzipitinbildung 16.
Präzipitine 128.
Proteinurie 88.
Proteolytische Fermentwirkung im Serum 58, 63.

Rabies, Serodiagnose 91.
Raffinose, parenterale Zufuhr 69.

Refraktometer 325 ff.
—, Einrichtung 326 ff.
Refraktometrie 171, 177 ff. 325 ff.
—, Ausführung eines Versuches 332 ff.
—, Mikromethode 334.
Rohrzucker, parenterale Zufuhr 64.
—, Verhalten bei parenteraler Zufuhr 32.
Rotz, Serodiagnose 91.

Saccharase 11.
Sarkom 43.
Säugling, Ernährung des 33.
Scharlach, Serodiagnose 103.
Schok, anaphylaktischer 17, 123.
Schwangerschaft 78.
Schwangerschaftsreaktion 79 ff., 84 ff.
Seidenpepton 61.
Senkungsgeschwindigkeit der roten Blutkörperchen 191 ff., 340.
Serologische Schwangerschaftsreaktion 79 ff., 84 ff.
Serum, Gehalt an mit Ninhydrin reagierenden Stoffen 148.
—, Gewinnung 235.
Serumfermente, Herkunft 94 ff.
Serumreaktion zur Diagnose der Schwangerschaft 79.
Skala des Polarisationsapparates 297.
Sonnenenergie 5.
Soxhlet-Apparat 215, 216.

Sperma, serologischer Nachweis 103.
Spezifische Wirkung der Serumproteasen 76, 109.
Spiegler-Pollaci'sches Reagens 197.
Stalagmometrie 346.
Stärke, Bildung in Pflanze 6.
Stickstoffbestimmung 153.
Stickstoffgehalt, Berechnung 259.
Stoppuhr 207.
Streptokokken-Infektion, Serodiagnose 91.
Strukturfremdheit 36.
Substrate, an sie zu stellende Ansprüche 149 ff.
—, Aufbewahrung 224.
—, Darstellung 214.
—, Prüfung auf Abwesenheit von löslichen Substanzen, die mit Ninhydrin Blaufärbung ergeben. 222.
— Prüfung auf Bakterien 234.
—, Zubereitung nach Pregl 226.
Synthese von Eiweiß im tierischen Organismus 21 ff.
Syphilis, Serodiagnose 92.

Therapeutische Folgerungen aus der A.-R. 113 ff.
— Versuche bei Karzinom 142 ff.
Transplantationen, heterogene
Tributyrin 71.   [103.
Triketohydrindenhydrat 147.
Tropfenzahl-Bestimmung 193.
Trübung von Serum bei der Einwirkung auf Substrate 134 ff.

Tryptophan 27.
Tuberkulose, Serodiagnose 90.
Uebertragbarkeit der Serumfermente 141.
Ultrafiltration 180, 266 ff.
—, nach Wegelin 266 ff.
—, nach Wo Ostwald 267.
Ultramikroskopische Betrachtung der Wirkung von Serum auf Substrat 185.
— Untersuchung 349.
Umwandlung von Zellinhaltsstoffen innerhalb des gleichen Organismus 119 ff.
Utensilien zur Ausführung des Dialysierverfahrens 197.

Verdauung, ihre Bedeutung 15.
Verdauungsorgane, Störungen ihrer Funktion, Serodiagnose der 101.
Verdauungssäfte 11.
Vergiftungen, Serodiagnose 92.
Versuchsanordnung beim Dialysierverfahren 152 ff.
— — nach Pregl 152 ff.
Vitamine 23.
Vordialyse 149.
Vuzin 237.

Wechselbeziehung zwischen Nahrungsbestandteilen animalischer Herkunft und Zellinhaltsstoffen des tierischen Organismus 48.
— zwischen Pflanzen- und Tierwelt 10.
— zwischen unbelebter und belebter Natur 3.

Zelleigen 36.
Zellfermente 37.
Zellfremdheit 36.

Verlag von Julius Springer in Berlin W 9

Synthese der Zellbausteine in Pflanze und Tier.
Lösung des Problems der künstlichen Darstellung der Nahrungsstoffe. Von Prof. Dr. **Emil Abderhalden**, Direktor des Physiologischen Instituts der Universität Halle a. S. 1912.
Preis M. 3,60.

Neuere Anschauungen über den Bau und Stoffwechsel der Zelle. Vortrag, gehalten an der 94. Jahresversammlung der Schweizerischen Naturforschenden Gesellschaft in Solothurn am 2. VIII. 1911. Von Prof. Dr. **Emil Abderhalden**, Direktor des Physiologischen Instituts der Universität Halle a. S. Zweite Auflage. 1916. Preis M. 1,—.

Physiologisches Praktikum. Chemische, physikalisch-chemische und physikalische Methoden. Von Geh. Med.-Rat Prof. Dr. med. et phil. h. c. **Emil Abderhalden**, Direktor des Physiologischen Instituts der Universität Halle a. S. Dritte, verbesserte und vermehrte Auflage. Mit etwa 290 Textabbildungen. Erscheint im Sommer 1922.

Die Grundlagen unserer Ernährung und unseres Stoffwechsels. Von Prof. Dr. **Emil Abderhalden**, Direktor des Physiologischen Instituts der Universität Halle a. S. Dritte, erweiterte und umgearbeitete Auflage. Mit 11 Textabbildungen. 1919. Preis M. 5,60.

Nahrungsstoffe mit besonderen Wirkungen unter besonderer Berücksichtigung der Bedeutung bisher noch unbekannter Nahrungsstoffe für die Volksernährung. Von Prof. Dr. med. et phil. h. c. **Emil Abderhalden**, Geheimer Medizinalrat, Direktor des Physiologischen Instituts der Universität Halle a. S. 1922. (Heft 2 aus „Die Volksernährung". Veröffentlichungen aus dem Tätigkeitsbereiche des Reichsministeriums für Ernährung und Landwirtschaft. Herausgegeben unter Mitwirkung des Reichsausschusses für Ernährungsforschung.) Preis M. 9,—.

Hierzu Teuerungszuschläge

Verlag von Julius Springer in Berlin W 9

Biochemisches Handlexikon

Bearbeitet von hervorragenden Fachleuten

Herausgegeben von

Professor Dr. **Emil Abderhalden**,

Direktor des Physiologischen Instituts der Universität Halle a. S.

I. Band, I. Hälfte, enthaltend: Kohlenstoff, Kohlenwasserstoff, Alkohole der aliphatischen Reihe, Phenole. 1911. Preis M. 44,—; geb. M. 46,50.

I. Band, 2. Hälfte, enthaltend Alkohole der aromatischen Reihe, Aldehyde, Ketone, Säuren, Heterocyclische Verbindungen. 1911. Preis M. 48,—; geb. M. 50,50.

II. Band, enthaltend: Gummisubstanzen, Hemicellulosen, Pflanzenschleime, Pektinstoffe, Huminsubstanzen, Stärke, Dextrine, Inuline, Cellulosen, Glykogen, die einfachen Zuckerarten, Stickstoffhaltige Kohlenhydrate, Cyklosen, Glukoside. 1911. Preis M. 44,—, geb. M. 46,50.

III. Band, enthaltend: Fette, Wachse, Phosphatide, Protagon, Cerebroside, Sterine, Gallensäuren. 1911. Preis M. 20,—; geb. M. 22,50.

IV. Band, I. Hälfte, enthaltend: Proteine der Pflanzenwelt, Proteine der Tierwelt, Peptone und Kyrine, Oxydative Abbauprodukte der Proteine, Polypeptide. 1910. Preis M. 14,—.

IV. Band, 2. Hälfte, enthaltend: Polypeptide, Aminosäuren, Stickstoffhaltige Abkömmlinge des Eiweißes und verwandte Verbindungen, Nucleoproteide, Nucleinsäuren, Purinsubstanzen, Pyrimidinbasen. 1911. Preis M. 54,—; mit der 1. Hälfte zus. geb. M. 71,—.

V. Band, enthaltend: Alkaloide Tierische Gifte, Produkte der inneren Sekretion, Antigene, Fermente. 1911. Preis M. 38,—; geb. M. 40,50.

VI. Band, enthaltend: Farbstoffe der Pflanzen und der Tierwelt. 1911. Preis M. 22,—; geb. M. 24,50.

VII. Band, I. Hälfte, enthaltend: Gerbstoffe, Flechtenstoffe, Saponine, Bitterstoffe, Terpene. 1910. Preis M. 22,—.

VII. Band, 2. Hälfte, enthaltend: Ätherische Öle, Harze, Harzalkohole, Harzsäuren, Kautschuk. 1912. Preis M. 18,—; m. d. 1. Hälfte zus. geb. M. 43,—.

VIII. Band (Ergänzungsband) Gummisubstanzen, Hemicellulosen, Pflanzenschleime, Pektinstoffe, Huminstoffe, Stärke, Dextrine, Inuline, Cellulosen, Glykogen. Die einfachen Zuckerarten und ihre Abkömmlinge. Stickstoffhaltige Kohlenhydrate. Cyklosen. Glukoside. Fette und Wachse. Phosphatide. Protagon. Cerebroside. Sterine. Gallensäuren. Nachdruck 1920. Preis M. 200,—.

IX. Band (2. Ergänzungsband). Proteine der Pflanzenwelt und der Tierwelt. Peptone und Kyrine. Oxydative Abbauprodukte der Proteine. Polypeptide. Aminosäuren. Stickstoffhaltige Abkömmlinge des Eiweißes unbekannter Konstitution. Harnstoff und Derivate. Guanidin. Kreatin, Kreatinin. Amine. Basen mit unbekannter und nicht sicher bekannter Konstitution. Cholin. Betaine. Indol und Indolabkömmlinge. Nucleoproteide. Nucleinsäuren. Purin und Pyrimidinbasen und ihre Abbaustufen. Tierische Farbstoffe. Blutfarbstoffe, Gallenfarbstoffe. Urobilin. Nachdruck 1922. Preis M. 396,—.

X. Band (3. Ergänzungsband) In Vorbereitung.

Ausführliche Probelieferung (100 Seiten Umfang) mit Inhaltsverzeichnis und Sachregister des vollständigen Werkes sowie Probeseiten steht auf Wunsch kostenlos zur Verfügung.

Hierzu Teuerungszuschläge

Verlag von Julius Springer in Berlin W 9

Untersuchungen über Kohlenhydrate und Fermente (1884—1908). Von **Emil Fischer**. 1909.
Preis M. 22,—.

Untersuchungen über Kohlenhydrate und Fermente II (1908—1919). Von **Emil Fischer** †. (Emil Fischer, Gesammelte Werke aus dem Nachlaß Emil Fischers. Herausgegeben von **Max Bergmann**.). 1922.
Preis M. 186,—; gebunden M. 219,—.

Untersuchungen über Aminosäuren, Polypeptide und Proteïne (1899—1906). Von **Emil Fischer**. 1906.
Preis M. 16,—.

Untersuchungen in der Puringruppe (1882—1906). Von **Emil Fischer**. 1907. Preis M. 15,—.

Untersuchungen über Depside und Gerbstoffe (1908—1919). Von **Emil Fischer**. 1919. Preis M. 36,—.

Organische Synthese und Biologie. Von **Emil Fischer**. Zweite, unveränderte Auflage. 1912. Preis M. 1,—.

Neuere Erfolge und Probleme der Chemie. Von **Emil Fischer**. 1911. Preis M. —,80.

Aus meinem Leben. Von **Emil Fischer**. Mit drei Bildnissen. (Emil Fischer, Gesammelte Werke. Herausgegeben von M. Bergmann). 1922. Gebunden Preis M. 96,—.
In Geschenk-Pappband gebunden Preis M. 75,—.

Festschrift der Kaiser-Wilhelm-Gesellschaft zur Förderung der Wissenschaften. Zu ihrem 10 jährigen Jubiläum dargebracht von ihren Instituten. Mit 19 Textabbildungen und einer Tafel. 1921. Preis M. 100,—; gebunden M. 130,—.

Hierzu Teuerungszuschläge

Verlag von Julius Springer in Berlin W 9

Monographien aus dem Gesamtgebiet der Physiologie der Pflanzen und der Tiere. Herausgegeben von F. Czapek, M. Gildemeister, E. Godlewski jun., C. Neuberg, J. Parnas. Redigiert von F. Czapek und J. Parnas.

Erster Band: **Die Wasserstoffionen-Konzentration.** Von Dr. med. **Leonor Michaelis**, Universitätsprofessor. Ihre Bedeutung für die Biologie und die Methoden ihrer Messung. Zweite, völlig umgearbeitete Auflage. In drei Teilen. Erster Teil: **Die theoretischen Grundlagen.** Mit 32 Textabbildungen. 1922. Preis M. 69,—; gebunden M. 96,—.

Zweiter Band: **Die Narkose in ihrer Bedeutung für die allgemeine Physiologie.** Von **Hans Winterstein**, Professor der Physiologie und Direktor des Physiologischen Instituts der Universität Rostock i. M. Mit 7 Textabbildungen. 1919. Preis M. 16,—; gebunden M. 18,—.

Dritter Band: **Die biogenen Amine und ihre Bedeutung für die Physiologie und Pathologie des pflanzlichen und tierischen Stoffwechsels.** Von Dr. **M. Guggenheim.** 1920. Preis M. 28,—; gebunden M. 32,60.

Untersuchungen über Chlorophyll. Methoden und Ergebnisse. Aus dem Kaiser Wilhelm-Institut für Chemie. Von Prof. Dr. **Richard Willstätter**, Mitglied des Kaiser Wilhelm-Instituts für Chemie, und Dr. **Arthur Stoll**, Assistent des Kaiser Wilhelm-Instituts für Chemie. Mit 16 Textabbildungen und 11 Tafeln. 1913. Preis M. 18,—.

Untersuchungen über die Assimilation der Kohlensäure. Aus dem chemischen Laboratorium der Akademie der Wissenschaften in München. Sieben Abhandlungen von **Richard Willstätter** und **Arthur Stoll**. Mit 16 Textabbildungen und einer Tafel. 1918. Preis M. 28,—.

Untersuchungen über das Ozon und seine Einwirkung auf organische Verbindungen. 1903-1916. Von **Carl Dietrich Harries.** Mit 18 Textfiguren. 1916. Preis M. 24,—; gebunden M. 27,80.

Untersuchungen über die natürlichen und künstlichen Kautschukarten. Von **Carl Dietrich Harries.** Mit 9 Textfiguren. 1919. Preis M. 24,—; gebunden M. 34,—.

Hierzu Teuerungszuschläge

Verlag von Julius Springer in Berlin W 9

Der Gebrauch von Farbenindicatoren, ihre Anwendung in der Neutralisationsanalyse und bei der colorimetrischen Bestimmung der Wasserstoffionenkonzentration. Von Dr. **I. M. Kolthoff,** Konservator am Pharmazeutischen Laboratorium der Reichs-Universität Utrecht. Mit 7 Textabbildungen und einer Tafel. 1921. Preis M. 45,—.

P_H-**Tabellen,** enthaltend ausgerechnet die Wasserstoffexponentwerte, die sich aus gemessenen Millivoltzahlen bei bestimmten Temperaturen ergeben. Gültig für die gesättigte Kalomel-Elektrode. Von Dr. **Arvo Ylppö.** 1917. Gebunden Preis M. 3,60.

Der exakte Subjektivismus in der neueren Sinnesphysiologie. Von A. **von Tschermak,** o. ö. Professor, Direktor des Physiologischen Instituts der Deutschen Universität Prag. (Sonderabdruck aus „Pflügers Archiv für die gesamte Physiologie". Bd. 188, Heft 1/3.) 1921. Preis M. 5,60.

Allgemeine Physiologie. Eine systematische Darstellung der Grundlagen sowie der allgemeinen Ergebnisse und Probleme der Lehre vom tierischen und pflanzlichen Leben. Von **A. von Tschermak,** o. ö. Professor, Direktor des Physiologischen Instituts der Deutschen Universität Prag.
Erster Band: 1. Teil: **Allgemeine Charakteristik des Lebens, physikalische und chemische Beschaffenheit der lebenden Substanz.** Mit 12 Textabbildungen. 1916.
Preis M. 10,—.
2. Teil: **Morphologische Eigenschaften der lebenden Substanz und Zellularphysiologie.** Mit etwa 110 Textabbildungen. Erscheint Ende Frühjahr 1922.

Kurzes Lehrbuch der physiologischen Chemie. Von Dr. **Paul Hári,** o. ö. Professor der physiologischen und pathologischen Chemie an der Universität Budapest. Zweite, verbesserte Auflage. Mit 6 Textabbildungen. 1922.
Gebunden Preis M. 99,—.

Der Harn sowie die übrigen Ausscheidungen und Körperflüssigkeiten von Mensch und Tier. Ihre Untersuchung und Zusammensetzung in normalem und pathologischem Zustande. Ein Handbuch für Ärzte, Chemiker und Pharmazeuten sowie zum Gebrauche an landwirtschaftlichen Versuchsstationen. Von Prof. Dr. **C. Neuberg,** Berlin. Unter Mitarbeit zahlreicher Fachgelehrter. 2 Teile. Mit zahlreichen Textfiguren und Tabellen. 1911. Preis M. 58,—; in 2 Bde. geb. M. 63,—.

Hierzu Teuerungszuschläge

Verlag von Julius Springer in Berlin W 9

Der Begriff der Genese in Physik, Biologie und Entwicklungsgeschichte.
Eine Untersuchung zur vergleichenden Wissenschaftslehre. Von Dr. **Kurt Lewin**. Mit 45 zum Teil farbigen Textabbildungen. 1922. Preis M. 136,—.

Die Grundprinzipien der rein naturwissenschaftlichen Biologie
und ihre Anwendungen in der Physiologie und Pathologie. Von Dr. Erwin **Bauer**, Prag. 1920. Preis M. 28,—. (Heft XXVI von „Roux' Vorträge und Aufsätze über Entwicklungsmechanik der Organismen".)

Die Lymphocytose,
ihre experimentelle Begründung und biologisch-klinische Bedeutung. Von Dr. **S. Bergel**, Berlin-Wilmersdorf. Mit 36 Textabbildungen. 1921. Preis M. 45,—.

Methodik der Blutuntersuchung
mit einem Anhang: Zytodiagnostische Technik. Von Dr. **A. v. Domarus**, Direktor der Inneren Abteilung des Auguste Viktoria-Krankenhauses, Berlin-Weißensee. Mit 196 Textabbildungen und 1 Tafel. (Aus „Enzyklopädie der klinischen Medizin", Allgemeiner Teil.) 1921. Preis M. 58,—.

Mikromethoden zur Blutuntersuchung.
Von Dr. med. **Ivar Bang**, weil. Professor der med. Chemie an der Universität Lund. Mit 4 Abbildungen. Dritte Auflage. 1922. Preis M. 24,—. (Verlag von J. F. Bergmann in München.)

Einführung in die physikalische Chemie
für Biochemiker, Mediziner, Phamarzeuten und Naturwissenschaftler. Von Dr. **Walther Dietrich**. Zweite Auflage. In Vorbereitung.

Praktikum der physikalischen Chemie,
insbesondere der Kolloidchemie für Mediziner und Biologen. Von Prof. Dr. **Leonor Michaelis**. Mit 32 Textabbildungen. 1921. Preis M. 26,—.

Hierzu Teuerungszuschläge

MIX
Papier aus verantwortungsvollen Quellen
Paper from responsible sources
FSC® C105338

If you have any concerns about our products,
you can contact us on
ProductSafety@springernature.com

In case Publisher is established outside the EU,
the EU authorized representative is:
**Springer Nature Customer Service Center GmbH
Europaplatz 3, 69115 Heidelberg, Germany**

Printed by Libri Plureos GmbH
in Hamburg, Germany